露天煤矿其他从业人员安全技术培训教材

采 装 作 业

国家电投集团内蒙古能源有限公司 编

应急管理出版社

·北 京·

图书在版编目（CIP）数据

采装作业／国家电投集团内蒙古能源有限公司编．--北京：应急管理出版社，2024
露天煤矿其他从业人员安全技术培训教材
ISBN 978-7-5237-0061-7

Ⅰ.①采… Ⅱ.①国… Ⅲ.①露天开采—煤矿开采—安全技术—技术培训—教材 Ⅳ.①TD824

中国国家版本馆 CIP 数据核字（2023）第 224843 号

采装作业（露天煤矿其他从业人员安全技术培训教材）

编　　者	国家电投集团内蒙古能源有限公司
责任编辑	杨晓艳
编　　辑	贾　音
责任校对	赵　盼
封面设计	安德馨
出版发行	应急管理出版社（北京市朝阳区芍药居 35 号　100029）
电　　话	010-84657898（总编室）　010-84657880（读者服务部）
网　　址	www.cciph.com.cn
印　　刷	海森印刷（天津）有限公司
经　　销	全国新华书店
开　　本	710mm×1000mm $1/16$　印张　$21\frac{1}{2}$　字数　405 千字
版　　次	2024 年 3 月第 1 版　2024 年 3 月第 1 次印刷
社内编号	20230586　　　　　　　　　　　定价　68.00 元

版权所有　违者必究

本书如有缺页、倒页、脱页等质量问题，本社负责调换，电话：010-84657880

编 委 会

主　　　编：王伟光　袁广忠　徐长友　李宪民　孟祥春
副 主 编：冯树清　王　刚　王东旭　李春光　刘振南
　　　　　　张　雷
编　　委：于海里　赵明磊　江新奇　曹宝玉　于亚波
　　　　　　刘敬玉　姜仁杰　汪显权　付合英　吴　军
　　　　　　耿立君　马　智　蒋济联
编写人员：赵　健　薛黎明　刘建兵　李云峰　吴晓明
　　　　　　李　凯　郭　满　石　磊　赵志鹏　边荣凯
　　　　　　陈　利　刘金峰　刘　宁　刘亚杰　孙　亮
　　　　　　陈永旭　王盛江　郭海龙　房立伟　吴　达
　　　　　　朱　磊　荣玉文　李东旭　焦洪亮　王是达
　　　　　　于海风　孙宝金　耿玉宝　张　彬　杜宇飞
　　　　　　徐振博　裴建军　高克智　刘汉伟　刘岩岩
　　　　　　齐　贺　陈晓波　李明明　石天刚　武利明
　　　　　　郭景利　王晓宇　夏正明　高泽义　薛　健
　　　　　　刘晓龙　王立国　庄宏波　杨龙明　吴井双
　　　　　　关雪亭　吴洪权　宋华军　张春雷　邢　波
　　　　　　梁　兵　金　峥　乔梁山　王胜江　许志强
　　　　　　岳奎东　朱洲瑞　李普春　吕鸿鹏
审　　稿：贾宏君　陈　鹏　院鹏邓　敖庆有　娜
　　　　　　石巴根　丁立杰　张永邵　李　强　赵丽　陈旭刚
　　　　　　王　伟　张　超　王仁东　徐　浩　董震
　　　　　　高二虎　孙恩怀　申虎良　王瑞楠　王

前　　言

为深入贯彻落实习近平总书记关于安全生产重要指示批示精神，加强和规范煤矿从业人员安全生产培训工作，提高煤矿从业人员的安全生产意识和防灾自救能力，强化煤矿安全风险管控能力，减少煤矿生产安全事故的发生，特编制本教材。

本教材严格按照《煤矿安全培训规定》《露天煤矿其他从业人员安全技术培训大纲》（内能安监字〔2019〕413号）要求编写，涵盖煤矿安全生产法律法规、安全技术基础知识、典型事故案例等知识要点，内容准确、案例丰富、实用性强，适用于煤矿其他从业人员安全技能培训，也可供露天煤矿企业学习、参考。

本套教材的出版，将提高露天煤矿其他从业人员整体安全素质，增强安全生产意识和法制观念，从根本上夯实露天煤矿安全生产基础，对露天煤矿安全生产工作起到了积极促进作用。

由于编者水平所限，书中难免有疏漏之处，敬请广大读者批评指正。

编　者

2024年3月

目　　录

通　用　部　分

第一章　煤矿安全生产方针及法律法规 ⋯⋯⋯⋯⋯⋯⋯⋯⋯⋯ 3
　　第一节　煤矿安全生产方针和安全生产理念 ⋯⋯⋯⋯⋯⋯⋯ 3
　　第二节　煤矿安全生产相关法律法规 ⋯⋯⋯⋯⋯⋯⋯⋯⋯⋯ 5

第二章　从业人员安全生产的权利和义务 ⋯⋯⋯⋯⋯⋯⋯⋯⋯ 19
　　第一节　从业人员安全生产的权利 ⋯⋯⋯⋯⋯⋯⋯⋯⋯⋯⋯ 19
　　第二节　从业人员安全生产的义务 ⋯⋯⋯⋯⋯⋯⋯⋯⋯⋯⋯ 21

第三章　露天煤矿从业人员入矿常识 ⋯⋯⋯⋯⋯⋯⋯⋯⋯⋯⋯ 23
　　第一节　露天煤矿安全须知及常用名词术语 ⋯⋯⋯⋯⋯⋯⋯ 23
　　第二节　露天煤矿开采工艺 ⋯⋯⋯⋯⋯⋯⋯⋯⋯⋯⋯⋯⋯⋯ 27
　　第三节　露天煤矿生产现场安全警示标识 ⋯⋯⋯⋯⋯⋯⋯⋯ 29
　　第四节　"三违"及其危害、安全意识及习惯培养 ⋯⋯⋯⋯⋯ 31

第四章　安全生产规章制度 ⋯⋯⋯⋯⋯⋯⋯⋯⋯⋯⋯⋯⋯⋯⋯ 33
　　第一节　安全生产管理制度 ⋯⋯⋯⋯⋯⋯⋯⋯⋯⋯⋯⋯⋯⋯ 33
　　第二节　员工劳动纪律 ⋯⋯⋯⋯⋯⋯⋯⋯⋯⋯⋯⋯⋯⋯⋯⋯ 36
　　第三节　作业标准化和岗位标准化管理制度 ⋯⋯⋯⋯⋯⋯⋯ 39

第五章　露天煤矿灾害防治与应急避险 ⋯⋯⋯⋯⋯⋯⋯⋯⋯⋯ 41
　　第一节　边坡灾害防治与应急避险 ⋯⋯⋯⋯⋯⋯⋯⋯⋯⋯⋯ 41
　　第二节　露天煤矿水灾防治与应急避险 ⋯⋯⋯⋯⋯⋯⋯⋯⋯ 46
　　第三节　露天煤矿火灾防治与应急避险 ⋯⋯⋯⋯⋯⋯⋯⋯⋯ 49

第六章　露天煤矿职业危害及职业病防治 ⋯⋯⋯⋯⋯⋯⋯⋯⋯ 53
　　第一节　职业病危害因素来源及职业病类型 ⋯⋯⋯⋯⋯⋯⋯ 53
　　第二节　劳动防护用品配备基本要求 ⋯⋯⋯⋯⋯⋯⋯⋯⋯⋯ 57
　　第三节　职业病防护诊断与保障 ⋯⋯⋯⋯⋯⋯⋯⋯⋯⋯⋯⋯ 58

第七章　露天煤矿安全生产情况 ⋯⋯⋯⋯⋯⋯⋯⋯⋯⋯⋯⋯⋯ 62
　　第一节　露天煤矿概况 ⋯⋯⋯⋯⋯⋯⋯⋯⋯⋯⋯⋯⋯⋯⋯⋯ 62

第二节　露天煤矿安全生产特点 …………………………………………… 64
　　第三节　国家电投集团内蒙古能源有限公司概况 …………………………… 64
第八章　安全双重预防机制建设 …………………………………………………… 69
　　第一节　安全双重预防机制基础理论 ………………………………………… 69
　　第二节　风险辨识与评估 ……………………………………………………… 73
　　第三节　风险分级管控体系的建立 …………………………………………… 79
　　第四节　隐患排查治理体系的建立 …………………………………………… 84
　　第五节　风险管理及隐患排查信息化应用 …………………………………… 91
第九章　露天煤矿常见事故应急处置 …………………………………………… 100
　　第一节　触电事故应急处置 ………………………………………………… 100
　　第二节　高处坠落事故应急处置 …………………………………………… 105
　　第三节　机械伤害事故应急处置 …………………………………………… 107
　　第四节　火灾、爆炸事故应急处置 ………………………………………… 109
　　第五节　烫伤事故应急处置 ………………………………………………… 113
　　第六节　弧光灼伤事故应急处置 …………………………………………… 116
　　第七节　窒息事故应急处置 ………………………………………………… 118
　　第八节　车辆运输事故应急处置 …………………………………………… 120
　　第九节　边坡滑移事故应急处置 …………………………………………… 122
第十章　内蒙古公司露天煤矿智能化发展现状及趋势 ………………………… 124
　　第一节　国内外露天矿山智能化发展现状及趋势 ………………………… 124
　　第二节　南露天煤矿建设智能化矿山总体规划 …………………………… 127

挖掘机采装作业部分

第十一章　挖掘机采装作业安全技术基础知识 ………………………………… 137
　　第一节　挖掘机专业技术基础知识 ………………………………………… 137
　　第二节　岗位责任制 ………………………………………………………… 174
　　第三节　挖掘机作业风险预控 ……………………………………………… 177
　　第四节　挖掘机作业隐患排查与治理 ……………………………………… 197
　　第五节　《煤矿安全规程》及安全生产标准化相关规定 ………………… 215
第十二章　挖掘机采装作业安全操作技能 ……………………………………… 223
　　第一节　挖掘机操作规程 …………………………………………………… 223
　　第二节　挖掘机标准化作业流程 …………………………………………… 229
　　第三节　挖掘机操作注意事项 ……………………………………………… 237

第四节 挖掘机维护保养、常见故障判断与处理……………………… 241
第十三章 挖掘机采装作业典型事故案例……………………………… 254

破碎机采装作业部分

第十四章 破碎机采装作业安全技术基础知识……………………… 263
  第一节 破碎机专业技术基础知识……………………………… 263
  第二节 岗位责任制……………………………………………… 280
  第三节 破碎机作业风险预控…………………………………… 288
  第四节 破碎机作业隐患排查与治理…………………………… 301
  第五节 《煤矿安全规程》及安全生产标准化相关规定……… 306
第十五章 破碎机采装作业安全操作技能…………………………… 308
  第一节 破碎机操作规程………………………………………… 308
  第二节 破碎机标准化作业流程………………………………… 311
  第三节 破碎机操作注意事项和润滑保养……………………… 319
  第四节 破碎机常见故障判断与处理…………………………… 320
第十六章 破碎机采装作业典型事故案例…………………………… 327

通用部分

第一章 煤矿安全生产方针及法律法规

第一节 煤矿安全生产方针和安全生产理念

我国安全生产的基本方针是"安全第一、预防为主、综合治理"。安全生产方针是对过去经验、教训的规律性总结。它高度概括了当前我国安全生产的核心理念、基本原则和方法及安全管理的综合措施,也是安全生产工作的方向和指针,对于指导安全生产工作有着十分重要的意义。

安全生产工作应当以人为本,坚持人民至上、生命至上,把保护人民生命安全摆在首位,树牢安全发展理念,坚持安全第一、预防为主、综合治理的方针,从源头上防范化解重大安全风险。

安全生产工作实行管行业必须管安全、管业务必须管安全、管生产经营必须管安全,强化和落实生产经营单位主体责任与政府监管责任,建立生产经营单位负责、职工参与、政府监管、行业自律和社会监督的机制。

作为露天煤矿从业人员,必须要认真学习、深刻领会安全生产方针的含义,并在本职工作中自觉地遵守和执行,牢固树立安全生产意识。

一、安全第一

"安全第一"是我国安全生产工作的核心理念,它要求我们在生产经营过程中应始终把安全放在第一位,真正做到"不伤害自己、不伤害他人、不被他人伤害、保护他人不受伤害",切实保护自身和他人的生命安全与身体健康。

从业人员贯彻执行"安全第一"的方针,必须牢固树立以下四种意识:

(1)"生命至上,安全第一"意识。安全为天,生命至上,安全是首要条件、先决条件,没有安全一切都无从谈起,当安全与生产、安全与效益、安全与进度相冲突时,必须首先保证安全,即生产必须安全,先安全后生产,不安全不能生产。从业人员不仅要珍惜自己的生命,还要珍惜他人的生命,思想上从"要我安全"向"我要安全"转变,真正把安全放在首位,坚决抵制安全生产

"说起来重要、做起来次要、忙起来不要"的行为和现象。

（2）安全生产法律意识。《中华人民共和国安全生产法》规定，生产经营单位的从业人员有依法获得安全生产保障的权利，并应当依法履行安全生产方面的义务。由此可见，安全生产是法定的权利和义务。从业人员违反安全生产相关法律法规，造成重大责任事故，同样需要承担包括刑事责任在内的法律责任。所以，从业人员必须牢固树立安全生产的法律意识，了解安全生产相关法律法规、安全规程及技术标准，严格遵守相关作业规定。

（3）安全生产责任意识。安全生产，人人有责。安全责任是安全生产方针及相关法律法规要求在岗位上的落实和体现。从业人员践行安全生产方针，必须从自身做起，从岗位做起，切实履行安全职责，信守安全承诺，树立"我的安全我负责，他人安全我有责，公司安全我尽责"的责任观念，把安全生产责任落到实处。

（4）安全生产纪律意识。企业为维持正常的生产秩序，会根据安全生产相关法律法规制定劳动纪律和制度，劳动纪律和制度是保障企业安全生产的重要手段。执行制度不力、纪律松弛严重威胁正常生产和从业人员的生命安全，危害极大。从业人员要严格遵守劳动纪律及相关制度，增强劳动纪律观念、养成遵章守纪、规范作业的良好习惯。

二、预防为主

"预防为主"是做好安全生产工作的基本原则和方法，它要求我们要把安全生产的重心前移，防治结合、以防为主，从事故发生的源头入手，防患于未然，杜绝违章，把事故隐患消灭在萌芽状态。

从业人员贯彻"预防为主"的方针，需要做好以下工作：

（1）确立"一切事故皆可预防，皆可避免"的安全观念。海因里希安全法则告诉我们：每1起严重伤害事故的背后，必有29起轻微伤害事故；29起轻微伤害事故的背后，必有300次未遂事件先兆；300次未遂先兆事件的背后，必有1000个事故隐患，即人的不安全行为和物的不安全状态。任何一起事故的发生都是有原因的，并且都有征兆。如果能够从预防着手，把不安全的因素消灭在萌芽状态，消除或者控制事故隐患，就可以有效预防或避免生产安全事故的发生，实现"零事故，零伤亡"。相反，如果对潜在事故隐患毫无觉察，对轻微事故熟视无睹、麻木不仁，必将导致无法挽回的重大伤害或损失，甚至付出生命的代价。

（2）掌握风险预知预控的方法。风险预知是指预先知道生产或作业过程中的危险性或存在的安全风险，进而采取措施，控制危险，保障安全。从业人员落实"预防为主"的方针，就要在作业前对所开展的作业项目、任务、可能会发生的风险、可能引发的事故类型、可能会造成的伤害等情况仔细预想,列出防范对策和措施,并加以落实,防患于未然,以此来提高知险、识险、排险能力和自我保护能力。

(3)认真做好日常的隐患排查治理工作。"预防为主"的方针落实到工作上便是日常的隐患排查治理。从业人员应当按照企业的规定和要求,在班前、班中和班后对作业环境、生产工艺过程、设备运行状况、安全装置、个人劳动防护用品等进行日常检查,发现问题和隐患,积极进行自主改善,或及时上报、处理。

三、综合治理

"综合治理"是安全管理工作的重要措施。从安全监管层面来讲,"综合治理"是指综合运用经济、法律、行政等手段,人管、法治、技防等防范手段多管齐下,并充分发挥社会、从业人员、舆论的监督作用,实现安全生产的齐抓共管;从企业层面来讲,则指充分调动各部门、各级人员,采取多种措施和方法,群策群力,群防群控,共同抓好安全生产工作。

对于从业人员而言,则需要做好以下几点:

(1)服从并积极配合企业开展安全管理。安全生产,人人有责,从业人员应遵守安全管理相关制度和规范,按章作业、规范作业、标准化作业,使自己成为"综合治理"的重要环节、防范事故发生的重要屏障。

(2)认真参加安全生产知识教育培训。从业人员要经常接受和参加安全生产相关的教育和培训,熟练掌握应知应会的安全知识,提高安全技能,不仅做到"我要安全",还要做到"我懂安全"。

(3)积极参加各类安全活动。从业人员要积极参加公司、区队、班组组织的各类安全宣传教育活动。在活动中,积极参与、主动学习,从思想上筑牢安全防线,提高安全业务技能、安全综合素质和安全作业的自觉性。

第二节 煤矿安全生产相关法律法规

一、中华人民共和国刑法

2020年12月26日,十三届全国人大常委会第二十四次会议表决通过《中华人民共和国刑法修正案(十一)》,自2021年3月1日起施行。

(一)修正重点

一是对应安全生产法,将安全生产法有关新增条款入刑;二是加大安全生产整治力度,将事故前的严重违法行为入刑。

（二）主要内容

【重大责任事故罪】在生产、作业中违反有关安全管理的规定，因而发生重大伤亡事故或者造成其他严重后果的，处三年以下有期徒刑或者拘役；情节特别恶劣的，处三年以上七年以下有期徒刑。

【强令、组织他人违章冒险作业罪】强令他人违章冒险作业，或者明知存在重大事故隐患而不排除，仍冒险组织作业，因而发生重大伤亡事故或者造成其他严重后果的，处五年以下有期徒刑或者拘役；情节特别恶劣的，处五年以上有期徒刑。

【危险作业罪】在生产、作业中违反有关安全管理的规定，有下列情形之一，具有发生重大伤亡事故或者其他严重后果的现实危险的，处一年以下有期徒刑、拘役或者管制：

（1）关闭、破坏直接关系生产安全的监控、报警、防护、救生设备、设施，或者篡改、隐瞒、销毁其相关数据、信息的；

（2）因存在重大事故隐患被依法责令停产停业、停止施工、停止使用有关设备、设施、场所或者立即采取排除危险的整改措施，而拒不执行的；

（3）涉及安全生产的事项未经依法批准或者许可，擅自从事矿山开采、金属冶炼、建筑施工，以及危险物品生产、经营、储存等高度危险的生产作业活动的。

【重大劳动安全事故罪】安全生产设施或者安全生产条件不符合国家规定，因而发生重大伤亡事故或者造成其他严重后果的，对直接负责的主管人员和其他直接责任人员，处三年以下有期徒刑或者拘役；情节特别恶劣的，处三年以上七年以下有期徒刑。

【危险物品肇事罪】违反爆炸性、易燃性、放射性、毒害性、腐蚀性物品的管理规定，在生产、储存、运输、使用中发生重大事故，造成严重后果的，处三年以下有期徒刑或者拘役；后果特别严重的，处三年以上七年以下有期徒刑。

【工程重大安全事故罪】建设单位、设计单位、施工单位、工程监理单位违反国家规定，降低工程质量标准，造成重大安全事故的，对直接责任人员，处五年以下有期徒刑或者拘役，并处罚金；后果特别严重的，处五年以上十年以下有期徒刑，并处罚金。

【不报、谎报安全事故罪】在安全事故发生后，负有报告职责的人员不报或者谎报事故情况，贻误事故抢救，情节严重的，处三年以下有期徒刑或者拘役；情节特别严重的，处三年以上七年以下有期徒刑。

二、中华人民共和国安全生产法

《中华人民共和国安全生产法》于 2002 年 6 月 29 日第九届全国人民代表大

会常务委员会第二十八次会议通过。根据2021年6月10日第十三届全国人民代表大会常务委员会第二十九次会议《关于修改〈中华人民共和国安全生产法〉的决定》第三次修正，该法自2021年9月1日起施行。

（一）立法目的

为了加强安全生产工作，防止和减少生产安全事故，保障人民群众生命和财产安全，促进经济社会持续健康发展。

（二）主要内容

（1）生产经营单位必须遵守本法和其他有关安全生产的法律、法规，加强安全生产管理，建立健全全员安全生产责任制和安全生产规章制度，加大对安全生产资金、物资、技术、人员的投入保障力度，改善安全生产条件，加强安全生产标准化、信息化建设，构建安全风险分级管控和隐患排查治理双重预防机制，健全风险防范化解机制，提高安全生产水平，确保安全生产。

（2）生产经营单位应当对从业人员进行安全生产教育和培训，保证从业人员具备必要的安全生产知识，熟悉有关的安全生产规章制度和安全操作规程，掌握本岗位的安全操作技能，了解事故应急处理措施，知悉自身在安全生产方面的权利和义务。未经安全生产教育和培训合格的从业人员，不得上岗作业。

（3）生产经营单位使用被派遣劳动者的，应当将被派遣劳动者纳入本单位从业人员统一管理，对被派遣劳动者进行岗位安全操作规程和安全操作技能的教育和培训。劳务派遣单位应当对被派遣劳动者进行必要的安全生产教育和培训。

（4）生产经营单位采用新工艺、新技术、新材料或者使用新设备，必须了解、掌握其安全技术特性，采取有效的安全防护措施，并对从业人员进行专门的安全生产教育和培训。

（5）生产经营单位对重大危险源应当登记建档，进行定期检测、评估、监控，并制定应急预案，告知从业人员和相关人员在紧急情况下应当采取的应急措施。

（6）生产经营单位应当关注从业人员的身体、心理状况和行为习惯，加强对从业人员的心理疏导、精神慰藉，严格落实岗位安全生产责任，防范从业人员行为异常导致事故发生。

（7）生产、经营、储存、使用危险物品的车间、商店、仓库不得与员工宿舍在同一座建筑物内，并应当与员工宿舍保持安全距离。生产经营场所和员工宿舍应当设有符合紧急疏散要求、标志明显、保持畅通的出口、疏散通道。禁止占用、锁闭、封堵生产经营场所或者员工宿舍的出口、疏散通道。

（8）生产经营单位必须为从业人员提供符合国家标准或者行业标准的劳动防护用品，并监督、教育从业人员按照使用规则佩戴、使用。

三、中华人民共和国劳动法

《中华人民共和国劳动法》于 1994 年 7 月 5 日第八届全国人民代表大会常务委员会第八次会议通过。根据 2018 年 12 月 29 日第十三届全国人民代表大会常务委员会第七次会议《关于修改〈中华人民共和国劳动法〉等七部法律的决定》第二次修正，该法自 2018 年 12 月 29 日起施行。

（一）立法目的

为了保护劳动者的合法权益，调整劳动关系，建立和维护适应社会主义市场经济的劳动制度，促进经济发展和社会进步。

（二）主要内容

（1）劳动者享有平等就业和选择职业的权利、取得劳动报酬的权利、休息休假的权利、获得劳动安全卫生保护的权利、接受职业技能培训的权利、享受社会保险和福利的权利、提请劳动争议处理的权利以及法律规定的其他劳动权利。

（2）劳动合同是劳动者与用人单位确立劳动关系、明确双方权利和义务的协议。建立劳动关系应当订立劳动合同。

（3）订立和变更劳动合同，应当遵循平等自愿、协商一致的原则，不得违反法律、行政法规的规定。劳动合同依法订立即具有法律约束力，当事人必须履行劳动合同规定的义务。

（4）用人单位必须建立、健全劳动安全卫生制度，严格执行国家劳动安全卫生规程和标准，对劳动者进行劳动安全卫生教育，防止劳动过程中的事故，减少职业危害。

（5）用人单位必须为劳动者提供符合国家规定的劳动安全卫生条件和必要的劳动防护用品，对从事有职业危害作业的劳动者应当定期进行健康检查。

（6）劳动者在劳动过程中必须严格遵守安全操作规程。劳动者对用人单位管理人员违章指挥、强令冒险作业，有权拒绝执行。对危害生命安全和身体健康的行为，有权提出批评、检举和控告。

（7）禁止安排女职工从事矿山井下、国家规定的第四级体力劳动强度的劳动和其他禁忌从事的劳动。

（8）不得安排未成年工从事矿山井下、有毒有害、国家规定的第四级体力劳动强度的劳动和其他禁忌从事的劳动。

（9）下列劳动合同无效：

①违反法律、行政法规的劳动合同；

②采取欺诈、威胁等手段订立的劳动合同。

无效的劳动合同，从订立的时候起，就没有法律约束力。确认劳动合同部分无效的，如果不影响其余部分的效力，其余部分仍然有效。劳动合同的无效，由劳动争议仲裁委员会或者人民法院确认。

（10）劳动合同应当以书面形式订立，并具备以下条款：

①劳动合同期限；

②工作内容；

③劳动保护和劳动条件；

④劳动报酬；

⑤劳动纪律；

⑥劳动合同终止的条件；

⑦违反劳动合同的责任。

劳动合同除前款规定的必备条款外，当事人可以协商约定其他内容。

（11）劳动合同的期限分为有固定期限、无固定期限和以完成一定的工作为期限。

劳动者在同一用人单位连续工作满十年以上，当事人双方同意续延劳动合同的，如果劳动者提出订立无固定期限的劳动合同，应当订立无固定期限的劳动合同。

（12）劳动合同可以约定试用期。试用期最长不得超过六个月。

（13）劳动合同当事人可以在劳动合同中约定保守用人单位商业秘密的有关事项。

（14）劳动合同期满或者当事人约定的劳动合同终止条件出现，劳动合同即行终止。

（15）经劳动合同当事人协商一致，劳动合同可以解除。

（16）劳动者有下列情形之一的，用人单位可以解除劳动合同：

①在试用期间被证明不符合录用条件的；

②严重违反劳动纪律或者用人单位规章制度的；

③严重失职，营私舞弊，对用人单位利益造成重大损害的；

④被依法追究刑事责任的。

（17）有下列情形之一的，用人单位可以解除劳动合同，但是应当提前三十日以书面形式通知劳动者本人：

①劳动者患病或者非因工负伤，医疗期满后，不能从事原工作也不能从事由用人单位另行安排的工作的；

②劳动者不能胜任工作，经过培训或者调整工作岗位，仍不能胜任工作的；

③劳动合同订立时所依据的客观情况发生重大变化，致使原劳动合同无法履行，经当事人协商不能就变更劳动合同达成协议的。

(18）用人单位濒临破产进行法定整顿期间或者生产经营状况发生严重困难，确需裁减人员的，应当提前三十日向工会或者全体职工说明情况，听取工会或者职工的意见，经向劳动行政部门报告后，可以裁减人员。用人单位依据本条规定裁减人员，在六个月内录用人员的，应当优先录用被裁减的人员。

（19）用人单位依据本法第二十四条、第二十六条、第二十七条的规定解除劳动合同的，应当依照国家有关规定给予经济补偿。

（20）劳动者有下列情形之一的，用人单位不得依据本法第二十六条、第二十七条的规定解除劳动合同：

①患职业病或者因工负伤并被确认丧失或者部分丧失劳动能力的；

②患病或者负伤，在规定的医疗期内的；

③女职工在孕期、产期、哺乳期内的；

④法律、行政法规规定的其他情形。

（21）用人单位解除劳动合同，工会认为不适当的，有权提出意见。如果用人单位违反法律、法规或者劳动合同，工会有权要求重新处理；劳动者申请仲裁或者提起诉讼的，工会应当依法给予支持和帮助。

（22）劳动者解除劳动合同，应当提前三十日以书面形式通知用人单位。

（23）有下列情形之一的，劳动者可以随时通知用人单位解除劳动合同：

①在试用期内的；

②用人单位以暴力、威胁或者非法限制人身自由的手段强迫劳动的；

③用人单位未按照劳动合同约定支付劳动报酬或者提供劳动条件的。

（24）企业职工一方与企业可以就劳动报酬、工作时间、休息休假、劳动安全卫生、保险福利等事项，签订集体合同。集体合同草案应当提交职工代表大会或者全体职工讨论通过。集体合同由工会代表职工与企业签订；没有建立工会的企业，由职工推举的代表与企业签订。

（25）集体合同签订后应当报送劳动行政部门；劳动行政部门自收到集体合同文本之日起十五日内未提出异议的，集体合同即行生效。

（26）依法签订的集体合同对企业和企业全体职工具有约束力。职工个人与企业订立的劳动合同中劳动条件和劳动报酬等标准不得低于集体合同的规定。

四、中华人民共和国职业病防治法

《中华人民共和国职业病防治法》于 2001 年 10 月 27 日第九届全国人民代表大会常务委员会第二十四次会议通过。根据 2018 年 12 月 29 日第十三届全国人民代表大会常务委员会第七次会议《关于修改〈中华人民共和国劳动法〉等七部法律的决定》第四次修正，该法自 2018 年 12 月 29 日起施行。

(一) 立法目的

为了保护劳动者的合法权益，调整劳动关系，建立和维护适应社会主义市场经济的劳动制度，促进经济发展和社会进步。

(二) 主要内容

(1) 获得职业卫生教育、培训。

(2) 获得职业健康检查、职业病诊疗、康复等职业病防治服务。

(3) 了解工作场所产生或者可能产生的职业病危害因素、危害后果和应当采取的职业病防护措施。

(4) 要求用人单位提供符合防治职业病要求的职业病防护设施和个人使用的职业病防护用品，改善工作条件。

(5) 对违反职业病防治法律、法规以及危及生命健康的行为提出批评、检举和控告。

(6) 拒绝违章指挥和强令进行没有职业病防护措施的作业。

(7) 参与用人单位职业卫生工作的民主管理，对职业病防治工作提出意见和建议。

五、中华人民共和国矿山安全法

《中华人民共和国矿山安全法》于1992年11月7日第七届全国人民代表大会常务委员会第二十八次会议通过。根据2009年8月27日第十一届全国人民代表大会常务委员会第十次会议《关于修改部分法律的决定》修正，该法自2009年8月27日起施行。

(一) 立法目的

为了保障矿山生产安全，防止矿山事故，保护矿山职工人身安全，促进采矿业的发展。

(二) 主要内容

(1) 矿山企业职工有权对危害安全的行为，提出批评、检举和控告。

(2) 矿山企业工会发现企业行政方面违章指挥、强令工人冒险作业或者生产过程中发现明显重大事故隐患和职业危害，有权提出解决的建议；发现危及职工生命安全的情况时，有权向矿山企业行政方面建议组织职工撤离危险现场，矿山企业行政方面必须及时作出处理决定。

(3) 矿山企业必须向职工发放保障安全生产所需的劳动防护用品。

(4) 矿山企业主管人员违章指挥、强令工人冒险作业，因而发生重大伤亡事故的，依照刑法有关规定追究刑事责任。

六、国务院关于预防煤矿生产安全事故的特别规定

《国务院关于预防煤矿生产安全事故的特别规定》于2005年9月3日以国务院令第446号发布实施,经国务院2013年7月18日修订。该特别规定的制定是为了及时发现并排除煤矿安全生产隐患,落实煤矿安全生产责任,预防煤矿生产安全事故发生,保障职工的生命安全和煤矿安全生产。

(一)立法目的

为了及时发现并排除煤矿安全生产隐患,落实煤矿安全生产责任,预防煤矿生产安全事故发生,保障职工的生命安全和煤矿安全生产。

(二)主要内容

(1)煤矿的防治水、防灭火、防煤尘等安全设备、设施和条件应当符合国家标准、行业标准,并有防范生产安全事故发生的措施和完善的应急处理预案。

(2)煤矿企业应当建立健全安全生产隐患排查、治理和报告制度。煤矿企业应当对本规定第八条第二款所列情形定期组织排查,并将排查情况每季度向县级以上地方人民政府负责煤矿安全生产监督管理的部门、煤矿安全监察机构写出书面报告。报告应当经煤矿企业负责人签字。

(3)煤矿企业应当免费为每位职工发放煤矿职工安全手册。煤矿职工安全手册应当载明职工的权利、义务,煤矿重大安全生产隐患的情形和应急保护措施、方法以及安全生产隐患和违法行为的举报电话、受理部门。煤矿企业没有为每位职工发放符合要求的职工安全手册的,由县级以上地方人民政府负责煤矿安全生产监督管理的部门或者煤矿安全监察机构责令限期改正;逾期未改正的,处5万元以下的罚款。

七、生产安全事故报告和调查处理条例

《生产安全事故报告和调查处理条例》(国务院令第493号)是为了规范生产安全事故的报告和调查处理,落实生产安全事故责任追究制度,防止和减少生产安全事故而制定的,自2007年6月1日起施行。

(一)立法目的

为了规范生产安全事故的报告和调查处理,落实生产安全事故责任追究制度,防止和减少生产安全事故。

(二)主要内容

(1)根据生产安全事故造成的人员伤亡或者直接经济损失,《生产安全事故报告和调查处理条例》将事故分为以下四个等级:

①特别重大事故,是指造成30人以上死亡,或者100人以上重伤(包括急

性工业中毒，下同），或者1亿元以上直接经济损失的事故。

②重大事故，是指造成10人以上30人以下死亡，或者50人以上100人以下重伤，或者5000万元以上1亿元以下直接经济损失的事故。

③较大事故，是指造成3人以上10人以下死亡，或者10人以上50人以下重伤，或者1000万元以上5000万元以下直接经济损失的事故。

④一般事故，是指造成3人以下死亡，或者10人以下重伤，或者1000万元以下直接经济损失的事故。

上述所称的"以上"包括本数，所称的"以下"不包括本数。

（2）事故报告应当及时、准确、完整，任何单位和个人对事故不得迟报、漏报、谎报或者瞒报。事故发生后，事故现场有关人员应当立即向本单位负责人报告；单位负责人接到报告后，应当于1小时内向事故发生地县级以上人民政府安全生产监督管理部门和负有安全生产监督管理职责的有关部门报告。

情况紧急时，事故现场有关人员可以直接向事故发生地县级以上人民政府安全生产监督管理部门和负有安全生产监督管理职责的有关部门报告。

（3）安全生产监督管理部门和负有安全生产监督管理职责的有关部门逐级上报事故情况，每级上报的时间不得超过2小时。

报告事故应当包括下列内容：

①事故发生单位概况；

②事故发生的时间、地点以及事故现场情况；

③事故的简要经过；

④事故已经造成或者可能造成的伤亡人数（包括下落不明的人数）和初步估计的直接经济损失；

⑤已经采取的措施；

⑥其他应当报告的情况。

事故报告后出现新情况的，应当及时补报。自事故发生之日起30日内，事故造成的伤亡人数发生变化的，应当及时补报。道路交通事故、火灾事故自发生之日起7日内，事故造成的伤亡人数发生变化的，应当及时补报。

（4）事故发生单位负责人接到事故报告后，应当立即启动事故相应应急预案，或者采取有效措施，组织抢救，防止事故扩大，减少人员伤亡和财产损失。

八、生产安全事故应急条例

《生产安全事故应急条例》经2018年12月5日国务院第33次常务会议通过，以国务院令第708号公布，自2019年4月1日施行。

（一）立法目的

为了规范生产安全事故应急工作,保障人民群众生命和财产安全。

(二)主要内容

(1)生产经营单位应当针对本单位可能发生的生产安全事故的特点和危害,进行风险辨识和评估,制定相应的生产安全事故应急救援预案,并向本单位从业人员公布。

(2)易燃易爆物品、危险化学品等危险物品的生产、经营、储存、运输单位,矿山、金属冶炼、城市轨道交通运营、建筑施工单位,以及宾馆、商场、娱乐场所、旅游景区等人员密集场所经营单位,应当至少每半年组织1次生产安全事故应急救援预案演练,并将演练情况报送所在地县级以上地方人民政府负有安全生产监督管理职责的部门。

(3)易燃易爆物品、危险化学品等危险物品的生产、经营、储存、运输单位,矿山、金属冶炼、城市轨道交通运营、建筑施工单位,以及宾馆、商场、娱乐场所、旅游景区等人员密集场所经营单位,应当建立应急救援队伍;其中,小型企业或者微型企业等规模较小的生产经营单位,可以不建立应急救援队伍,但应当指定兼职的应急救援人员,并且可以与邻近的应急救援队伍签订应急救援协议。工业园区、开发区等产业聚集区域内的生产经营单位,可以联合建立应急救援队伍。

(4)生产经营单位应当对从业人员进行应急教育和培训,保证从业人员具备必要的应急知识,掌握风险防范技能和事故应急措施。

九、工伤保险条例

《工伤保险条例》于2003年4月27日以中华人民共和国国务院令第375号公布、根据2010年12月20日《国务院关于修改〈工伤保险条例〉的决定》修订,该法自2011年1月1日施行。

(一)立法目的

为了保障因工作遭受事故伤害或者患职业病的职工获得医疗救治和经济补偿,促进工伤预防和职业康复,分散用人单位的工伤风险。

(二)主要内容

(1)用人单位和职工应当遵守有关安全生产和职业病防治的法律法规,执行安全卫生规程和标准,预防工伤事故发生,避免和减少职业病危害。

(2)用人单位应当按时缴纳工伤保险费。职工个人不缴纳工伤保险费。

(3)职工发生事故伤害或者按照职业病防治法规定被诊断、鉴定为职业病,所在单位应当自事故伤害发生之日或者被诊断、鉴定为职业病之日起30日内,向统筹地区社会保险行政部门提出工伤认定申请。遇有特殊情况,经报社会保险行政部门同意，申请时限可以适当延长。

用人单位未按前款规定提出工伤认定申请的，工伤职工或者其近亲属、工会组织在事故伤害发生之日或者被诊断、鉴定为职业病之日起1年内，可以直接向用人单位所在地统筹地区社会保险行政部门提出工伤认定申请。

按照本条第一款规定应当由省级社会保险行政部门进行工伤认定的事项，根据属地原则由用人单位所在地的设区的市级社会保险行政部门办理。

用人单位未在本条第一款规定的时限内提交工伤认定申请，在此期间发生符合本条例规定的工伤待遇等有关费用由该用人单位负担。

(4) 职工发生工伤，经治疗伤情相对稳定后存在残疾、影响劳动能力的，应当进行劳动能力鉴定。

(5) 自劳动能力鉴定结论作出之日起1年后，工伤职工或者其近亲属、所在单位或者经办机构认为伤残情况发生变化的，可以申请劳动能力复查鉴定。

(6) 职工因工作遭受事故伤害或者患职业病进行治疗，享受工伤医疗待遇。

(7) 职工有下列情形之一的，视同工伤：

①在工作时间和工作岗位，突发疾病死亡或者在48小时之内经抢救无效死亡的；

②在抢险救灾等维护国家利益、公共利益活动中受到伤害的；

③职工原在军队服役，因战、因公负伤致残，已取得革命伤残军人证，到用人单位后旧伤复发的。

职工有前款第①项、第②项情形的，按照本条例的有关规定享受工伤保险待遇；职工有前款第③项情形的，按照本条例的有关规定享受除一次性伤残补助金以外的工伤保险待遇。

(8) 职工符合本条例第十四条、第十五条的规定，但是有下列情形之一的，不得认定为工伤或者视同工伤：

①故意犯罪的；

②醉酒或者吸毒的；

③自残或者自杀的。

十、煤矿作业场所职业病危害防治规定

《煤矿作业场所职业病危害防治规定》于2015年2月28日以国家安全生产监督管理总局令第73号公布，自2015年4月1日起施行。

(一) 立法目的

为加强煤矿作业场所职业病危害的防治工作，强化煤矿企业职业病危害防治主体责任，预防、控制职业病危害，保护煤矿劳动者健康。

(二) 主要内容

（1）本规定所称煤矿作业场所职业病危害（以下简称职业病危害），是指由粉尘、噪声、热害、有毒有害物质等因素导致煤矿劳动者职业病的危害。

（2）煤矿应当对劳动者进行上岗前、在岗期间的定期职业病危害防治知识培训，督促劳动者遵守职业病防治法律、法规、规章、标准和操作规程，指导劳动者正确使用职业病防护设备和个体防护用品。上岗前培训时间不少于4学时，在岗期间的定期培训时间每年不少于2学时。

（3）对接触职业病危害的劳动者，煤矿应当按照国家有关规定组织上岗前、在岗期间和离岗时的职业健康检查，并将检查结果书面告知劳动者。职业健康检查费用由煤矿承担。

（4）煤矿应当为劳动者个人建立职业健康监护档案，并按照有关规定的期限妥善保存。职业健康监护档案应当包括劳动者个人基本情况、劳动者职业史和职业病危害接触史，历次职业健康检查结果及处理情况，职业病诊疗等资料。劳动者离开煤矿时，有权索取本人职业健康监护档案复印件，煤矿必须如实、无偿提供，并在所提供的复印件上签章。

十一、煤矿安全培训规定

《煤矿安全培训规定》于2018年1月11日以国家安全生产监督管理总局令第92号公布，自2018年3月1日起施行。

(一) 立法目的

为了加强和规范煤矿安全培训工作，提高从业人员安全素质，防止和减少伤亡事故。

(二) 主要内容

（1）煤矿其他从业人员应当具备初中及以上文化程度。本规定所称煤矿其他从业人员，是指除煤矿主要负责人、安全生产管理人员和特种从业人员以外，从事生产经营活动的其他从业人员，包括煤矿其他负责人、其他管理人员、技术人员和各岗位的工人、使用的被派遣劳动者和临时聘用人员。

（2）煤矿企业应当对其他从业人员进行安全培训，保证其具备必要的安全生产知识、技能和事故应急处理能力，知悉自身在安全生产方面的权利和义务。

（3）煤矿企业应当建立健全从业人员安全培训档案，实行一人一档。煤矿企业从业人员安全培训档案的内容包括：

①学员登记表，包括学员的文化程度、职务、职称、工作经历、技能等级晋升等情况；

②身份证复印件、学历证书复印件；

③历次接受安全培训、考核的情况；
④安全生产违规违章行为记录，以及被追究责任，受到处分、处理的情况；
⑤其他有关情况。

（4）煤矿企业或者具备安全培训条件的机构应当按照培训大纲对其他从业人员进行安全培训。其中，对从事采煤、掘进、机电、运输、通风、防治水等工作的班组长的安全培训，应当由其所在煤矿的上一级煤矿企业组织实施；没有上一级煤矿企业的，由本单位组织实施。煤矿企业其他从业人员的初次安全培训时间不得少于72学时，每年再培训的时间不得少于20学时。煤矿企业或者具备安全培训条件的机构对其他从业人员安全培训合格后，应当颁发安全培训合格证明；未经培训并取得培训合格证明的，不得上岗作业。

十二、生产安全事故应急预案管理办法

《生产安全事故应急预案管理办法》于2016年6月3日以国家安全生产监督管理总局令第88号公布，根据2019年7月11日应急管理部令第2号《应急管理部关于修改〈生产安全事故应急预案理办法〉的决定》修正，该法自2019年9月1日起施行。

（一）立法目的
为规范生产安全事故应急预案管理工作，迅速有效处置生产安全事故。

（二）主要内容
（1）生产经营单位应急预案分为综合应急预案、专项应急预案和现场处置方案。
（2）应急预案的编制应当遵循以人为本、依法依规、符合实际、注重实效的原则，以应急处置为核心，明确应急职责、规范应急程序、细化保障措施。
（3）生产经营单位应当在编制应急预案的基础上，针对工作场所、岗位的特点，编制简明、实用、有效的应急处置卡。
（4）应急处置卡应当规定重点岗位、人员的应急处置程序和措施，以及相关联络人员和联系方式，便于从业人员携带。

十三、煤矿安全规程

2022年1月6日，应急管理部令第8号公布了关于修改《煤矿安全规程》的决定，新修订的《煤矿安全规程》自2022年4月1日起施行。本次共修订18条，涉及第一编总则（第四条、第十条，共2条），第三编井工煤矿第二章开采（第九十五条、第一百一十五条、第一百一十九条，共3条）、第四章煤（岩）与瓦斯（二氧化碳）突出防治（第一百九十条、第一百九十四条、第二百零九

条，共3条）、第五章冲击地压防治（第二百二十八条、第二百三十条、第二百三十一条、第二百三十六条、第二百四十一条、第二百四十四条，共6条）、第六章防灭火（第二百五十条、第二百七十四条，共2条）、第七章防治水（第三百零三条，共1条）、第八章爆炸物品和井下爆破（第三百六十七条，共1条）。国家矿山安全监察局在组织修订过程中，坚决贯彻党中央国务院关于安全生产的决策部署和《安全生产法》规定，系统分析总结2016版《煤矿安全规程》实施5年多来的绩效与问题，深入剖析灾害事故中暴露出在安全生产和技术管理方面的漏洞和不合理因素，深刻吸取近年来煤矿灾害事故教训，充分听取各有关方面、煤矿企业、专家学者的意见建议，力求各条款修订的科学性、规范性和可操作性。

（一）立法目的

为保障煤矿安全生产和从业人员的人身安全与健康，防止煤矿事故与职业病危害。

（二）修订内容

（1）《煤矿安全规程》在煤炭行业具有很高的权威性，在煤矿安全生产领域居于主体规章地位，是安全生产法律法规和中央决策部署的具体体现，是安全监管监察执法的重要依据，是规范煤矿安全管理行为的重要准绳。

（2）新修改的《中华人民共和国安全生产法》对煤矿安全生产工作提出了更严格的规定和要求，《刑法修正案（十一）》加大了安全生产领域违法惩处力度，《煤矿防治水细则》《防治煤与瓦斯突出细则》《防治煤矿冲击地压细则》《煤矿防灭火细则》等煤矿安全规范性文件和相关标准也陆续出台。为衔接协调好新修改的《中华人民共和国安全生产法》《中华人民共和国刑法》等上位法以及相关规范性文件标准，充分发挥《煤矿安全规程》基础性、引领性作用，形成"一规程四细则"的煤矿安全规范体系，进一步完善《煤矿安全规程》相关条款尤为迫切和重要。

（3）本次修改是2016年全面修改后的第一次部分条文修改。本次修改工作认真贯彻习近平法治思想和习近平总书记关于安全生产工作的重要论述精神，坚持人民至上、生命至上，深刻汲取近年来煤矿领域重特大事故教训，进一步强化了煤与瓦斯突出、冲击地压、透水、火灾等煤矿重大灾害防治要求，提高了煤矿安全生产条件和现场管理标准，是坚决贯彻落实党中央、国务院关于安全生产工作决策部署的具体体现。

第二章　从业人员安全生产的权利和义务

《中华人民共和国安全生产法》《中华人民共和国矿山安全法》《煤矿安全规程》等法律法规，赋予了煤矿从业人员安全生产的权利，同时也规定了从业人员必须依法履行相应的安全生产义务。

第一节　从业人员安全生产的权利

煤矿企业对职工正当行使安全生产权利要给予保护。煤矿职工因行使安全生产权利而影响工作时，不得降低其工资、福利等待遇或者解除与其订立的劳动合同。

一、获得劳动保护的权利

职工有要求用人单位保障职工的劳动安全、防止职业病危害的权利。职工与用人单位建立劳动关系时，应当要求订立劳动合同，劳动合同应当载明为职工提供符合国家法律法规、标准规定的劳动安全卫生条件和必要的劳动防护用品；工作场所存在的职业病危害因素以及有效的防护措施；对从事有毒有害作业的职工定期进行健康检查；依法为职工办理工伤保险等。

二、知情权

《煤矿安全规程》第七条规定，对作业场所和工作岗位存在的危险有害因素及防范措施、事故应急措施、职业病危害及其后果、职业病危害防护措施等，煤矿企业应当履行告知义务，从业人员有权了解并提出建议。

用人单位必须向职工如实告知，不得隐瞒和欺骗。如果用人单位没有如实告知，职工有权拒绝工作，用人单位不得因此做出对从业人员不利的处分。

三、民主管理、民主监督的权利

《煤矿安全规程》第八条第一款规定，煤矿安全生产与职业病危害防治工作必须实行群众监督。煤矿企业必须支持群众组织的监督活动，发挥群众的监督作用。

从业人员有权参加本单位安全生产工作的民主管理和民主监督，对本单位的安全生产工作提出意见和建议，用人单位应重视和尊重职工的意见和建议，并及时作出答复。

四、参加安全生产教育培训的权利

《煤矿安全规程》第九条规定，煤矿企业必须对从业人员进行安全教育和培训。培训不合格的，不得上岗作业。

用人单位应依法对职工进行安全生产法律法规、规程及相关标准的教育培训，使职工掌握从事岗位工作所必须具备的安全生产知识和技能。用人单位没有依法对职工进行安全生产教育培训的，职工可拒绝上岗作业。

五、获得职业健康防治的权利

对于从事接触职业病危害因素，可能导致职业病的作业的职工，有权获得职业健康检查并了解检查结果。被诊断为患有职业病的职工有依法享受职业病待遇，接受治疗、康复和定期检查的权利。

六、合法拒绝权

《煤矿安全规程》第八条第二款规定，从业人员有权制止违章作业，拒绝违章指挥。

违章指挥是指用人单位的有关管理人员违反安全生产的法律法规和有关安全规程、规章制度的规定，指挥从业人员进行作业的行为；强令冒险作业是指用人单位的有关管理人员，明知开始或继续作业可能会有重大危险，仍然强迫职工进行作业的行为。违章指挥、强令冒险作业违背了安全生产方针，侵犯了职工的合法权益，职工有权拒绝。用人单位不得因职工拒绝违章指挥和强令冒险作业而打击报复，降低其工资、福利等待遇或解除与其订立的劳动合同。

七、紧急避险权

《煤矿安全规程》第八条第二款规定，当工作地点出现险情时，有权立即停止作业，撤到安全地点；当险情没有得到处理不能保证人身安全时，有权拒绝作业。

职工发现直接危及人身安全的紧急情况时，有权停止作业，或者在采取可能的应急措施后，撤离作业场所。用人单位不得因职工在紧急情况下停止作业或者采取紧急撤离措施而降低其工资、福利待遇或者解除与其订立的劳动合同。但职工在行使这一权利时要慎重，要尽可能正确判断险情危及人身安全的程度。

八、工伤保险和民事索赔权

用人单位应当依法为职工办理工伤保险，为职工缴纳工伤保险费。职工因安全生产事故受到伤害，除依法应当享受工伤保险外，还有权向用人单位要求民事赔偿。工伤保险和民事赔偿不能互相取代。

九、提请劳动争议处理的权利

当职工的劳动保护权益受到伤害，或者与用人单位因劳动保护问题发生纠纷时，有向有关部门提请劳动争议处理的权利。

十、批评、检举和控告权

职工有权对本单位安全生产工作中存在的问题提出批评，有权将违反安全生产法律法规的行为，向主管部门和司法机关进行检举和控告。检举可以署名，也可以不署名；可以用书面形式，也可以口头形式。但是，职工在行使这一权利时，应注意检举和控告的情况必须真实，要实事求是。用人单位不得因职工行使上述权利而对其进行打击、报复，包括不得因此而降低其工资、福利待遇或者解除与其订立的劳动合同。

十一、及时救治权

生产经营单位发生生产安全事故后，应当及时采取措施救治有关人员。

第二节　从业人员安全生产的义务

根据《中华人民共和国安全生产法》规定，从业人员在作业过程中，应当严格落实岗位安全责任，遵守本单位的安全生产规章制度和操作规程，服从管理，正确佩戴和使用劳动防护用品等义务。

一、遵守安全生产规章制度和操作规程的义务

《煤矿安全规程》第八条第三款规定，从业人员必须遵守煤矿安全生产规章制度、作业规程和操作规程，严禁违章指挥、违章作业。

职工不仅要严格遵守安全生产有关法律法规，还应当遵守用人单位的安全生产规章制度和操作规程，这是职工在安全生产方面的一项法定义务。职工必须增

强法纪观念，自觉遵章守纪，从维护国家利益、集体利益以及自身利益出发，把遵章守纪、按章操作落实到具体的工作中。

二、服从管理的义务

用人单位的安全生产管理人员一般具有较多的安全生产知识和较丰富的经验，职工服从管理，可以保持生产经营活动的良好秩序，有效地避免、减少生产安全事故的发生，因此，职工应当服从管理这也是职工在安全生产方面的一项法定义务。

三、正确佩戴和使用劳动防护用品的义务

《煤矿安全规程》第十三条规定，入井（场）人员必须戴安全帽等个体防护用品，穿带有反光标识的工作服。入井（场）前严禁饮酒。

劳动防护用品是保护职工在劳动过程中安全与健康的一种防御性装备，不同的劳动防护用品有其特定的佩戴和使用规则、方法，只有正确佩戴和使用，方能真正起到防护作用。用人单位在为职工提供符合国家或行业标准的劳动防护用品后，职工有义务正确佩戴和使用劳动防护用品。

四、发现事故隐患及时报告的义务

职工发现事故隐患和不安全因素后，应及时向现场安全生产管理员或本单位负责人报告，接到报告的人员应当及时予以处理。一般来说，职工报告得越早，接受报告的人员处理得越早，事故隐患和其他职业危险因素可能造成的危害就越小。

五、接受安全生产培训教育的义务

职工应依法接受安全生产的教育和培训，掌握所从事岗位工作所需的安全生产知识，提高安全生产技能，增强事故预防和应急处理能力。特殊性工种从业人员和有关法律法规规定须持证上岗的从业人员，必须经培训考核合格后，依法取得相应的资格证书或合格证书，方可上岗作业。

第三章 露天煤矿从业人员入矿常识

第一节 露天煤矿安全须知及常用名词术语

一、安全须知

露天煤矿的生产条件、工作环境相对特殊，工作现场环境变化大，作业环境艰苦，且存在很多不确定性，安全风险较大，易发生排土场滑坡、采场滑坡、触电伤害、运输机械伤害、检修伤害、火灾、水灾等事故。图3-1为露天煤矿生产作业现场。

图 3-1 露天煤矿生产作业现场

露天煤矿企业不得录用未成年人从事工作。新员工入矿之前，必须进行职业健康体检。煤矿企业必须对从业人员进行安全培训，否则不得上岗作业。从事生产作业前员工要清楚工作地点、任务和安全注意事项，充分了解作业场所的安全状况和应急措施。作业人员要正确佩戴劳保用品。

（一）入坑前安全须知

（1）非煤矿员工未经允许不准入坑。

(2) 未经考试合格的新员工不准单人入坑。

(3) 入坑车辆必须遵守坑内交通规则。

(4) 必须穿戴好劳动保护用品，佩戴好操作工具，劳动保护用品及工具不合格严禁作业。

（二）铁路沿线行走安全须知

企业员工因工作需要沿铁道线路行走时，必须遵守"一停、二看、三通过"的原则。横跨两条以上的线路时，越过第一条线路后，要确认第二条线路无车再通过，以防列车突然行驶而来不及防范。当遇到有列车堵住通路时，严禁扒、蹬、跳列车，不准从车底下钻越强过。

（三）生产作业现场安全须知

露天煤矿严禁坑内行人，但从业人员遇特殊情况时应遵守以下规则：沿坑下道路行走时要靠道路的边缘行走；两人以上在道路上行走时不准闲谈、说笑、打闹，应有一人负责监护；因工作需要横跨道路时，必须遵守"一停、二看、三通过"的规则（图3-2）；遇有重车通过时，要避让大车，以防车上掉物伤人；在高段道路行走时，要注意台阶片帮、滚块伤人。

图 3-2　一停二看三通过

（四）机电设备附近及警戒区域内行走安全须知

(1) 非工作人员不准钻越用钢丝绳、木杆、草绳等材料围起来的区域。

(2) 非工作人员不准触动坑内电气设备。

(3) 非工作人员不准触摸折断的电缆、电线。

(4) 采掘、运输、排土等机械设备作业时，严禁人员上下设备。

(5) 在危及人身安全的作业范围内，禁止人员停留或通过。

（6）非工作人员不准擅自进入设有警戒标志的生产作业区域。

（7）入坑人员遇到爆破时，应听从爆破警戒人员的指挥，不准强行通过，待警戒信号解除后，方可通行。

（8）非爆破人员，不得在爆区及爆破器材存放地附近逗留，如遇图3-3所示的作业区域，应快速离开。

图3-3 危险作业区域

（五）台阶行走安全须知

（1）不准在台阶根部行走，若遇有台阶滑落、片帮，要到安全地点行走。

（2）要佩戴好安全帽，不准在高段下及火区附近逗留。

（3）要时刻注意台阶变化，出现滑落、片帮、裂隙、浮块等危险迹象时，要立即撤离，不许通过或停留。

（4）要注意瞭望，时刻注意台阶上方滚块、掉块。

（5）因工作原因需要沿矿山道路行走的人员，必须时刻注意前后方向来车。躲车时，必须躲到安全地点。

（六）皮带廊道行走安全须知

（1）沿皮带廊道行走时，要时刻集中注意力，以防滑倒摔伤。

（2）横过带式输送机时，必须沿着装有栏杆的栈桥通过，不准横跨、钻越皮带。

(3) 要与正在运转中的输送带以及旋转的托辊保持一定的距离。

(4) 要注意瞭望带式输送机两侧边坡及上部情况，预防滚块滑落伤人。

（七）其他安全须知

(1) 每一个入坑的工作人员都必须熟悉本矿规定的各种信号并爱护信号设备，听从信号指挥。熟悉并爱护矿山安全警示标志。

(2) 当发生事故时，要听从指挥，履行应急救援的义务。

二、露天煤矿常用名词术语

露天开采是在敞露的地表把有用的矿物开采出来。露天煤矿常用名词如下。

(1) 地质：位于煤层上面的岩土层为覆盖层，煤层下的岩层为底板。覆盖层及底板的岩性一般由炭质泥岩、砂质泥岩、砂岩或石灰岩等组成。

(2) 煤层：煤层的形态可分为层状、似层状和非层状三类。我国露天矿煤层大多呈层状，由于其层位有明显的连续性，厚度变化不大，是我国大中型露天煤矿主要开采对象。

露天煤矿按煤层厚度分类：薄煤层的厚度< 3.5 m；中厚煤层的厚度$3.5 \sim 10$ m；厚煤层的厚度> 10 m。

露天煤矿按煤层倾角分类：近水平煤层的倾角$< 5°$；缓倾斜煤层的倾角$5° \sim 10°$；倾斜煤层的倾角$10° \sim 45°$；急倾斜煤层的倾角$> 45°$。

三、露天煤矿开采名词术语

(1) 走向：煤层层面与水平面相交的线称走向线，走向线两端所指方向是煤层走向。

(2) 倾向：在煤层层面上与走向线垂直沿层面向下延伸的直线称为倾向线。倾斜线的水平投影所指的方向称为倾向。

(3) 倾角：煤层层面与水平面所夹的最大锐角称为倾角。煤层倾角越大，开采难度越大。

(4) 台阶：在开采过程中，按剥离、采矿或排土作业的要求，以一定高度划分的阶梯，台阶在露天矿场中的位置往往以下部平台的水平标高来表示。

(5) 开采程序：采场内土岩的剥离和采煤工程，在空间与时间上合理配合的开采发展顺序。

(6) 剥采比：剥离量和有用矿物量之比。

(7) 边帮：露天矿场四周是由台阶平台和台阶坡面组成的总体。边帮位于矿体底盘的称为底帮；位于顶盘称为顶帮；位于矿场端部的称为端帮。

(8) 上部境界线：露天矿边帮与地表面相交而成的空间闭合曲线。

(9) 底部境界线：露天矿边帮与矿场底相交而成的空间闭合曲线。

(10) 工作帮：露天矿场内由进行着矿山工程的台阶平台及其坡面组成的边帮。

(11) 非工作帮：露天矿场内由已结束矿山工程的台阶平台及其坡面组成的边帮。

(12) 工作平台：宽度足以布置钻孔爆破、采装和运输设备及其他必要设备的台阶平台。

(13) 最终边坡角：露天采场终了时最上台阶坡顶线和最下台阶坡底线组合而成的假想平面与水平面的夹角。

第二节 露天煤矿开采工艺

一、露天煤矿主要生产环节简介

1. 钻孔、爆破作业

钻孔、爆破作业是露天煤矿开采的首道工艺，其目的是为随后的采装、运输提供适宜的矿岩物，所以钻孔、爆破作业的质量好坏，对后续工作有着很大的影响。

（1）钻孔采用的设备：凿岩机、凿岩台车、钢丝冲击式钻机、潜孔钻机、牙轮钻机等。其中，牙轮钻机效率高，适应性强，效果好。

（2）爆破采用的工业炸药：铵梯炸药、铵油炸药、乳化炸药等。起爆方法为电起爆和非电起爆。

2. 采装作业

采装作业是使用机械将矿岩直接从地下或爆堆中挖掘出来，并装入运输机械的车厢内或直接卸到指定的地点。采装作业是露天开采过程的中心环节。

露天矿采装常用的设备是挖掘机，分为单斗和多斗两种。机械铲铲斗或勺斗装在铲杆或勺杆上，靠铲杆伸缩、推压来挖掘矿、岩，使用最广泛；索斗铲铲斗挂在钢丝绳上，靠自重和钢丝绳牵引挖掘，多用于倒堆。

3. 运输作业

在露天开采过程中，矿山运输的基本建设投资约占矿山基建总投资的60%，运输成本和劳动量分别占矿石总成本和总劳动量的一半以上，由此可见露天煤矿运输在开采中的重要地位。

露天煤矿运输方式有铁路运输、公路运输、带式输送机运输、箕斗运输及联合运输。露天煤矿大多采用自卸车运输。其优点是具有较高的机动灵活性，爬坡能力比列车大，转弯曲线半径小，建设速度快投资低；缺点是运输成本高，合理运距小。

4. 排土作业

排土是运输终端的作业，将剥离下的表土和废石运输到废石场进行排弃。

排土方式有铁路运输排岩、公路运输排岩、带式输送机运输排岩。排土场位置选择应优先考虑近距离排土，尽可能少占地或不占用农田，减少对环境污染，排弃空间要满足总剥离量排弃要求。目前全国各露天煤矿主要推土机排土，作业简单。

二、露天煤矿主要开采工艺简介

露天煤矿典型开采工艺主要有间断式开采工艺、连续式开采工艺、半连续式开采工艺、倒堆式开采工艺和联合开采工艺。

1. 间断式（或称循环式）开采工艺

间断式开采工艺中的采装、运输和排土作业是间断进行的，包括机械铲、铁道工艺和机械铲、汽车工艺。间断式开采工艺主要采掘设备和运输设备是单斗挖掘机和容器式的运输设备（如铁道机车车辆和汽车等），也可利用铲运机和前装机等设备来完成采装、运输和排土三个生产环节。

2. 连续式开采工艺

连续式开采工艺中的采装、运输和排土的物料流的输送是连续不断的，包括轮斗挖掘机、带式输送机和排土桥、悬臂排土机等工艺。主要设备有多斗挖掘机（如轮斗挖掘机、链斗挖掘机等）、带式输送机和排土机等。

3. 半连续式开采工艺

半连续式开采工艺是介于间断式和连续式之间的一种开采工艺，整个生产过程中一部分环节是间断式的，另一部分生产环节是连续式的，包括连续采掘、间断运输工艺系统（如轮斗、汽车）和间断采掘、连续运输工艺系统（如机械铲、带式输送机）。半连续式开采工艺主要设备有单斗挖掘机、破碎机、带式输送机和排土机的组合，或者是多斗挖掘机、铁道机车车辆或汽车的组合。

4. 倒堆式开采工艺

倒堆式开采工艺是指剥离物的铲挖、运输和排弃的整个生产过程由一台设备来完成，由设备将采出的剥离物直接倒至采空区，形成内排土场。倒堆式开采工艺主要设备有大型剥离机械铲或拉铲等。

5. 联合开采工艺

联合开采工艺是露天煤矿开采工艺发展方向，适用于各种赋存条件的煤矿。

第三节　露天煤矿生产现场安全警示标识

一、安全色

安全色是传递安全信息含义的颜色，提醒注意安全。我国安全色标准规定有四种颜色，如图3-4所示。

安全色、安全标识

1. 禁止、停止

当心有害气体中毒
2. 注意、警告

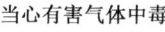
3. 指令、必须遵守

必须戴自救器

紧急出口
4. 通行、安全和提供信息

图3-4　安全色、安全标识

（1）红色：传递的是禁止、停止、危险或提示消防设备、设施的信息。
（2）蓝色：传递必须遵守规定的指令性信息。
（3）黄色：传递注意、警告的信息。
（4）绿色：传递安全的提示性信息。如安全通道、应急通道等。

二、矿山安全标志

露天煤矿安全标志种类有禁止标志、警告标志、提示标志、指令标志四种。禁止标志用红色表示、警告标志用黄色表示、提示标志用绿色表示、指令标志用蓝色标志，如图3-5所示。

1	2	3	4	5	6	7	8	9	10
当心火灾	当心爆炸	当心中毒	当心触电	当心电缆	当心自动启动	当心机械伤人	注意塌方	当心落物	当心吊物
11	12	13	14	15	16	17	18	19	20
当心碰头	当心弧光	当心夹手	当心车辆	当心火车	当心坠落	当心落水	当心叉车	当心滑跌	噪声有害
21	22	23	24	25	26	27	28	29	30
禁止吸烟	严禁烟火	禁止带火种	禁止用水灭火	禁止放易燃物	禁止堆放	禁止启动	禁止合闸	禁止靠近	禁止跳下
31	32	33	34	35	36	37	38	39	40
禁止倚靠	禁止抛物	禁止戴手套	禁止穿化纤服装	禁止使用无线通信	禁止游泳	禁止滑冰	非工作人员禁止入内	配电重地闲人免进	禁止跨越
41	42	43	44	45	46	47	48	49	50
禁止攀爬	必须戴防护眼镜	必须戴防尘口罩	必须戴耳塞	必须戴安全帽	必须戴防护手套	必须穿防护鞋	必须加锁	必须接地	注意通风
51	52	53	54						
紧急疏散集合点	危险 有限空间进入需许可	水深危险 请勿靠近	止步 高压危险						

图 3-5　内蒙古公司所属露天煤矿常用安全警示标示

（1）禁止标志含义是禁止或制止某种不当行为，禁止标志是红色带斜杠的圆形标志。

（2）警告标志含义是警告可能发生危险的标志，警告标志是黄色三角形标志。

（3）指令标志含义是指示人们必须遵守某种规定的标志，指令标志是圆形带相应图案的标志。

（4）提示标志含义是告诉人们方向、地点、目标的标志，提示标志是长方形的绿色标志。

第四节 "三违"及其危害、安全意识及习惯培养

一、"三违"的含义

"三违"是指露天煤矿从业人员在生产建设中所发生或出现的违章指挥、违章作业（操作）和违反劳动纪律的现象及行为。从业人员如果违反了其中一项，则被称为"三违"人员。

（1）违章指挥是指露天煤矿各级管理人员下达违反法律、法规、规程及有关规定的指令，并强使从业人员执行的行为。违章指挥行为往往会引导、促使从业人员的违章作业行为，其危害性很大。安全生产管理人员、班（组）长要杜绝违章指挥行为。

（2）违章作业是指违反"三大规程"，冒险蛮干的行为。违章作业主要发生在一线作业人员和直接操作的班（组）长身上，这是人为事故的主要原因之一。

（3）违反劳动纪律是指违反企业制定的有关规章制度的行为。露天煤矿企业虽然制定了严格的劳动纪律和严格的惩罚制度，但违反劳动纪律的现象还是时常发生。

二、"四不伤害"的含义

（1）不伤害自己。就是要提高自我保护意识，不能由于自己的疏忽、失误而使自己受到伤害。

（2）不伤害他人。就是自己的行为或行为后果不能给他人造成伤害。在多人同时作业时，由于自己不遵守操作规程、对作业现场周围观察不够以及自己操作失误等原因，可能对现场周围的人员造成伤害。

（3）不被他人伤害。每个人都要加强自我防范意识，工作中要避免被他人的错误操作或其他隐患对自己造成伤害。

（4）保护他人不受伤害。任何组织中的每个成员都是团队中的一分子，要担负起关心爱护他人的责任和义务，不仅自己要注意安全，还要保护团队的其他人员不受伤害。

三、安全意识及习惯培养

安全行为的养成不是一朝一夕、一蹴而就的，而是需要有一个从被动到主动、从不自觉到自觉、从不习惯到习惯成自然的过程。不端正的态度、遵章守纪意识不强、缺乏安全知识、操作不熟练、身心状况不佳等情况，再加之露天煤矿

工作面噪声大、设备多等这些因素都可能导致事故的发生。因此，安全行为的养成要从主动学习、掌握安全信息、自觉服从和自我身心调适四个方面入手。

（1）主动学习。从业人员要认真参加露天煤矿培训教育学习，积极参加各种比武、练兵、竞赛活动；在现场操作过程中，自觉苦练技能，达到岗位作业标准化水平；对主要操作动作展开要领分析、动作分析，由作业动作的规范化、标准化，逐步实现作业动作的最优化、精细化。

（2）掌握安全信息。从业人员应准时参加班前班后会，认真听，主动想；现场交接班时，详细了解作业现场的安全条件变化及设备、动力、工具、材料等安全状态；掌握现场各种危险因素及应急措施。

（3）自觉服从。从业人员应自觉接受对"三违"的处罚教育，接受各种安全监督检查和现场指导，自觉爱护、维护安全设施；用顺从、服从的态度执行规章制度；坚决避免因逆反心理和不满情绪抵触规章制度；坚决避免用各种借口理由，为违章行为辩解。

（4）自我身心调整。从业人员需高度重视休息和饮食起居，戒除不良嗜好和不利于身体健康的生活习惯，经常参加体育锻炼；妥善处理各种人际关系，解除各种烦恼的干扰冲击；当疲惫伤病、体力不支或者情绪波动、精神萎靡时，要及时告知管理人员。

第四章 安全生产规章制度

第一节 安全生产管理制度

为全面推进煤矿安全生产标准化工作,煤矿须制定安全生产管理制度。安全生产管理制度应符合相关法律、法规、规章、规程和标准的规定,内容具体、责任明确,并能够对照执行和检查;对违反制度的各种行为有明确、具体的处罚措施和责任追究办法;明确所引用的依据及适用范围,表述规范,条款清晰,以方便相关人员了解和掌握。

一、全员安全生产责任制

煤矿企业要按照岗位、职能、权利和责任相统一的原则,明确各级负责人、职能机构和各岗位人员责任范围、执行标准、考核标准等内容。要将企业、部门或单位的全部安全生产责任逐项分解,逐级落实到各岗位和人员。企业建立相应的机制,加强对全员安全生产责任制落实情况的监督考核,保证全员安全生产责任制的落实。

二、安全办公会议制度

煤矿企业要明确安全办公会议的召开周期,每半年应至少召开一次安委会会议或安委会扩大会议,每月组织召开一次安全生产分析会和安全监督例会。安全办公会议要明确会议内容、主持人和参加人员,并由安全生产第一责任人主持。会议应当有完整的记录,载明议定的事项、决定以及落实的人员、措施和期限,会议记录、纪要应纳入档案管理。

三、安全目标管理制度

煤矿企业应本着"四不伤害"及"等同管理"的原则,坚持以安全为价值导向,依据上级下达的安全指标,结合实际制定年度或阶段性安全生产目标,并将指标逐级分解,明确责任、保障措施、考核和奖惩办法。

四、安全投入保障制度

露天煤矿的安全费用提取标准为 5 元/吨煤。煤矿企业应当编制年度安全生产费用提取和使用计划,确定项目、资金、完成时间和责任人。企业应按国家有关规定建立稳定的安全投入资金渠道,改善和更新安全系统、设备、设施,消除事故隐患,改善安全生产条件,加强安全生产宣传、教育、培训,设置安全奖励,推广应用先进安全技术措施和管理方法,使抢险救灾等均有可靠的资金来源。安全投入资金要专款专用,充分保证安全生产需要。年度结余的安全费用可结转至下年度使用,当年计提的安全费用不足时,超出的部分需按正常成本费用渠道列支。

五、安全教育与培训制度

依据《生产经营单位安全培训规定》、煤矿、非煤矿山、危险化学品、烟花爆竹、金属冶炼等生产经营单位主要负责人和安全生产管理人员初次安全培训时间不得少于 48 学时,每年再培训时间不得少于 16 学时。其他从业人员初次安全培训时间不得少于 72 学时,每年再培训时间不得少于 20 学时。其他从业人员新上岗前必须经过公司(厂、矿)、部门(分场、车间)、班组三级安全培训。依据《煤矿安全培训规定》,煤矿企业应当每年组织主要负责人和安全生产管理人员进行新法律法规、新标准、新规程、新技术、新工艺、新设备和新材料等方面的安全培训。

煤矿企业用于安全培训的资金不得低于教育培训经费总额的 40%。煤矿企业每年应制定年度安全生产教育与培训计划,明确企业职工教育与培训的周期、内容、方式、标准和考核办法,保证煤矿企业职工掌握本职工作应具备的法律法规知识、安全知识、专业技术知识和操作技能。

六、事故隐患排查制度

煤矿企业应建立健全事故隐患排查治理体系。明确事故隐患的识别、评估、报告、监控和治理标准,及时发现和消除煤矿生产中存在的隐患。按照分级管理的原则,明确隐患治理的责任和义务,并根据事故隐患等级进行登记、治理、验收和销号。

七、安全监督检查制度

煤矿企业应设置专门的安全管理机构,配备足额的专职安全管理人员,有效地监督安全生产规章制度、规程、标准、规范等执行情况。明确安全检查的周期、内容、检查标准、检查方式、负责组织检查的部门和人员、对检查结果的处理办法。企业对查出的问题和隐患应按"五落实"原则（责任、措施、资金、时限、预案）落实处理，并将结果进行通报及存档备案。

八、安全技术审批制度

煤矿企业要确定各类工程设计、作业规程、安全措施和方案等安全技术审批的内容、程序、标准、时限、级别。安全技术审批应保证其依据充分、正确，内容全面、具体，安全措施可靠，能够有效指导生产施工、作业和操作。

九、矿用设备、器材使用管理制度

煤矿企业应保证在用设备、器材符合相关标准，保持完好状态。企业还应明确矿用设备、器材使用前的检测标准、程序、方法和检验单位、人员的资质；明确使用过程中的检验标准、周期、方法和校验单位、人员的资质；明确维修、更新和报废的标准、程序和方法。

十、煤矿事故应急救援制度

煤矿企业应明确应急管理岗位职责，以及发生事故后的上报时限、上报部门、上报内容、应采取的应急救援措施。企业应组建应急救援队伍或有应急救援队伍为其服务，并制定事故应急救援预案、年度灾害预防和处理计划，按照计划组织应急救援预案演练，组织实施灾害预防和处理计划。

十一、安全生产奖惩制度

煤矿企业应建立健全公司系统安全生产责任体系和奖惩机制，必须兼顾责任、权利、义务，规定明确，奖罚对应，明确奖罚的项目、标准和考核办法。

十二、安全操作规程管理制度

煤矿企业操作规程要涵盖从进入操作现场、操作准备到操作结束和离开操作现场全过程的各个环节。要分别制定各工种的岗位操作规程，明确各工种、岗位对操作人员的基本要求、操作程序和标准，明确违反操作规程和标准可能导致的危险和危害。

十三、事故报告与责任追究制度

为了及时、准确报告现场发生的各类生产安全事故，及时救援遇险人员，最大限度地减少人员伤亡和财产损失，同时按照事故处理"四不放过"原则，严肃事故责任追究，有效遏制生产安全事故再次发生，根据《中华人民共和国安全生产法》《生产安全事故报告和调查处理条例》和相关生产安全事故信息报告、分析处理等规定要求，结合煤矿企业实际情况，制定事故报告与责任追究制度。

十四、"三违"管理制度

为了强化现场安全管理，有效杜绝违章指挥、违章作业、违反劳动纪律（以下简称"三违"），引导和教育员工形成良好的安全行为习惯，确保安全生产形势的稳定，企业应根据《中华人民共和国安全生产法》和煤矿企业安全生产的相关规定，制定"三违"管理制度。

十五、矿领导带班下井（坑）制度

为切实抓好安全生产工作，增强领导和职工的安全意识，煤矿企业需建立矿领导带班下井（坑）制度。带班领导必须坚守岗位，不得消极怠工，不得擅自脱离岗位，应现场跟班指挥。带班领导必须认真执行有关安全生产的各项规定，遵守安全操作规程，对本班组工人在生产中的安全负责。带班过程中要检查生产中的不安全因素，发现问题及时解决，对不能解决的问题，采取临时控制措施，并及时上报。

十六、矿井主要灾害预防管理制度

为进一步贯彻落实"安全第一，预防为主，综合治理"方针，规范煤矿企业事故处理工作，提高应对和防范风险与事故的能力，保证职工的人身生命安全，煤矿企业应结合开采工艺和设备，制定矿井主要灾害预防管理制度。

第二节 员工劳动纪律

劳动纪律是指在劳动过程中要求职工必须遵守的行为准则，是劳动者在共同劳动中必须遵守的规则和秩序，是一种当事人的劳动法律关系，具有一定强制性和约束力。因此，劳动纪律既是保证正常生产、完成生产任务的需要，也是保证安全生产的需要。

一、班前会制度

（一）会前工作

（1）班组负责人应于会前 20 min 领取本班作业任务，并与前班负责人沟通，详细了解前班作业中未完成的作业任务及存在的安全隐患。在结合前班作业实际及本班作业任务后，制定本班工作计划及其安全措施。

（2）班组作业人员应在会前 10 min 统一更换作业服及佩戴相关安全防护用具，并对安全防护用具进行检查，确保其满足安全生产需要。班组作业人员需提前进入班前会会场，完成签到后入座，并将手机关机或调至静音状态，等待班前会的召开。

（3）会议记录人在会前完成班前会记录中时间、地点、天气情况、会议主持人、记录人、本班应到人数等信息的填写。

（二）会中流程

（1）宣布班前会开始。

（2）点名。班组负责人根据本班应到作业人员进行逐一点名，并核对会议签到情况。在点名过程中对当班人员精神状态、身体健康情况、劳动保护佩戴情况要逐一进行观察，如有存在异样状态的人员应及时进行询问，对身心状态不适合参加本班作业的人员，要给予合理安排休息。

（3）本班作业人员被点名人员，需起立并统一用"到"来应答。应答声音要洪亮、干脆利落。

（4）上级文件精神宣贯。班组负责人对公司下发的各类文件、通报等进行宣贯学习。向员工传达公司安全会议精神及安全监管部门的相关要求。宣贯传达时，要提前准备，简明扼要，并结合本部门作业实际突出重点，提出具体工作要求。涉及接班时间较短的单位（倒班部门），可于班后会上对文件进行宣贯。

（5）结合风险数据库，按照"四讲一确认"安排工作任务。班组负责人要根据前班安全生产中存在的问题和本班的作业任务安排当班安全生产任务、布置安全措施、交代注意事项等。具体如下：

①必讲上一班现场安全情况、工作地点基本情况和本班待处理的安全隐患，待处理的安全隐患包括上个班组遗留的以及各级检查人员检查出的本部门的隐患。

②必讲本班安全生产情况、隐患处理任务和现场安全保障措施。

③必讲本班具体的安全管理重点和隐患处理方法，并明确到责任人。

④必讲安全管理重点区域的安全注意事项。布置工作任务及安全保障措施时需采用"要点化"的表达方法，做到布置工作条理清楚，下达任务准确完整，让职工听得明白、理解到位，力戒含糊其辞造成混淆。

⑤工作确认。班组作业人员如对本班作业任务及安全保障措施存在疑问的，可以举手示意，经班组负责人点名后依次进行发言。班组负责人须对存有的疑问进行解答。

⑥宣布班前会结束。

(三) 会后工作

班组作业人员待班组负责人宣布会议结束后,应陆续离场。

二、班后会制度

(一) 会前工作

(1) 班组作业人员应提前 5 min 进入班后会会场,完成签到后入座,将手机关机或调至静音状态,等待班后会的召开。

(2) 会议记录人在会前完成班后会记录中时间、地点、会议主持人、记录人、本班应到人数等信息的填写。

(二) 会中流程

(1) 宣布班后会开始。

(2) 点名。班组负责人根据本班应到作业人员进行逐一点名,并核对会议签到情况。如发现有未参会人员应及时选择电话联系、询问同区域工作人员、现场寻找等方式对缺会人员原因进行确认。如确定缺会人员失联,应立即上报部门主要负责人。被点名的本班作业人员,需起立并统一用"到"来应答。应答声音要洪亮、干脆利落。

(3) 工作总结。班组负责人要求本班作业人员依次对作业任务完成情况进行简述,对未完成的工作任务相关工作节点进行说明,对本班作业中发现的已处理和未处理的"隐患及问题"进行描述。班组作业人员应按照班组负责人点名次序对本班作业任务完成情况及存在的"隐患及问题"进行汇报。

(4) 上级文件精神宣贯。由班组负责人对本班班前会未对公司下发的各类文件、通报等进行宣贯学习的,在班后会向员工传达。

(5) 工作确认。会议记录人须对本班组工作任务完成情况及作业中发现的"隐患及问题"进行详细记录,经班组负责人确认无误后,与录音文件一同进行归档。

(6) 宣布班后会结束。

(三) 会后工作

班组作业人员待班组负责人宣布会议结束后,应陆续离场。

三、交接班制度

(1) 各工种、各岗位的人员都必须严格遵守现场交接班制度,交接班必须及时填写交接班记录。班组长未在现场交接班的,一旦发现按照制度对个人进行处罚,班长以下各个工种未在现场交接班的,一旦发现按照制度对班组进行处罚。

(2) 各工种须提前到达工作岗位,采取工种对工种、岗位对岗位现场交接班,对存在的安全隐患必须交接清楚。

(3) 班组长应交代当班生产、设备运转、工程标准、安全等情况及施工过程中应注意事项。各工种应按岗位对口交代本工种设备运转情况、出现的问题和处理情况、遗留问题及注意事项,共同对设备进行试运转,经接班人同意后,交班人方可离岗下班。

(4) 交班人未经接班人允许和领导同意,擅自离开工作岗位时,接班后出现的一切问题均由上班交班人负责,并经班组长批准,对交班人按照制度进行处罚。

(5) 当接班人员无特殊情况未按时到岗接班时,交班人员可以向班组长反映情况,经班组长同意后方可离岗下班,所发生的一切问题由接班人负责。

第三节　作业标准化和岗位标准化管理制度

一、工艺与设备

煤矿企业应采用符合要求的先进设备和工艺,并配置合理。煤矿设备具体指煤炭企业的煤炭地面生产系统、连续(半连续)剥离系统、挖掘机、自卸车、推土机、平路机、前装车、钻机、洒水车、带式输送机移设机、清料车、电缆车、发电车等大型设备及其主要附属设备。设备管理应当坚持日常维护与计划检修相结合,修理改造与更新相结合,技术管理与经济管理相结合的原则,依靠技术进步,提高管理水平。

二、生产现场管理和生产过程控制

按照国家现行的《煤矿安全生产标准化管理体系基本要求及评分方法(试行)》,煤矿安全生产标准化管理体系包括理念目标和矿长安全承诺、组织机构、安全生产责任制及安全管理制度、从业人员素质、安全风险分级管控、事故隐患排查治理、质量控制、持续改进等8个要素。煤矿企业应加强对生产现场的安全管理和对生产过程的控制,并对生产过程及物料、设备设施、器材、通道、作业环境等存在的安全风险进行分析和控制,并对隐患进行排查治理。

三、技术保障

煤矿企业应建立并保持安全技术管理与控制程序,以消除和控制重大危险源。技术保障措施是改善煤矿企业生产条件，有效防止生产安全事故和职业病的重要保证制度。应优先采用先进安全技术标准、方法、工艺、设备、设施，并针对煤矿具体情况制定专项安全技术方案，主要包括：煤矿企业中长期发展规划、煤矿年度生产计划、煤矿灾害预防和处理计划、煤矿应急预案、煤矿专项工程和专业系统设计、作业规程、安全操作规程和安全技术措施等。

四、文明生产

煤矿企业应不断提升安全文明生产的规范化与标准化管理水平，规范员工的行为，营造良好的工作环境，领导班子成员、安全生产管理人员、其他从业人员、特种作业人员必须按国家有关规定经专门培训考试合格，取得相应资格证书。作业人员必须做到严格按规定穿戴劳动防护用品，做到整齐规范，符合安全生产要求。坑下采掘作业平盘帮齐底平，矿山公路、排土场边坡应符合安全生产要求，矿山公路、排土场平整，矿山公路应按规定设置安全土挡，路面洒水降尘。

五、岗位规范

煤矿企业各岗位应严格执行本岗位安全生产责任制，管理人员熟悉采矿技术，技术人员掌握专业理论知识，具有实践经验。作业人员应掌握《煤矿安全规程》、操作规程及作业规程，现场作业人员规范操作，无"三违"行为，作业前进行岗位安全风险辨识及安全确认。

第五章 露天煤矿灾害防治与应急避险

第一节 边坡灾害防治与应急避险

一、边坡的概念和特点

（一）边坡的概念

露天开采时，通常是把矿岩划成一定厚度的水平层，自上而下逐层开采，这种开采方式会使露天矿场的周边形成阶梯状的台阶，多个台阶组成的斜坡称为露天煤矿边坡。

（二）边坡的特点

（1）露天煤矿边坡一般比较高，从几十米到几百米不等，走向长从几百米到数千米，因此边坡暴露的岩层较多，各部分地质条件差异较大，变化复杂。

（2）露天煤矿最终边坡是由上而下逐步形成，上部边坡服务年限可达几十年，下部边坡则服务年限较短，底部边坡在采矿后即可废止，因此对上下部边坡的稳定性要求也不相同。

（3）露天煤矿频繁的穿孔、爆破作业和车辆运行，使边坡岩体经常受到震动的影响。

（4）露天煤矿边坡是用爆破、机械开挖等手段形成的，坡度是人为控制的，暴露岩体一般不加维护，因此边坡岩体较为破碎，并易受风化等因素影响产生次生裂隙，破坏岩体的完整性，降低岩体强度。

（5）露天煤矿边坡的稳定性随着开采作业的进行不断发生变化。

二、边坡的破坏类型

（一）边坡岩体的破坏类型

边坡岩体的破坏类型按破坏机理可分为五类：

（1）平面破坏。平面破坏是一种发生最多的破坏类型。在结构上受结构面影响，如断层、节理、层理面和层状沉积层间的抗剪强度变化，或受坚硬岩层和层间充填物接触的影响。尤其是结构面与边坡倾向相近，结构面的倾角小于边坡角而大于岩体内摩擦角时，易发生平面破坏。

（2）楔体破坏。楔体破坏多发生在边坡中具有两组结构面斜交且在边坡上露出相交成楔形体。当两组结构面的组合交线的倾向与边坡倾向相近，倾角小于坡面角且大于其摩擦角时，容易发生沿着组合交线方向滑动的这种破坏。楔形破坏一般只涉及台阶。

（3）圆弧形破坏。圆弧形破坏是发生在土体边坡和具有散体结构、碎裂结构岩体边坡中，边坡失稳时滑动体沿着向下凹的弧形破裂而滑动。圆弧形破坏是一种常见的破坏形式。

（4）倾倒破坏。倾倒破坏多发生在层状结构边坡中，岩层呈一组平行的结构面，它们的倾向与边坡相反且倾角较陡，岩柱或岩块绕某一固定基面转动而发生破坏。

（5）复合破坏。复合破坏是上述两种或两种以上形式组合而成的破坏。

（二）边坡岩体的滑动速度和破坏规模

当边坡岩体发生滑动破坏时，由于受到各种因素和条件的影响，其滑动的速度也是各不相同的。有的滑动破坏是瞬间发生的，而有的滑动破坏是缓慢的，在一段时间内完成整个破坏过程。

分析边坡岩体破坏时的滑动速度大小，对预防矿山事故是非常重要的。滑坡的特征：以水平位移为主，相对位置变化不大；沿着一个或几个软弱面滑动；可以瞬间完成，也可以持续几年或更长的时间。

按照边坡的滑动速度还可以划分为蠕动滑坡、慢速滑坡、中速滑坡和高速滑坡四种。蠕动滑坡是指人们仅凭肉眼难以看见其运动，只能通过仪器观测才能发现的滑坡；慢速滑坡是指每天滑动数厘米至数十厘米，人们凭肉眼可直接观察到滑坡的活动；中速滑坡是指每小时滑动数十厘米至数米的滑坡；高速滑坡是指每秒滑动数米至数十米的滑坡。露天矿边坡岩体发生破坏时所产生的后果不但取决于其破坏的类型和速度，还取决于破坏的规模，即下滑岩体体积的大小和滑动岩体的范围。边坡岩体的破坏规模可分小型滑落（滑落的岩体体积在 1 万 m^3 以下）、中型滑落（滑落的岩体体积一般在 1 万~10 万 m^3 之间）、大型破坏（滑落的岩体体积一般在 10 万~100 万 m^3 之间）、巨型滑落（滑落的岩体体积一般在 100 万 m^3 以上）。

边坡破坏形式、破坏岩体的滑动速度、破坏规模这三个要素在每次边坡破坏过程中都能反映出来，其综合作用决定了边坡破坏过程可能造成的危害。如果在事故发生前能较准确地预测这三个要素，就能提前采取有效的措施，避免边坡破坏的发生或将边坡破坏的危害减少到最小。

三、边坡滑坡的影响因素

露天矿山边坡的变形、失稳从根本上说是边坡自身实现稳定的自然调整过程，而边坡滑坡与自然因素和人类活动因素有关。

（一）自然因素

（1）岩层岩性。岩石的物理力学性质、矿物成分、结构与构造等，对整体岩层而言，是影响边坡稳定的主要因素。相间成层的岩层，因其厚度、产状及在边坡内所处的部位不同，稳定状态亦不一样。

（2）岩体结构。岩体结构面是在地质发展过程中，在岩体内形成的具有一定方向、一定规模、一定形态和不同特性的地质分割面，统称为软弱结构面。它具有一定的厚度，常由松散、松软或软弱的物质组成，这些组成物质的密度、强度等物理力学属性较之相邻岩块有较大差异。在地下水的作用下岩体结构往往易出现崩解、软化、泥化甚至液化的现象，有的还具有溶解和膨胀的特性，这些软弱泥化的结构面的存在给边坡岩体失稳创造了条件。

（3）风化程度。岩层的风化程度越深，则岩层的稳定性就越低，所要求的边坡坡度就越缓。

（4）水文地质。地下水对边坡稳定的主要影响有：使岩石发生溶蚀、软化，降低岩体特别是滑面岩体的力学强度；地下水的静水压力降低了滑面的有效反向应力，从而降低了滑面的抗滑力；产生渗透压力（动水压力）作用于边坡，使岩层裂隙间的摩擦力减小，降低其稳定性；在边坡岩体的孔隙和裂隙内运动的地下水会使坡体容重增加，增大坡体的下滑力，恶化边坡稳定条件。地表水对边坡的影响主要是冲刷、夹带作用对边坡造成侵蚀，从而形成陡峭山崖或冲洪积层，引发牵引式滑坡。

（5）气候与气象。在渗水性的岩土层中，雨水可下渗浸润岩土体内，加大土、石容重，降低其凝聚力及内摩擦角，使边坡变形。我国大多数滑坡都是以地面大量降雨下渗引起地下水状态的变化为直接诱导因素的。此外，气温、湿度的交替变化，风的吹蚀，雨雪的侵袭、冻融等，会使边坡岩体发生膨胀、崩解、收缩，改变边坡岩体性质，影响边坡的稳定。

（6）地震。水平地震力与垂直地震力的叠加，形成一种复杂的地震力，这种地震力可以使边坡作水平、垂直和扭转运动，引发滑坡灾害。地震触发滑坡与地震烈度有关。

（二）人为因素

影响边坡稳定性的人为因素，主要是在自然边坡上进行坡体开挖、地下施工、工程爆破、坡顶堆载、地表灌溉、破坏植被等行为。

（1）坡体开挖。露天边坡角设计偏大，或台阶未按设计施工，都会显著增加边坡滑坡的风险。发生采动滑坡的坡体几何形态大多有如下特点：从平面形状看，采动滑坡大多发生在凸形或突出的梁峁坡体上；从竖直剖面看，采动滑坡或崩塌主滑轴线方向的剖面大多在总体上呈凸形状态，即坡顶比较平缓，坡面外鼓，坡角为陡坎；坡体的上、下部均成陡坎状，中间有起伏的不规则斜坡或直线斜坡。

（2）地下施工。施工对边坡的最大扰动就是工程开挖使得岩土体内部应力发生变化，从而导致岩体以位移的形式将积聚的弹性能量释放出来，因此带来了边坡结构的变形破坏现象。尤其是在坡体内部或下部施工，由于地应力的复杂变化，造成的滑坡风险难以预测。

（3）工程爆破。大范围的工程爆破对山体有很大的破坏作用，瞬时激发的强大地震加速度和冲击能量会导致岩层或土层裂隙的增加，减弱边坡整体稳定性。

（4）坡顶堆载。在边坡上进行工业活动，将固体废弃物堆放在坡顶，可能导致下滑力增加，当下滑力大于坡体的抗滑力时，会引起边坡失稳。

（5）地表灌溉。人为地向边坡灌溉、排放废水、堵塞边坡地下水排泄通道，以及破坏防排水设施的行为，使边坡地下水位平衡遭到破坏，进而破坏边坡岩土体的应力平衡，增加岩层容重，增加滑动带孔隙水压力，增大动水压力和下滑力，减小抗滑力，将引发滑坡。

（6）破坏植被。植被可以固定边坡表土，避免水土流失。对边坡上覆植被的破坏，会加大地表水下渗速度，导致下滑力增大，抗滑力减小，从而诱发滑坡。

四、边坡灾害防治措施

（一）合理确定工作阶段坡面角

露天开采时，应先剥离后开采，严禁掏底部、放上部等易造成滑坡的野蛮冒险作业行为。在工作阶段上，常进行爆破、装运和地质测量等作业。

坡面附近的矿岩受爆破震动的影响，常因为阶段坡面角过大而造成岩石塌落或使平台宽度变窄引起事故发生。为此，在露天煤矿设计和生产中，必须根据矿山的地质条件、岩石力学性质、设备的性能和规格尺寸等因素，确定合适的坡面角，并规定出最小工作平台宽度，把剥离、采矿和运输设备，供电和通信线路设置在工作平台稳定坡面内。

（二）边坡维护

露天矿边坡，必须进行经常性的检查和维护，以保证边坡稳定，防止灾害发生。企业应建立一支边坡维护专业队伍,加强检查维修,必要时可进行人工放坡、铺上草皮、种植灌木、砌筑局部挡土墙或者预埋防滑坡的木桩。要设置排水网络,防止地表雨水流入矿坑冲刷边坡,润滑层理。深凹露天煤矿要在坑外周围设置防山洪、防泥石流的阻挡或者疏导的设施。排水网络包括地表排水、地下排水、立体排水系统。

(三) 抗滑工程

抗滑工程是防止山体滑坡的有效措施之一,尤其对于事关生命、财产安全的矿区坡体来说,意义非同寻常。抗滑工程包括抗滑挡墙、加筋挡墙、锚定板挡墙、预应力锚索挡墙、锚杆挡墙。

(四) 边坡的监测

边坡监测目前采用边坡雷达、GNSS 边坡监测点位、人工巡视三种监测手段。边坡雷达技术人员进行 24 h 监控,各矿生产技术部按照边坡管理制度要求每周不少于 2 次对边坡进行巡视。

矿方要求技术人员每日将雷达监测成果及监测日报在边坡监测群内汇报,每周出具边坡监测周报,每月出具边坡监测月报,每季度出具边坡监测分析季报。各矿应按照边坡稳定性及管理要求,制定相应管理制度及相应安全技术措施,保证煤矿边坡稳定,杜绝边坡事故的发生。

五、滑坡应急避险

(1) 发生滑坡后,现场人员应立即撤离危险区域并报告当班班组长和调度室。

(2) 矿调度室接到事故报告后,应立即按照事故汇报程序进行汇报、并通知专业人员 24 h 观测滑坡情况,以防止事态进一步扩大,等待值班矿长的命令和指示。

(3) 当班班组长、值班主任、值班矿领导接到报告后,应立即启动相应的应急救援预案,并立即赶赴现场了解情况,同时派专人保护现场。在保证安全、不发生意外的情况下,积极组织当班人员抢救伤员,生产指挥车、通勤等车辆要及时赶到现场,随时送伤员到医院救治。

(4) 当滑坡事故没有造成人员伤亡或事态没有扩大的迹象时,不要急于抢险,要等抢险技术人员到达现场后,按照工程技术人员制定抢险措施,有条不紊地开展救援工作。

(5) 如果发生的事故规模较大,有人员伤亡或设备损坏或导致生产不能正常运行,在确保不会再次发生事故的前提下,企业应立即组织现场人员、设备抢救和转移被困人员,被困人员应在实施自救争取时间的同时耐心等待专业救护人员的到来。

（6）当人员被埋入岩石中较深，随着救援时间的延长可能出现生命危险时，可采用多台前装机平行转移滑落的大面积岩石，并设专人居高指挥，发现被埋人员露出时，要立即停止前装机作业，采用人工救援，防止在救援过程中误伤受伤人员。

（7）当滑坡事故有进一步扩大的迹象时，总指挥要立即疏散周围人员，避免造成更多的人员伤亡，待滑坡事态稳定后再组织人员、设备在工程技术及安全人员的指导下积极进行救援。

（8）营救人员时应沉着冷静，根据灾情和现有条件进行施工，行动中必须保证统一的指挥和严密的组织，防止灾情扩大，避免二次事故的发生。

（9）抢救出伤员后，必须判断伤情的轻重，人员较多时应先抢救重伤人员，后抢救轻伤人员，并按照"三先三后"的原则对伤员进行搬运救治。

（10）在现场设置警戒，除抢险人员外，禁止无关人员入内，防止发生次生事故。

第二节　露天煤矿水灾防治与应急避险

一、露天煤矿防治水相关规定

《煤矿防治水细则》已于 2018 年 5 月 2 日国家煤矿安监局第 16 次局长办公会议审议通过，自 2018 年 9 月 1 日起施行。原《煤矿防治水规定》（国家安全监管总局令第 28 号）同时废止。

（1）露天煤矿应当制定防治水中长期规划，对地下水、地表水和降水可能对排土场、工业广场、采场等区域造成的危害进行风险评估；应当在每年年初制定防排水计划和措施，由煤矿企业负责人审批。雨季前必须对防排水设施作全面检查，并完成防排水设施检修。新建的重要防排水工程必须在雨季前完工。

（2）露天煤矿各种设施要充分考虑当地历史最高洪水位的影响，对低于当地历史最高洪水位的设施，必须按规定采取修筑堤坝沟渠、疏通水沟等防洪措施，矿坑内必须形成可靠排水系统。

（3）露天煤矿地表及边坡上的防排水设施，应当避开有滑坡危险的地段；当采场内有滑坡区时，应当在滑坡区周围采取设置截水沟等措施。排水沟应当经常检查、清淤，不应渗漏、倒灌或者漫流；当水沟经过有变形、裂缝的边坡地段时，应当采取防渗措施。排土场应当保持平整，不得有积水，周围应当修筑可靠的截泥、防洪或者排水设施。

(4)用露天采场深部做储水池排水时,必须采取安全措施,备用水泵的能力不得小于工作水泵能力的50%。

(5)地层含水影响采矿工程正常进行时,应当进行疏干,当疏干不可行,可以采取帷幕注浆截流等措施,疏干、帷幕注浆截流等工程应当超前于采矿工程。在矿床疏干漏斗范围内,如果地面出现裂缝、塌陷时,应当圈定范围加以防护、设置警示标志,并采取安全措施。(半)地下疏干泵房应当设通风装置。

(6)受地下水影响较大和已进行疏干排水工程的边坡,应当施工水文观测孔,进行地下水位、水压及矿坑涌水量的观测,分析地下水对边坡稳定的影响程度及疏干的效果,并制定地下水治理措施。

(7)排土场进行排弃时,底部应当排弃易透水的大块岩石,确保排土场正常渗流。对含有泉眼、冲沟等水文地质条件复杂的排土场,应当采用引水隧道、暗涵、盲沟等工程措施,确保排土场排水畅通。因地下水水位升高,可能造成排土场或者采场滑坡时,必须进行地下水疏干。

(8)露天煤矿采排场周围存在地表河流、水库或者地下水体,且水体难以疏干,应当进行专门的水文地质勘探,确定含水区域准确边界,进行专门设计,确定防隔水煤(岩)柱尺寸。并定期对水位水情进行观测,分析防隔水煤(岩)柱稳定情况。

二、水灾事故产生原因

露天煤矿因缺乏对矿区及其附近地表水流系统、水文气象等的准确了解,没有建立地表防排水系统,或建立的地表防排水系统不能满足生产安全需要,都会引起水灾事故的发生。

三、水灾防治措施

(一)地表水防治措施

地表水是地面防水的主要对象。针对地表水的防治,可采用地面防水工程拦截或引走的地面水流,不让其流入采场;通过拦截地下水,或者其他方式引走坡面流水,使其不流入采场。

1. 修筑拦水堤坝和截、排水沟渠引流

企业可于采场、排土场、储煤场的四周构建拦水堤坝和截、排水沟渠,防止洪涝灾害的发生。当雨季降水量增加时,既能起到阻挡作用,又能起到疏流作用。拦水堤坝高度不应低于1.5 m,宽度不应低于2 m,坝体材料为露采剥离物,坝体外部覆盖黄土。当采场、排土场范围内出现自然纵坡较大的冲沟时,需修筑临时拦水坝。截、排水沟宽度不应低于0.3 m,深度不应低于0.3 m,底部铺露采剥离物。储煤场内应设排水沟，防止雨水冲刷煤及运煤道路。

地表及边坡上修筑的防排水设施，应当避开有滑坡危险的地段。排水沟应当经常检查、清淤，防止渗漏、倒灌或者漫流。当采场、排土场内有滑坡区时，应当在滑坡区周围设置截水沟。当水沟在变形、裂缝的边坡地段时，应当采取防渗措施，水沟内铺设土工布。

2. 河流改道

针对穿过矿区的河流，必须对河流进行改道迁徙，改道应选择路线短、地势平缓、弱渗水的地段，同时还要考虑矿山的后期发展，避免改道河流二次分流。新河道的起点应该在河床冲刷易发区进行选择，并与原有的河道河势相适应，同时修筑拦河堤坝。

3. 对采场、排土场边坡进行监测

企业应建立采场、排土场边坡监测制度，在采场、排土场边坡设置边坡监测点，定期对其进行监测，并做好记录。在雨季时，应加强监测，防止由于降雨诱发滑坡灾害。

（二）采掘场排水安全措施

（1）暴雨后坑底积水量较大且排水时间较长，在生产过程中应做好生产设备及人员的防护工作。

（2）雨季时主要采剥设备应尽量避免在采掘场底部低洼处作业，大型设备附近应备有适量露天剥离物，用于修筑临时防水围堰。

（3）潜水电泵、排水管路应保证正常运行并留有充足的备用量。潜水电泵便于移动，不会产生因淹泵而停泵的现象。

（4）雨季前及每次洪水过后都需及时检修潜水电泵、排水管路等设备，保证排水设备处于良好工作状态。

四、水灾应急避险

（1）做好水灾的预测预报工作，探明水源位置、涌水量大小、被困人员分布情况，并向指挥部提供具有生存条件的地点和场所及其可能进出入的通道。

（2）险情或水灾发生时，应立即启动相应应急救援预案，并按煤矿制定的避灾路线撤离作业人员，来不及撤离的作业人员应迅速撤离到具有生存条件的地点。

（3）及时疏散受水害威胁的作业人员，将受伤人员运至安全地点，必要时应切断电源，避免其他事故发生。

（4）在指挥部的统一领导下，对水灾采取封、堵、泄、排等方法，降低事故的危险程度。

（5）积极与专家组配合，提出现场救灾方案，并及时实施救灾。

（6）抢救出伤员后，必须判断伤情的轻重，人员较多时先抢救重伤人员，后抢救轻伤人员，并按照"三先三后"的原则进行搬运救治。

第三节　露天煤矿火灾防治与应急避险

一、露天煤矿防灭火的相关规定

《煤矿防灭火细则》（矿安〔2021〕156号）已经国家矿山安全监察局2021年第22次局务会议审议通过，自2022年1月1日起执行。

（1）必须制定地面和采场内的防灭火措施。所有建筑物、煤堆、排土场、仓库、油库、爆炸物品库、木料厂等处的防火措施和制度必须符合国家有关法律、法规和标准的规定。

（2）露天煤矿应当对开采煤层自燃倾向性进行鉴定。开采容易自燃和自燃煤层或者开采范围内存在火区时，必须制定防灭火措施。

（3）露天煤矿建设及生产过程中，应当评估所属范围内的井工煤矿采空区的危险性。对存在自然发火危险的采空区必须进行探查并制定安全措施，探明预留煤（岩）柱厚度、气体、温度、塌陷等情况，根据探查结果采取措施进行处理。

（4）遇存在塌陷或者自燃危险的采空区时，必须停止作业，影响范围内所有人员及作业设备撤至安全地点，及时汇报，立即采取有效措施处理。待危险解除后，方可恢复作业。

（5）开采容易自燃和自燃煤层的露天煤矿，应当采取防止采场边坡煤台阶、工作面、排土场自然发火的措施。

露天煤矿排土作业时，应当对高温剥离物料进行降温处理。

（6）采场及排土场发生自燃火灾后，可采取挖除火源、覆土、水消、注（喷）浆等措施进行处理。

（7）采场最终边坡煤台阶必须采取防止煤自然发火的措施。

（8）在高温区、自然发火区进行爆破作业时，必须遵守下列规定：

①测试孔内温度。有明火的炮孔或者孔内温度在80℃以上的高温炮孔应当采取灭火、降温措施。

②高温孔经降温处理合格后方可装药起爆。

③高温孔应当采用热感度低的炸药，或者将炸药、雷管作隔热包装。

（9）露天煤矿内的采掘、运输、排土等主要设备，必须配备灭火器材，并定期检查和更换。

露天煤矿带式输送机在转载点和机头处应当设置消防设施。

（10）露天煤矿焊割作业时，应当遵守下列规定：

①在重点防火、防爆区焊割作业时，应当办理用火审批单，并制定防火、防爆措施。

②在矿用卡车上焊割作业时，应当防止火花溅落到下方作业区或者油箱，并采取防护措施。

③焊割作业场所应当确保通风良好，无易燃、易爆物品。焊割盛放过易燃、易爆物品或者情况不明物品的容器时，应当制定安全措施。

④使用气焊割动火作业时，氧气瓶与乙炔气瓶间距不小于 5 m，气瓶与动火作业地点均不小于 10 m。

二、露天煤矿火灾的危害

1. 浪费煤炭资源

露天煤矿火灾不仅会降低煤炭质量，还造成资源浪费，减少了露天煤矿可采储量。同时在处理煤炭火灾时需投入大量的人力和物力，而且不易彻底处理，反复影响煤矿采剥生产的进度，严重影响煤矿企业的经济效益。

2. 影响安全生产和边坡稳定

煤层燃烧对露天煤矿的生产安全和持续生产带来很多困难。煤炭燃烧后常引起矿坑内地表裂缝、坍塌，大面积片帮等现象，影响露天煤矿设备的正常作业，给安全生产带来隐患。在特定的气象条件，或处于不利的风向和风速时，煤层燃烧还会造成火灾，并产生大量烟雾烟尘。烟雾烟尘会影响工作人员视线，危害工人呼吸，影响工人的工作效率，不利于安全生产。煤台阶的燃烧将导致煤台阶岩体强度降低，影响露天煤矿整体的边坡稳定。

3. 影响环境空气

煤层自燃产生大量的有毒有害气体和物质，如 CO、CO_2、SO_2、NO_2、烟尘、醇类、醛类等，随风飘散，严重污染矿坑及附近的大气环境，危害职工的身体健康。

三、火灾预防措施

（一）外因火灾预防措施

露天煤矿防火应遵守《中华人民共和国消防法》和当地消防部门的要求。各类建筑、油库、炸药库和仓库等应建立防火制度，完善防火措施，配备足够的消防器材；各厂房和建筑物之间，要建立消防通道；消防通道上不得堆积各种物料，以利于消防车辆通行。外因火灾预防的一般要求如下：

（1）预防明火引起火灾。使用过的废油、棉纱、布头、油毡、蜡纸等易燃物应放入盖严的铁桶内，并及时集中处理，防止明火与炸药或其包装材料接触而引起燃烧、爆炸。

（2）预防焊接作业引起火灾。不在易燃易爆区域进行焊接作业，焊接作业完毕后，须严格检查和清理现场。

（3）预防爆破作业引起的火灾。

（4）预防电气设备引起的火灾。正确地选择、装配和使用电气设备及电缆，以防止发生短路和过负荷。

(二) 内因火灾预防措施

1. 预防煤炭自燃的管理原则

有自然发火可能的露天煤矿，其地质部门向设计部门所提交的地质报告中必须要有"煤岩自燃倾向性判定"内容。贯彻预防为主的精神，在采矿设计中必须采取相应的防火措施；在编制采掘计划的同时，必须编制防灭火计划。自然发火露天煤矿要尽可能掌握各种煤岩的发火期，采取加快开采速度和减少储放量的措施。

2. 开采方法方面的防火措施

对开采方法方面的防火要求是：务必使煤炭在空间和时间上尽可能少受空气氧化作用，万一出现自热区要及时将其封闭。为此，应该采取以下主要措施：

（1）制定合理的开采顺序。

（2）当煤炭有自燃倾向时，应根据矿体倾向采空区的煤量及其集中程度和对采空区的封闭情况，确定是否回采或采取相应的防火安全措施。

（3）在经济合理的前提下，尽量采用回填采空区的采矿法。

3. 煤炭火灾的扑灭方法

扑灭矿内火灾的方法可分为直接灭火法、隔绝灭火法、联合灭火法三大类。

（1）直接灭火法是指用灭火器材在火源附近直接进行灭火，是一种积极的灭火方法。直接灭火法一般可以采用水或其他化学灭火剂、泡沫剂、惰性气体等，或是直接挖除火源。

（2）隔绝灭火法是指密闭火源，填平地面塌陷区的裂隙或将暴露煤层封闭以阻止空气进入火源，从而使火源因缺氧而熄灭。

（3）当发生火灾不能用直接灭火法扑灭时，应采用联合灭火法。此方法就是先将火区密闭后，再向火区注入泥浆或其他灭火材料。

四、火灾应急避险

发生火灾要先进行火情侦察，确定燃烧物质和有无人员被困，制订具体实施方案，展开灭火救援工作。

（1）火灾发生时，应立即启动应急救援预案，开辟救生通道，积极疏散、抢救被困人员和重要物资。

（2）划定警戒区域，实行区域交通管制。

（3）迅速控制危险源，对现场进行不间断监测，防止次生灾害的发生，并按既定灭火救援方案展开灭火工作。

（4）确定水源位置，做好火场供水。

（5）必要时采取火场破拆、排烟和断电措施。

（6）抢救出伤员后，必须判断伤情的轻重，人员较多时先抢救重伤人员，后抢救轻伤人员，并按照"三先三后"的原则进行搬运救治。

第六章 露天煤矿职业危害及职业病防治

第一节 职业病危害因素来源及职业病类型

一、职业病危害及职业病危害因素定义

职业病危害，指对从事职业活动的劳动者可能导致职业病的各种危害。在生产过程中、劳动过程中、作业环境中存在的危害劳动者健康的因素，称为职业病危害因素。

二、职业病危害因素来源

（1）生产过程中产生的职业病危害因素：与生产过程有关的原材料、工业毒物、粉尘、噪声、振动、高温、辐射、传染性因素等。

（2）劳动过程中产生的职业病危害因素：劳动制度与劳动组织不合理均可造成对劳动者健康的损害，如劳动强度过大，劳动时间过长，精神或视力过度紧张等。个别器官或系统过度紧张，如视力紧张等；长时间不良体位或使用不合理的工具。

（3）作业环境造成的职业病危害因素：不良气象条件、厂房狭小、车间位置不合理、照明不良等一般卫生条件和卫生技术措施不良相关的有害因素，都可能造成职业病。

三、职业病危害因素分类

职业病危害因素一般可以分为以下几个类型：

（一）化学因素

（1）生产性毒物：如铅、铬、锰、汞、苯、有机磷农药、一氧化碳、硫化氢、甲烷、氮氧化物、氨等（图6-1）。

（2）生产性粉尘：如滑石粉尘、尘铅粉尘、合成纤维粉、木质粉尘、骨质

图 6-1 防范生产性毒物示例

粉尘。长期在粉尘中作业,可能引起各种尘肺病(如硅肺、石棉肺、煤肺、金属肺等)(图6-2)。

图 6-2 生产性粉尘示例

(二)物理因素

(1)异常气候条件:如高温、高湿、低温及辐射热。长期在高温和强烈热辐射的条件下作业，可能引发热辐射病、热痉挛、热射病等。

（2）异常气压：包括高气压和低气压。如高山上作业可能引发高山病。

（3）噪声：长期在噪声强烈的环境中作业，如纺织作业可能引起职业性耳聋。

（4）震动：长期在震动环境中作业可能引起震动病。

（5）辐射线：电离辐射，如 X 射线；非电离辐射，如红外线、紫外线。

（6）生物因素：附着于皮毛上的炭疽杆菌、布氏杆菌、森林脑炎病毒、真菌孢子等。

四、露天煤矿常见职业病

（一）职业性尘肺病

1. 露天煤粉尘肺病的产生

露天煤矿在生产运输各环节都会产生大量粉尘，人在生产中长期吸入大量微细粉尘而引起的以纤维组织增生为主要特征的肺部疾病。它是一种严重的矿工职业病，一旦患病很难治愈。

2. 尘肺病的分类

（1）硅肺病是指由于吸入含游离二氧化硅含量较高的岩尘而引起的尘肺病。

（2）煤硅肺病是指由于同时吸入煤尘和含游离二氧化硅的岩尘所引起的尘肺病。

（3）煤工尘肺病，由于大量吸入煤尘而引起的尘肺病。

上述三种尘肺病中最危险的是硅肺病。其发病工龄最短（一般在 10 年左右），病情发展快，危害严重。煤工尘肺病的发病工龄一般为 20~30 年。煤硅肺病则是介于两者之间，但接近后者。

3. 尘肺病的发病症状及影响因素

（1）尘肺病的发病症状：尘肺病分为三期，第一期重体力劳动时呼吸困难、胸痛、轻度干咳；第二期中等体力劳动或正常工作时，感觉呼吸困难、胸痛、干咳或带痰咳嗽；第三期做一般工作甚至休息时，也感到呼吸困难、胸痛、连续带痰咳嗽，甚至咯血和行动困难等症状。

（2）影响尘肺病的发病因素：粉尘的成分能够引起肺部纤维病变的粉尘，多半含有游离二氧化硅，其含量越高，发病工龄越短，病变的发展程度越快。

（3）粉尘粒度及分散度：尘肺病变主要是发生在肺脏的最基本单元即肺泡内。粉尘粒度不同，对人体的危害性也不同。5 μm 以上的粉尘对尘肺病的发生影响不大；5 μm 以下的粉尘可以进入下呼吸道并沉积在肺泡中，最危险的粒度是 2 μm 左右的粉尘。由此可见，粉尘的粒度越小，分散度越高，对人体的危害就越大。

（4）粉尘浓度：尘肺病的发生和进入肺部的粉尘量有直接的关系，也就是说，尘肺的发病工龄和作业场所的粉尘浓度成正比。

（5）个体方面的因素：粉尘引起尘肺病是通过人体而进行的，所以人的机体条件，如年龄、营养、健康状况、生活习性、卫生条件等，对尘肺病的发生、发展有一定的影响。

4. 尘肺病的防治

（1）加强作业环境通风：利用风力因素将密闭环境内的粉尘排除，从而达到降尘的目的。在确保空气中粉尘排除的前提下不会激起作业现场表面的粉尘，也要避免外界的粉尘进入到作业环境内，需要加强对相关措施的完善，提高通风除尘效果。

（2）完善露天煤矿防尘管理制度：随着科学技术的不断进步，目前对于露天煤矿粉尘的防治方法在不断完善，防尘管理制度也在不断健全。通过将完善的管理制度方法应用在实际的降尘工作中，取得的效果十分明显，不仅能够加强露天煤矿工人对粉尘防治监督的力度，还能够及时发现粉尘浓度较高的地区，为防治煤矿粉尘提供有效的帮助，降低各种风险的发生。

（3）采用洒水降尘措施：通过对露天煤矿采掘、运输作业区域进行洒水降尘，能够将露天煤矿中的作业区域煤、土进行湿润，从而在开采、运输过程中不会产生大量的粉尘。这种降尘的方式，不仅能够最大限度地降低粉尘浓度，还能够保证不会对周围环境产生污染。

（4）增强个体防护：露天煤矿各生产环节，尽管采取了多项防尘措施，但个别作业地点粉尘浓度仍达不到卫生标准。此种情况下，特别是强产尘和个别不宜安装防尘设备区域内，作业人员必须正确佩戴个人防尘护具。

（二）噪声

1. 噪声的危害

露天煤矿多采用大型的机械设备，噪声的主要来源有采装设备、运输设备、辅助生产设备和爆破作业等。长期工作在这种环境中，会对人身造成严重危害。如噪声可使人的听觉出现耳聋；作用于神经系统会引起头痛、头晕、失眠多梦、记忆力减退；作用于中枢神经系统会引起肠胃、消化分泌系统障碍；可使交感神经紧张，引起心动过速、心律紊乱、心脏和血管阻力发生变化，血压波动等现象。

2. 噪声防治措施

（1）降低声源噪声。在设备选用上尽量选用低噪声的设备，改进设备的结构，减小设备噪声的产生。

（2）限制噪声的传播。控制噪声传播的措施有隔声、吸声、消声、减震阻尼等，对于露天开采最有效的措施是隔声。对矿山固定设备，如风机、空压机等应装有消声器，用隔声材料制成隔声板、隔声罩封闭声源，减小声音的传播。

（3）个人防护。常用的防噪声的措施有带耳塞、耳罩、头盔等护耳用品，同时实行轮换工作制，减少与噪声的接触时间。

第二节 劳动防护用品配备基本要求

一、劳动防护用品定义

劳动防护用品，是指由用人单位为劳动者配备的，使其在劳动过程中免遭或者减轻事故伤害及职业病危害的个体防护装备。

二、露天煤矿劳动用品管理规定

（1）企业应当健全管理制度，加强劳动防护用品配备、发放、使用等管理工作。

（2）企业应当安排专项经费用于配备劳动防护用品，不得以货币或者其他物品替代。该项经费计入生产成本，据实列支。

（3）企业应当为劳动者提供符合国家标准或者行业标准的劳动防护用品。使用进口的劳动防护用品时，其防护性能不得低于我国相关标准。

（4）劳动者在作业过程中，应当按照规章制度和劳动防护用品使用规则，正确佩戴和使用劳动防护用品。

（5）劳务派遣工、实习学生应当纳入本单位人员统一管理，并配备相应的劳动防护用品。对处于作业地点的其他外来人员，必须按照与进行作业的劳动者相同的标准，正确佩戴和使用劳动防护用品。

三、劳动用品标准

（1）用人单位应按照识别、评价、选择的程序，结合劳动者作业方式和工作条件，考虑其个人特点及劳动强度，选择防护功能和效果适用的劳动防护用品。

①接触粉尘、有毒、有害物质的劳动者应当根据不同粉尘种类、粉尘浓度、游离二氧化硅含量、毒物的种类及浓度配备相应的呼吸器、防护服、防护手套和防护鞋等防护用品。

②接触噪声的劳动者，当暴露于 $80\ dB \leqslant LEX, 8\ h$（8 h 等效噪声）$< 85\ dB$

的工作场所时，用人单位应当根据劳动者需求为其配备适用的护听器；当暴露于 LEX，8 h（8 h 等效噪声）≥85 dB 的工作场所时，用人单位必须为劳动者配备适用的护听器，并指导劳动者正确佩戴和使用。

③存在电离辐射危害的工作场所，经危害评价确认劳动者须佩戴劳动防护用品的，用人单位可参照电离辐射的相关标准及《个体防护装备配备基本要求》（GB/T 29510）为劳动者配备劳动防护用品，并指导劳动者正确佩戴和使用。

④从事存在物体坠落、碎屑飞溅、转动机械和锋利器具等作业的劳动者，还可参照《个体防护装备选用规范》（GB/T 11651）、《头部防护安全帽选用规范》（GB/T 30041）和《坠落防护装备安全使用规范》（GB/T 23468）等标准，为劳动者配备适用的劳动防护用品。

（2）当同一工作地点存在不同种类的危险有害因素时，企业应当为劳动者提供防御各类危害的劳动防护用品，除需配备的劳动防护用品，还应考虑其可兼容性。劳动者在不同地点工作，并接触不同的危险、有害因素，或接触不同危害程度的有害因素的，为其选配的劳动防护用品须满足不同工作地点的防护需求。

（3）劳动防护用品的选择还应当考虑其佩戴的合适性和基本舒适性，并根据个人特点和需求选择适合的型号、样式。

（4）用人单位应当在可能发生急性职业损伤的有毒有害工作场所中配备应急劳动防护用品，并放置于现场临近位置并有醒目标识。用人单位应当为巡检等流动性作业的劳动者配备可随身携带的个人应急防护用品。

第三节 职业病防护诊断与保障

一、职业病防护与管理基本要求

关于劳动过程中职业病防护与管理，《中华人民共和国职业病防治法》有如下要求：

（1）任何单位和个人不得生产、经营、进口和使用国家明令禁止使用的可能产生职业病危害的设备或者材料。

（2）任何单位和个人不得将产生职业病危害的作业转移给不具备职业病防护条件的单位和个人。不具备职业病防护条件的单位和个人不得接受产生职业病危害的作业。

（3）用人单位与劳动者订立劳动合同（含聘用合同，下同）时，应当将工作过程中可能产生的职业病危害及其后果、职业病防护措施和待遇等如实告知劳动者，并在劳动合同中写明，不得隐瞒或者欺骗。

劳动者在已订立劳动合同期间因工作岗位或者工作内容变更，从事与所订立劳动合同中未告知的存在职业病危害的作业时，用人单位应当依照前款规定，向劳动者履行如实告知的义务，并协商变更原劳动合同相关条款。

用人单位违反前两款规定的，劳动者有权拒绝从事存在职业病危害的作业，用人单位不得因此解除与劳动者所订立的劳动合同。

（4）对从事接触职业病危害的作业的劳动者，用人单位应当按照国务院安全生产监督管理部门、卫生行政部门的规定组织上岗前、在岗期间和离岗时的职业健康检查，并将检查结果书面告知劳动者。职业健康检查费用由用人单位承担。

用人单位不得安排未经上岗前职业健康检查的劳动者从事接触职业病危害的作业；不得安排有职业禁忌的劳动者从事其所禁忌的作业；对在职业健康检查中发现有与所从事的职业相关的健康损害的劳动者，应当调离原工作岗位，并妥善安置；对未进行离岗前职业健康检查的劳动者不得解除或者终止与其订立的劳动合同。

职业健康检查应当由取得《医疗机构执业许可证》的医疗卫生机构承担。卫生行政部门应当加强对职业健康检查工作的规范管理，具体管理办法由国务院卫生行政部门制定。

（5）用人单位应当为劳动者建立职业健康监护档案，并按照规定的期限妥善保存。

职业健康监护档案应当包括劳动者的职业史、职业病危害接触史、职业健康检查结果和职业病诊疗等有关个人健康资料。

劳动者离开用人单位时，有权索取本人职业健康监护档案复印件，用人单位应当如实、无偿提供，并在所提供的复印件上签章。

（6）劳动者享有下列职业卫生保护权利：

①获得职业卫生教育、培训；

②获得职业健康检查、职业病诊疗、康复等职业病防治服务；

③了解工作场所产生或者可能产生的职业病危害因素、危害后果和应当采取的职业病防护措施；

④要求用人单位提供符合防治职业病要求的职业病防护设施和个人使用的职业病防护用品，改善工作条件；

⑤对违反职业病防治法律、法规以及危及生命健康的行为提出批评、检举和控告；

⑥拒绝违章指挥和强令进行没有职业病防护措施的作业；

⑦参与用人单位职业卫生工作的民主管理，对职业病防治工作提出意见和

建议。

用人单位应当保障劳动者行使前款所列权利。因劳动者依法行使正当权利而降低其工资、福利等待遇或者解除、终止与其订立的劳动合同的，其行为无效。

二、职业病诊断与职业病人保障基本要求

关于职业病诊断与职业病人保障，《中华人民共和国职业病防治法》有如下要求：

（一）职业病诊断

（1）劳动者可以在用人单位所在地、本人户籍所在地或者经常居住地依法承担职业病诊断的医疗卫生机构进行职业病诊断。

（2）职业病诊断，应当综合分析下列因素：

①病人的职业史；

②职业病危害接触史和工作场所职业病危害因素情况；

③临床表现以及辅助检查结果等。

没有证据否定职业病危害因素与病人临床表现之间的必然联系的，应当诊断为职业病。

职业病诊断证明书应当由参与诊断的取得职业病诊断资格的执业医师签署，并经承担职业病诊断的医疗卫生机构审核盖章。

（二）职业病人保障

（1）用人单位应当保障职业病病人依法享受国家规定的职业病待遇。

用人单位应当按照国家有关规定，安排职业病病人进行治疗、康复和定期检查。

用人单位对不适宜继续从事原工作的职业病病人，应当调离原岗位，并妥善安置。

用人单位对从事接触职业病危害的作业的劳动者，应当给予适当岗位津贴。

（2）职业病病人的诊疗、康复费用，伤残以及丧失劳动能力的职业病病人的社会保障，按照国家有关工伤保险的规定执行。

（3）职业病病人除依法享有工伤保险外，依照有关民事法律，尚有获得赔偿的权利的，有权向用人单位提出赔偿要求。

（4）劳动者被诊断患有职业病，但用人单位没有依法参加工伤保险的，其医疗和生活保障由该用人单位承担。

（5）职业病病人变动工作单位，其依法享有的待遇不变。

用人单位在发生分立、合并、解散、破产等情形时，应当对从事接触职业病危害的作业的劳动者进行健康检查，并按照国家有关规定妥善安置职业病病人。

（6）用人单位已经不存在或者无法确认劳动关系的职业病病人，可以向地方人民政府民政部门申请医疗救助和生活等方面的救助。

地方各级人民政府应当根据本地区的实际情况，采取其他措施，使前款规定的职业病病人获得医疗救治。

第七章　露天煤矿安全生产情况

第一节　露天煤矿概况

我国煤矿储量大、分布广，但大都属于地下矿，大约95%为地下开采，其余约5%为露天开采。

在井工煤矿的生产中，由于诸多客观的自然条件、环境和生产技术所限，各种天然和人为的不安全因素、难以预见和控制的不安全因素多，事故的发生也较为频繁。井下时常有瓦斯、煤尘等易燃易爆物，还会有突水、自燃火、冒顶、塌方等危险。图7-1为井工煤矿作业面。总体来说，井工煤矿安全生产具备一定的特性，主要体现为：

图7-1　井工煤矿作业面

(1) 工作空间狭小。
(2) 生产环境复杂多变。
(3) 作业环境差。
(4) 矿井火灾和爆炸事故危害严重。

(5) 矿井顶板事故频繁。

露天煤矿则不同，由于是露天开采，只要将地表岩土层剥离掉，不需掘进大量的井巷就可以从地表直接挖掘煤炭，图 7-2 为露天煤矿航拍图。露天煤矿与井下开采相比具有很多优点：

图 7-2　露天煤矿航拍图

(1) 生产规模大、开采强度高。
(2) 作业空间大、生产效率高。
(3) 建设周期短，开采成本低。
(4) 煤炭资源的回采率高。
(5) 劳动条件好，生产较为安全。

露天开采与地下开采相比，也存在一定的缺点：

(1) 受气候影响大。由于露天开采是敞露作业，暴雨、大雪、雨天、大风等恶劣天气都可能影响开采作业。

(2) 基建投资大。由于露天开采采用大型机械设备，基建剥离量较大，加上矿山大量征用土地，往往导致基建投资较大。

(3) 矿山占用土地多。随着采场（矿坑）面积的不断扩大以及剥离土石方量的不断增加，采场和排土场将占用大量的土地良田、草原。

(4) 污染、破坏环境。开采过程中，产生的大量粉尘、噪声、废气等造成的污染范围比井下开采大，对矿区周围自然环境、地质、水文等都将造成一定破坏。

第二节　露天煤矿安全生产特点

由于露天煤矿特有的开采工艺、生产作业条件和环境等原因，其安全生产一般具有以下几个特点：

(1) 季节性：露天煤矿的生产是在露天场所进行的，受季节气候的影响，如夏季、雨季和冬季。

(2) 变动性：露天煤矿的作业地点和环境始终处于动态中，如采掘线的推进、带式输送机运输线的移设、排土场的扩张和发展、公（铁）路运输道路的频繁更替。

(3) 开放性：露天煤矿生产很难封闭式或工厂化，其采场和排土场始终与外界相连。

(4) 机动性：露天煤矿生产的一个重要环节就是运输环节，并以汽车运输工艺为主，露天煤矿的运输卡车和生产指挥车具有很强的机动性。

(5) 多样性：露天煤矿的生产主要涉及采、运、排三大环节，所采用的生产设备呈多样化，如斗轮机、转载机、电铲、挖掘机、装载机、推土机等大中型工程机械设备；大型汽车、矿车运输设备、辅助生产用机械设备等完成生产涉及多种行业特性。

(6) 自然条件：具有"二发、三大、二高"特点，"二发"，即自然发火、雨季发水；"三大"，即大带式输送机运输、大汽车运输、大型机电设备；"二高"，即高压输配电、高段采掘。

露天煤矿的生产过程涉及多个生产环节和多种生产设备，完成整个生产将涉及多种行业特性，同样地存在一般企业和露天矿山各方面的安全生产问题。在露天煤矿生产过程中，常发生运输车辆交通事故、边坡坍塌、触电、火灾、水灾、机械伤害、爆破、高处坠落等人身伤害，以及损坏设备的非人身伤害事故。

第三节　国家电投集团内蒙古能源有限公司概况

国家电投集团内蒙古能源有限公司（以下简称内蒙古公司）是国家电力投资集团公司在内蒙古的全资子公司，与国家电投集团蒙东能源有限责任公司、内蒙古电投能源股份有限公司一体化运作。内蒙古公司是集煤炭、火电、新能源、电解铝、铁路、港口等产业一体化协同发展的大型综合能源企业。现有煤炭产能8100万t；火电装机680万kW；新能源装机245.24万kW，其中风电装机169.24万kW、光伏发电装机76万kW；电解铝运行产能86万t；铁路运营里程

627 km，港口规模 1800 万 t/a。资产总额 1075 亿元，员工 14500 余人，拥有 40 家所属单位，分布在内蒙古的通辽、赤峰、锡林郭勒盟、阿拉善、包头、鄂尔多斯、呼和浩特等盟市，以及湖南、湖北、河南、山西、辽宁等省份。

多年来，公司始终致力于循环经济建设和打造产业协同优势，探索出一条产业集群化、绿色循环发展的新路，成为全国循环经济工作先进单位。公司按照"用煤发电，用电炼铝，以铝带电，以电促煤"的发展思路，在霍林河地区形成了包括年消耗 1000 万 t 劣质煤的 180 万 kW 自备火电装机、40 万 kW 自备风电装机、86 万 t 电解铝产能，以及配套自备电网、监控指挥中心的煤电铝循环经济产业集群，构建了高载能产业清洁发展示范区，社会效益和经济效益明显，得到了广泛认可。2014 年 12 月在利马联合国气候大会"中国角"边会上获得了由联合国气候变化框架公约组织、中国低碳联盟、美国环保协会、中国低碳减排专委会联合颁发的"今日变革进步奖"。2018 年投资建设的达拉特光伏发电应用领跑基地一期项目，开创了国内 133 天一次建成 30 万 kW 沙漠光伏电站的先河。项目创造性地将光伏组件设计排布为骏马图形，并成功申报吉尼斯世界纪录，对促进达拉特旗打造"沙漠经济先导区"、发展"光伏+生态治理+农林+旅游"的经济模式发挥了积极作用。

下阶段，内蒙古公司将围绕国家电力投资集团公司奉献绿色能源的企业使命和建设具有全球竞争力的世界一流清洁能源企业的总目标，以"2035 一流战略"为统领，大力实施"建设世界一流清洁综合能源企业"的子战略目标和"绿色效益再翻番，低碳智慧创双一"的转型战略。公司坚持产业一体化协同发展思路，以智能自备电网建设为龙头做强做优做大霍林河、白音华煤电铝循环经济产业集群；以清洁能源为主导，建设乌兰察布、鄂尔多斯、阿拉善、包头北、赤峰等大型可再生能源基地，打造集群化、基地化、国际化发展的世界一流清洁综合能源企业。

一、内蒙古公司演变历程

内蒙古公司成立伊始就被定位为集团公司跨区域煤电联营电煤资源保障和蒙东煤电铝产业链利润支撑的战略性能源基地。自原中电投集团 2004 年进入蒙东地区发展以来，内蒙古公司的战略发展大致分为以下阶段。

第一阶段，2004—2007 年，探索实施煤电铝一体化协同发展战略、"五年三番百亿"时期。蒙东产业集群的发展历史可追溯到 1976 年霍林河煤田开发建设的霍林河矿务局时期，该煤田是国家"七五""八五"重点项目，全国 13 个大型煤炭基地之一，我国自行设计施工、最早开发建设的首座千万吨级现代化露天煤矿。1999 年 5 月，霍林河矿务局改制为霍煤集团。2000 年，为了提高煤炭产销量、解决企业生存问题，将煤电铝战略作为长远发展战略确定下来。继2001年重组通顺铝业并发起成立露天煤业后，于2003年组建霍煤鸿骏开工建设铝电一体化项目。这段时期，以煤炭产业为主，受市场环境和体制机制影响，产能没有得到释放，经营压力较大。

2004年9月，原中电投集团重组霍煤集团成立中电霍煤。中电霍煤按照集团公司大东北战略，确立"以快做大搏强、五年三番百亿"发展目标，一方面发挥煤炭资源保障作用实施煤电联营，另一方面发挥区域资源优势发展煤电铝一体化。2007年成为蒙东地区产值过百亿首家企业，目标提前实现。同年4月，露天煤业在深圳证券交易所成功上市，成为我国首家大型露天煤矿上市公司。

第二阶段，2008—2011年，构建煤电化铝路港绿色价值倍增六战略、"八年实现六个一"时期。2008年1月，原中电投集团整合内蒙古东部主要资产组建蒙东能源，并将所属的两个二级企业白音华煤电公司、元通公司和两家直属三级单位大板发电公司、元宝山发电公司委托蒙东能源管理。根据新的产业布局，确立了"煤电化铝路港"绿色价值倍增六战略和"以好做大搏强、八年实现6个1"的奋斗目标，以煤电铝一体化协同发展和跨区域煤电联营为核心继续深化实施集团公司大东北战略。至2011年，霍煤鸿骏形成电解铝产能67万t，其中霍林河区域的43万t产能以自备供电方式生产，扎哈淖尔区域的24万t产能因未实现自备供电、购网电又成本过高而未投产；与蒙煤南运战略配套的白音华二号和三号露天煤矿投产、赤大白铁路建成通车、锦赤铁路和锦州港煤炭码头开工建设。这个时期，蒙东能源经济效益快速增长，2011年利润总额达到30.76亿元，创历史最高，在集团二级单位中排名第一。

第三阶段，2012—2016年，完善煤电铝新能源循环经济发展战略、"千亿蒙东"时期。原中电投集团对蒙东产业布局进行调整，退出煤化工领域并将路港资产划归中电物流。根据产业布局变化和生态文明建设方向，蒙东能源调整确立了"煤为核心，电为保障，清洁能源为重点，霍林河、白音华产业链为两翼，构建循环经济产业集群，打造国际一流综合能源企业"的发展思路和"一体循环，两翼搏强，价值提升，千亿蒙东"的战略目标，突出煤电铝一体化协同发展、构建循环经济产业集群的核心战略，并将新能源作为重点发展方向。同年，抢抓政策机遇打破行业壁垒，顶住压力启动建设霍林河循环经济示范项目。到2016年，形成了包括年消耗约1000万t劣质煤的180万kW火电、30万kW风电、86万t电解铝、具备独立运行能力的企业自备电网和全国首个高载能产业清洁发展的循环经济产业集群，产业链打通。霍林河循环经济示范项目建成后，降低吨铝成本超过1000元，新增产能按边际贡献计算累计增利超过30亿元，其风电利用小时接近3400 h，远超同区域公网风电。这期间，大板电厂2×60万kW火电项目得以投产，风电在区内外同步发展，光伏发电实现零的突破，白音华地区煤电铝产业链的白音华铝电一体化项目筹建全面启动。为响应"一带一路"倡议与巴基斯坦信德安格鲁公司签订了塔尔煤田二区块380万t煤矿建设项目技术服务协议和参股协议，打造该国煤矿开采的样板项目。

第四阶段，2017年以来，高质量推进煤电铝路港协同发展战略，"十年五跨越，奋斗五十亿"时期。按照集团公司部署于2016年底对蒙东能源、蒙西能源进行合并，同时提升露天煤业管理层级，组建内蒙古公司，与蒙东能源、露天煤业一体化运作、独立核算。面对能源革命的新形势和战略发展的新平台，我们全面落实新发展理念，于2017年初确立了"十年五跨越，奋斗五十亿"发展目标，到"十四五"末期，力争项目发展覆盖内蒙古全区，实现产业布局的跨越；力争煤电铝一体化完成三地协同，实现转型升级的跨越；力争投运千万千瓦级可再生能源基地，实现结构调整的跨越；力争海外发展做到产能"走出去"，实现发展格局的跨越；力争国内资产基本完成上市，实现运营平台的跨越。2019年初，公司对接集团公司"2035一流战略"，进一步明确了集团公司重要利润支撑的经营定位、优势发展区域的布局定位和建设世界一流清洁能源企业主力军的发展定位，确立建设世界一流综合清洁能源企业的战略目标，对"十年五跨越"的中长期规划进行细化，增加2035年远期目标。2021年末，面对我国进入新发展阶段、贯彻新发展理念、构建新发展格局呈现的新变化，公司提出"绿色效益再翻番；低碳智慧创双一"的转型战略。

二、内蒙古公司煤矿煤质特点

内蒙古公司煤炭煤种属老年优质褐煤，平均发热量3150 kcal/kg，具有低硫、低磷、高挥发分、高灰熔点"两低两高"的环保特点，有"绿色燃料"之美誉，也是火力发电厂、沸腾炉和大中城市民用煤的理想燃料。

三、内蒙古公司煤炭板块所属单位

2022年，目前内蒙古公司煤炭板块下设三级单位共计12家，分别是：白音华露天矿、白音华蒙东煤业公司、扎哈淖尔煤业公司、南露天煤矿、煤炭运销公司、矿山机电检修公司、北露天煤矿、矿建公司、矿山供电公司、物资装备分公司、培训中心、中企时代公司。

四、内蒙古公司安全理念

安全理念是企业看待和处理安全问题的观念、态度和行为准则的集中表现。

> 任何风险都可以控制
> 任何违章都可以预防
> 任何事故都可以避免

释义：风险无时无处不在，正确辨识、认真分析、科学应对，便能有效控制各类风险。违章源于麻痹侥幸，严格程序、标准作业、正确指挥，便能有效预防各类违章。事故来自隐患积累，把握规律、改进管理、消除隐患，便能有效避免各类事故。

员工需始终秉持质疑的工作态度、严谨的工作方法、相互沟通的工作习惯，认真遵循公司安全文化及核安全文化要求。

第八章　安全双重预防机制建设

第一节　安全双重预防机制基础理论

一、安全双重预防机制提出背景

当前我国已基本形成了"国家监察、地方监管、企业负责"的煤矿安全生产格局,初步建立了以《中华人民共和国安全生产法》和《煤矿安全监察条例》为主体的煤矿安全生产法律法规体系,煤矿安全生产的经济政策得到了进一步完善,煤矿安全基础管理工作得到了进一步加强,安全生产形势持续稳定好转,重特大事故多发势头得到初步遏制,事故起数和死亡人数大幅下降,职业健康得到重视。

尽管我国事故总量和死亡人数逐年下降,但煤矿安全生产形势依然严峻,具体表现为事故总量仍然很大、重特大事故时有发生、职业健康危害依然严重等基本特征。安全管理中仍然存在以下问题:

(1) 在安全管理机制方面,大多数煤矿在安全管理上没有建立系统化、程序化、标准化的工作模式。

(2) 没有对风险提前进行管控,在认知上是反应式、后知后觉式,仅强调事后处理,没能事前主动辨识风险、评估风险的大小、制定防范措施、开展有效的管控,工作跟着问题跑,这必然形成被动式、"救火式"的安全管理局面。

(3) 煤矿安全监督管理机制不够完善,部分职能部门监管不力。

(4) 违法违规组织生产现象严重,企业安全生产主体责任落实不到位。

(5) 企业技术管理薄弱,安全保障能力差。

(6) 现场基础安全管理混乱,"三违"现象严重。

对于我国煤矿安全生产和管理工作存在的突出问题,迫切需要通过管理和技术创新来解决。加强在重大灾害治理、煤矿安全准入和退出机制设计、煤矿安全基础管理、煤矿安全监管监察执法和责任追究、煤矿安全科技投入和规范高效的应急救援体系建设等方面的工作,全面建立煤矿安全生产的长效机制,大力提高煤矿安全保障能力。

风险管理是安全管理的高级阶段，它从造成事故的根源出发，可在根本上减少、消除事故。风险管理的基本原理是在全面辨识风险的基础上，运用风险管控的技术，综合采用技术和管理相结合的措施，以管理危险源和事件来控制事故，从而实现"一切风险皆可控制""一切意外均可避免"的风险管理目标。

二、煤矿安全双重预防机制基本概念

双重预防机制是对原有安全管理的总结和创新，因此其建设涉及的一些基本概念与原有概念相比既有继承性，也有创新性。

1. 风险点

风险点是指有风险伴随的设施、部位、场所和区域，以及在特定设施、部位、场所和区域实施的伴随风险的作业过程，或以上两者的组合，如采场、边坡等。风险点是风险分级管控的基础，即不同层级的人管控具有对应等级风险的风险点。风险管控时，不同层级的人检查需要其控制的风险点，核对该风险点中本层级及以上层级的风险管控措施是否到位，并予以确认，如果不到位则将风险转换成隐患，走隐患闭环流程。

2. 危险源

危险源指的是可能导致伤害或疾病、财产损失、工作环境破坏或以上情况组合的根源或状态，从能量的角度可归结为两类危险源。

因意外释放而造成事故的能量或危险物质称为第一类危险源。煤矿使用的炸药、油料、油漆等易燃物品就存在能量，机械运转中的机械能、起重及高空作业中的势能、高压气体、高压液体都是第一类危险源，属于根源危险源。在正常情况下，能量或危险物质受到约束或限制时不会发生意外的释放，但是一旦这些约束或限制能量的措施失效，则将发生事故，导致能量或危险物质约束或限制措施失效的各种因素称为第二类危险源。第二类危险源属于状态危险源，风险分级管控的主要对象就是第二类危险源。

3. 风险

风险是指某一特定危险情况发生的可能性和其可能造成的损失的组合，用公式表示为

$$风险 = 可能性 \times 严重性$$

风险依托于危险源存在，一个危险源有若干个风险。

4. 管控措施

管控措施是对第二类危险源的细化措施，是为了确保第一类危险源处于可控状态而采取的相关措施，包括技术措施、管理措施、培训教育措施、个体防护措施、应急处置措施等，即采用怎样的方法和手段（监督、检查、培训、检修、

维护）才能让危险源/风险的状态或行为符合标准要求；明确谁应该干什么、怎么干、何时何地干。显然，管控措施针对的是对风险进行防护，降低其发生的可能性或降低其损害程度。

5. 隐患

隐患是指生产经营单位违反安全生产法律、法规、规章、标准、规程和安全生产管理制度的规定，或者因其他因素在生产经营活动中存在可能导致事故发生的物的危险状态、人的不安全行为和管理上的缺陷。一个风险点包含若干个危险源，一个危险源会带来若干个风险，一旦某个风险因素失控，就会造成危险源的风险上升，如果风险值超过某个阈值，该危险源（带能量）将演变成隐患。

在双重预防机制建设中，生产经营单位应首先划分风险点，其次辨识风险点中的危险源，然后辨识该危险源有哪些风险，最后确定每一个风险的管控措施。如果管控措施失控，则形成隐患。通过隐患治理，可以实现对风险值实时变化进行监控。

三、双重预防机制的意义和作用

对于煤矿而言，双重预防机制既是对原有安全管理思想和方法的继承，也是新的理论创新，不仅从理论上解决了安全管理的问题，而且考虑了如何与原有安全管理思想、方法结合，如何在企业中落地生根的问题。双重预防机制的提出和推广实施，对于新形势下推进安全生产管理工作有着重要的意义，对于我国煤矿的安全生产水平提升必将起到巨大的促进作用。

1. 体现全过程风险管理的思想，实现安全管理的关口前移

传统的安全管理，只关注对隐患的排查和治理，即在工作中排查是否存在各类隐患，排查出隐患后再采取措施进行治理，忽视了事前预控。煤矿风险分级管控与隐患排查治理"双重预防机制"对风险进行全过程管理，其过程如图 8-1 所示。

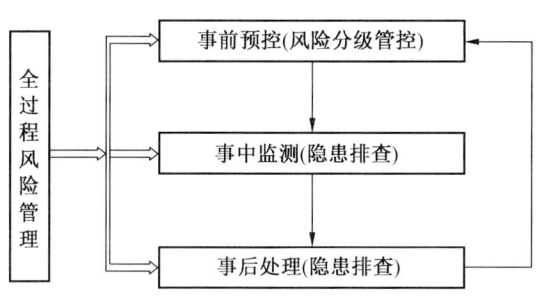

图 8-1 全过程风险管理示意图

首先，事前进行预控。事前就是产生隐患之前，先通过识别风险、评估风险，进而采取预防措施进行分级管控，减少风险，降低风险的程度，防止隐患的产生。其次，在作业过程中对风险管控情况进行监测，随时关注风险的失控情况，此过程也是对隐患进行排查的过程。再次，对发现的失控情况采取措施进行治理（隐患治理），并分析风险管控失效的原因，对事前预控管理要求和措施进行分析，查找薄弱环节，逐步对风险分级管控的要求和措施进行完善。

因此，风险分级管控和隐患排查治理之间的关系是风险分级管控在前，隐患排查治理在后。"双重预防机制"对隐患产生前的预控、事中监测、事后处理都有要求，体现了对风险的全过程管控，改变以往的被动排查和处理隐患，变为主动进行全过程管控，且更关注隐患产生前的预控。

2. 体现"预控为主"的思想，切断事故发生的因果链

危险源有人、机（包括机器设备、材料、设施等）、环境三种载体。对危险源管控存在缺陷时，就可能导致人的不安全行为、物的不安全状态和环境的不安全条件。人的不安全行为主要就是传统煤矿安全管理中的"三违"行为，物的不安全状态和环境的不安全条件就是"隐患"，因此危险源的失控就能够导致"三违"和"隐患"的产生。事故发生的因果链如图8-2所示。

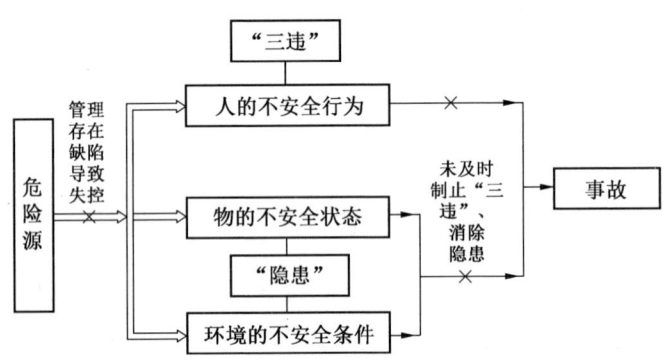

图 8-2 事故发生的因果链

风险分级管控是在事前管控，通过风险识别、评估和采取预控措施等步骤，能够有效切断由危险源向"三违"和"隐患"发展的链条。在工作过程中，通过安全检查和隐患排查能够及时发现个别因预控措施失效而导致的"三违"和"隐患"，从而制定措施，及时纠正人的不安全行为，整改物的不安全状态和环境的不安全条件，切断由"三违"和"隐患"向事故发展的链条。

因此，风险分级管控和隐患排查治理充分体现了"预控为主"的思想，能

够分别切断由危险源向"隐患"和"三违"发展、"隐患"和"三违"向事故发展的链条,构成安全管控的两道防线,因此称其为"双重预防机制"。

3. 体现主动安全控制的思想,提升全体员工的风险意识

推动安全生产关口前移成了防范事故、减少死亡人数的重要举措,但如何前移,却一直没有系统的理论可供指导,没有切实可行的方法可供操作。

"双重预防机制"的推广和实施,要求煤矿干部和职工对危险源进行辨识、评估、分级和预先采取措施进行控制,这些措施都是工作之前制定和采取的,因此可以说是主动对危险源进行控制的措施,改变了以往仅在发生事故后或出现隐患后才被动整改的局面。这些预控措施的制定需要管理人员以及部分职工参与,并需要全体员工共同执行。"双重预防机制"的深入推广和实施,必将逐步提升煤矿全体员工的风险意识,逐步由被动地背诵、被动地学习、被动地执行,转变为员工自己能辨识危险源、能够评估其风险、能够主动地采取措施。

"对易发重特大事故的行业领域,要采取风险分级管控、隐患排查治理双重预防性工作机制,推动安全生产关口前移。"这是习近平总书记对安全生产工作提出的要求,也为安全生产关口前移指明了道路。基于"危险源—安全风险—事故隐患—事故"的推演,双重预防性工作机制,既是安全生产方面的重大理论创新,又具有很强的操作性。

根据《中华人民共和国安全生产法》关于"生产经营单位必须加强安全生产标准化、信息化建设,构建安全风险分级管控和隐患排查治理双重预防机制"的规定,在新标准制定时,将原有的"煤矿安全质量标准化"改名为"煤矿安全生产标准化",其最重要的调整是新增了安全风险分级管控和事故隐患排查治理两部分内容。

第二节 风险辨识与评估

全面风险辨识与评估是双重预防机制建设中最重要、工作量最大,也是最为复杂的一个环节,直接影响着后续工作的科学性和准确性。风险全面辨识与评估涉及煤矿每个科室、部门的人员,受主观因素影响较大,与辨识人员的素质密切相关。因此,煤矿必须充分重视全面风险辨识工作的难度和复杂性,调配足够的人力、物力,集中一段时间予以完成。

一、风险辨识的步骤

煤矿的初始风险辨识是一个复杂的过程,会产生各种各样的问题,需要负责的管理人员有清醒的认识,并加强考核,保障工作的有效开展。

（一）风险辨识模板和规范的确认

风险辨识模板中的信息大致可分为风险本身的信息、风险等级信息、风险管控信息三类，每一类信息中的具体数据项会因各个煤矿的实际情况而有所不同。明确风险辨识模板后，还需要对模板中的每一个数据项的含义、取值类型、范围等予以明确的定义，并详细解释每一个数据项的取值方法，确保所有人制作的风险辨识结果具有相同的标准。

（二）风险辨识方法

风险辨识常见的方法有：工作任务分析法、直接询问法、现场观察法、查阅记录法等直接经验分析法和事故树分析法、安全检查表法、预先危险性分析法等系统安全分析法。目前煤矿常用的风险辨识方法有：

1. 工作任务分析法

工作任务分析法是指把一项作业活动分解成几个步骤，辨识整个作业活动以及每一步骤中的危害及其危险性。在辨识过程中，以清单的形式列出系统中所有的工作任务以及每项任务的具体工序，对照相关的规程、条例、标准，并结合实际工作经验，分析每道工序中可能出现的危害因素。该方法需要合理划分工作任务，优点是与员工的工作结合紧密；不足之处是容易缺失，也容易造成重复。

2. 直接询问法

直接询问法是指组织有现场工作经验的人员进行交谈，询问具体工作有哪些危害因素，根据交谈来初步辨识出工作中存在的危险源。该方法对于被询问对象有较高的要求，适用于煤矿员工素质较高，而辨识人员经验不足的情况，或用于完善已经完成的辨识结果。

3. 现场观察法

现场观察法是指通过对工作环境的现场观察，辨识系统中存在的危险源。该方法要求现场观察的人员要具有安全技术知识和掌握完善的职业健康安全法规、标准，观察人员还必须有丰富的现场工作经验，且对于风险辨识也有充分的了解。

上述几种方法都属于直接经验分析法，都是在大量实践经验基础上，依据安全技术标准、安全操作规程和工艺技术标准等进行分析，对系统中存在的危险源作出定性的描述。

4. 预先危险性分析法

预先危险性分析又称为初步危险性分析，是在进行某项工程活动（包括设计、施工、生产、维修等）之前，对系统存在的各种危险因素（类别、分布）、出现条件和事故可能造成的后果进行宏观、概略分析的系统安全分析方法。

该方法主要用于分析危险物质和主要工艺、装置。通过对生产装置及工艺、设备的安全性进行危险性预先分析,辨别装置的危险部位、主要危险特性以及可导致重大事故的缺陷和隐患,防止这些危险发展成事故。

煤矿企业存在的风险复杂多样,仅靠一种方法是难以辨识完整的,在煤矿企业风险辨识实际工作中,需要综合运用多种辨识方法。但无论采用哪种方法,都应对煤矿的所有系统及活动和区域进行风险辨识,而不仅仅是重点灾害因素。

(三) 风险辨识人员的选取

风险辨识是一项基础性的工作,对于建设煤矿双重预防机制的效果具有决定性的影响。这项工作需要参与人员熟悉现场、懂技术、会辨识方法,而且工作量往往比较大,因此在人员的选择上非常重要。在很多煤矿的风险辨识工作中,大量的经验教训往往都集中在风险辨识环节,这些事实突显了风险辨识人员选取的重要性。

(四) 风险辨识结果的审核

由于风险辨识是一个临时性的任务,所召集的人员大多来自于各个部门,虽然进行过培训,统一了辨识规范,但仍无法保证辨识结果的科学性和准确性,尤其是有些辨识人员对于一些具体规则的理解有所不同,不同人员的素质和责任心等也有不同。因此,对于辨识小组提交的辨识结果应组织相关专家进行审核。

(五) 风险辨识结果的再辨识与发布

辨识结果经审核后,审核人提交具体审核意见,并就其中的共性问题进行重新培训、讨论,组织辨识小组进行新一轮的辨识结果修改。一般情况下,经过2~3轮的辨识结果审核,风险辨识结果基本上就能够满足双重预防机制运行的需要,经总工程师签字后,在煤矿企业内予以发布。

二、风险辨识的人员组织与培训

任何工作的有效开展都需要找到合适且足够的人,同时保证这些人有工作能力和意愿,才能够保质保量达成预期目标。对于风险辨识而言,解决这个问题的环节就是人员组织与辨识培训。

(一) 风险辨识人员的选取原则与要求

风险辨识是集中一段时间进行的专项工作,需要辨识人员能够全身心投入,因此选择的人员应是各职能科室和区队的年轻骨干,而不是刚入职的年轻员工。由于风险辨识的工作量非常大,不是少量员工轻易就能够完成的,因而需要和辨识人员所在部门协商。

(二) 风险辨识培训

双重预防机制建设小组将风险辨识格式和规范向风险辨识小组做讲解,使其能够准确了解风险辨识的规则,并组织所有成员进行讨论。一次培训难以保证所有辨识人员对每一个具体情况的准确理解,因此需要专业人员对培训后的辨识结果进行快速审核,从中发现存在的问题和误解,然后针对具体的案例进行讲解、答疑,从而保证整个辨识工作的顺利开展。

三、风险辨识与评估的内容

风险辨识与评估的内容取决于煤矿企业安全管理的目标、思想、方法等,无论采用哪一种方法,基本都包括风险自身信息、风险评估信息、风险管控信息三类信息。

(一)风险自身信息

风险自身的信息包括专业属性、危险源名称、作业活动、风险描述、伤害类别等。

(1)专业属性是落实风险管控的主要专业,如钻孔、爆破、采掘、运输、排土、机电等。

(2)危险源名称是对危险源的命名,并不与风险类型一一对应,可以将之尽量与环境要素、机器要素相对应。

(3)作业活动是指该危险源所涉及的作业活动。

(4)风险描述是对该危险源体可能造成的风险的具描述,让工作人员可更准确了解风险的情况。

(5)伤害类别为该风险所造成的伤害种类,按照国家职业伤害的类别划分,伤害类别可以分为:物体打击、车辆伤害、机械伤害、起重伤害、触电、淹溺、灼烫、火灾、高空坠落、坍塌、冒顶片帮、透水、爆破、瓦斯爆炸、火药爆炸、锅炉爆炸、容器爆炸、其他爆炸、中毒和窒息以及其他伤害。

(二)风险评估信息

风险辨识出来后,就应对风险的大小进行评估,为后续的风险分级提供依据。风险评估的信息主要是对风险大小、程度进行评估的相关信息,风险评估信息包括风险等级、风险类型等。

风险评估是指评估风险大小以及确定风险是否可容许的全过程。风险评估的核心是对风险发生的可能性和造成后果的严重性进行权衡,从而对风险的整体危险性进行评估。比较常用的评估方法有风险矩阵法和 LEC 法。

1. 风险矩阵法

风险矩阵评估法所依据的风险等级划分表包括事故发生的可能性和后果严重性这两个维度,从而形成一个风险数值的矩阵。风险数值计算出来后,根据该数值在矩阵中的位置,判断该风险的等级。矩阵法用 R 表示风险值的大小,其计算方法如下:

第八章 安全双重预防机制建设

$$R = L \times S$$

式中 R——危险源风险值；

L——发生事故的可能性；

S——发生事故的后果严重性。

风险矩阵	一般风险（Ⅲ级）		较大风险（Ⅱ级）		重大风险（Ⅰ级）		有效类别	赋值	可能造成的损失	
									人员伤害程序及范围	由于伤害估算的损失
低风险（Ⅳ级）	6	12	18	24	30	36	A	6	多人死亡	500万元以上
	5	10	15	20	25	30	B	5	一人死亡	100万元到500万元之间
	4	8	12	16	20	24	C	4	多人受严重伤害	4万元到100万元
	3	6	9	12	15	18	D	3	一人受严重伤害	1万元到4万元
	2	4	6	8	10	12	E	2	一人受到伤害，需要急救；或多人受轻微伤害	2000元到1万元
	1	2	3	4	5	6	F	1	一人受轻微伤害	0元到2000元
	1	2	3	4	5	6	赋值			
	L	K	J	I	H	G	有效类别			
	不能	很少	低可能	可能发生	能发生	有时发生	发生的可能性			

风险等级划分		
风险值	风险等级	备注
30~36	重大风险	Ⅰ级
18~25	较大风险	Ⅱ级
9~16	一般风险	Ⅲ级
1~8	低风险	Ⅳ级

图 8-3 风险矩阵及风险等级划分表

图 8-3 将发生事故的后果严重性（S）分为 6 类（A~F），依次递减赋值为 6~1；发生事故的可能性 L 分为六类 G~L，依次递减赋值为 6~1。根据危险源风险值 R 的大小，可将风险分为四个等级，即低风险、一般风险、较大风险和重大风险。

2. LEC 法

所谓 LEC 法，意思是其风险评估从三方面考虑：事故或危险事件发生的可能性、人体暴露于危险环境的频率和事故发生的后果。每一方面用一个字母表示，故称之为 LEC 法。

LEC 法用 D 表示风险值的大小，其风险计算公式为

$$D = L \times E \times C$$

式中 L——发生事故或危险事件的可能性，其取值见表 8-1；

E——人体暴露于危险环境的频率，其取值见表 8-2；

C——发生事故可能产生的后果，其取值见表 8-3；

D——危险性分值，其取值见表8-4。

无法确定可能性时，可以对照表格给定值，集体讨论确定。赋值后，可倒推风险大小，根据煤矿实际管控状况和接受程度重新判断赋值合理性。

表8-1 LEC法 L 的取值

分数值	事故发生的可能性
10	完全可以预料
6	相当可能
3	可能，但不经常
1	可能性小，完全意外
0.5	很不可能，可以设想
0.2	极不可能
0.1	实际不可能

表8-2 LEC法 E 的取值

分数值	暴露于危险环境的频繁程度
10	连续暴露
6	每天工作时间内暴露
3	每月一次或偶然暴露
2	每月一次暴露
1	每年一次暴露
0.5	非常罕见暴露

表8-3 LEC法 C 的取值

分数值	发生事故产生的后果
100	10人以上死亡
40	3~9人死亡
15	1~2人死亡
7	严重
3	重大、伤残
1	引人注意

表 8-4　LEC 法 D 的取值

D 的取值	危险程度
$D \geqslant 270$	重大风险
$140 \leqslant D \leqslant 270$	较大风险
$70 \leqslant D \leqslant 140$	一般风险
$D < 70$	低风险

风险类型分为人、机、环、管，体现风险是由哪方面的因素造成的。

（1）人——人的不安全行为，一般指明显违反安全操作规程的行为，这种行为往往直接导致事故发生，例如人员误操作、检修人员未执行停电挂牌制度等。

（2）机——物的不安全状态，是指机械设备、物质等明显不符合安全要求的状态，例如没有防护装置的传动齿轮、裸露的带电体等。物的不安全状态可能直接使控制措施失效而发生事故，例如电线绝缘损坏发生漏电。

（3）环——环境的不良因素，主要指系统运行的环境，包括温度、照明、粉尘、噪声和振动等物理环境。

（4）管——由于管理上存在失误，导致人的不安全行为或物的不安全状态发生。

第三节　风险分级管控体系的建立

在国家对煤矿安全生产越来越重视的大背景下，许多煤矿企业越来越重视煤矿职业健康和安全生产工作，一些促进煤矿切实做好安全管理工作的法规制度、经济政策、安全标准和管理措施先后出台。煤矿企业通过建立目标，并应用安全管理新技术来追求安全绩效的实现。特别是近年来，我国一些中大型煤矿企业牢固树立"风险就是隐患，隐患就是事故"的理念，超前谋划、精细管理、强化执行、严格落实，深入开展安全风险分级管控体系建设，确保风险分级管控工作与安全生产管理工作无缝对接，全力落实安全高效发展理念，取得了良好的效果。

一、风险分级管控基本目的

建立煤矿安全风险分级管控体系基本目的就是弘扬"生命至上、安全第一"的思想，坚持关口前移、预防为主，推动煤矿安全生产从治标为主向标本兼治、重在治本转变，从事后调查处理向事前预防、源头治理转变，从传统安全管理方式向信息化管理方式转变。坚持以系统化推动程序化，以程序化推动标准化，以标准化推动煤矿达到和保持一定的安全技术条件，通过全员参与、全过程参与、分级管控、信息化预警、责任考核，避免不可承受的风险，全面提高煤矿安全生产防控能力和水平，从而实现煤矿的安全生产。

二、风险分级管控组织与流程

(一) 风险分级管控组织

风险分级管控是指在安全生产过程中，针对各系统、各环节可能存在的安全风险、危害因素，进行超前辨识、分析评估，并采取分级管控的管理措施。为保证风险分级管控工作有效有序开展，各企业都应建立风险分级管控工作责任体系。

1. 组织机构

组长：矿长。

副组长：各系统分管负责人。

成员：各系统副总工程师、各部室和区队负责人。

2. 安全风险分级管控部门

煤矿需明确安全风险分级管控工作的管理部门，负责检查、督促安全风险分级管控工作的实施情况。

3. 职责分工

建立安全风险分级管控工作责任体系，矿长全面负责，分管负责人负责分管范围内的安全风险分级管控工作，明确组织机构各成员在风险分级管控工作中的责任。

4. 制度建设

建立安全风险分级管控工作制度，明确安全风险的辨识范围、方法和安全风险的辨识、评估、管控工作流程。

(二) 风险分级管控基本流程

风险分级管控管理遵循煤矿安全管理的一般性程序，覆盖了从风险辨识开始到风险受控为止的全过程，基本流程如图8-4所示。

1. 风险辨识

煤矿风险辨识必须以科学的方法，全面、详细地剖析生产系统，确定危险因素存在的部位、存在的方式、事故发生的途径及其变化规律，并予以准确描述。风险辨识的目的是明确管理的范围，只有对风险进行全面、系统的辨识，才能做到安全管理无遗漏。岗位风险辨识可以让员工自主辨识自身岗位风险，增强个体

第八章 安全双重预防机制建设

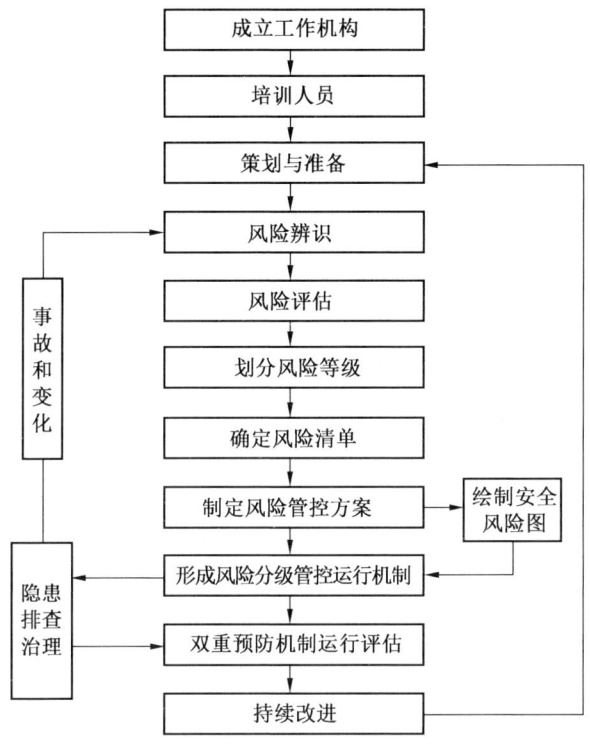

图 8-4 风险分级管控基本流程

防范意识，让每个员工真正掌握自己身边风险的分布情况，做到心中有数，应对有策。对于系统性重大风险辨识，可采用事故机理分析法，由技术和管理部门组织辨识，必要时可借助外部科研力量帮助开展风险辨识工作。

2. 风险评估

风险评估是在风险辨识的基础上，通过确定风险导致事故的条件、事故发生的可能性和事故后果严重程度，进而确定风险大小和等级的过程。通过评估对风险进行排序，分清轻重缓急，帮助煤矿在危险源辨识的基础上，借助可量化的技术，明确安全管理的重点。风险评估有多种方法，可根据系统的复杂程度，采用定性、定量和半定量的评价方法。

煤矿可根据自身实际情况，选择适用的风险评估方法，然后根据统一标准对风险进行有效分级。安全风险一般分为重大风险、较大风险、一般风险和低风险四个等级，分别用红、橙、黄、蓝四种颜色标示。风险清单（风险数据库）至少应包括风险名称、风险位置、风险类型、风险等级、管控主体、管控措施等内容。

煤矿应将重大风险进行汇总，登记造册，并对重大风险存在的作业场所或作业活动、工艺技术条件、技术保障措施、管理措施、应急处置措施、责任部门及工作职责等进行详细说明。对于重大风险，煤矿应及时按照职责范围报告属地负有安全生产监督管理职责的部门。

3. 绘制安全风险图

煤矿应根据风险类别和等级，确定安全风险清单，制定安全风险管控措施，建立风险数据库，绘制安全风险四色分布图。

4. 研究和制定风险分级管控标准和措施

煤矿应研究和制定相应的风险管控标准和措施，防止危险源转变成为隐患，通过安全技术应用预防隐患产生。制定风险管控标准可以明确管理的依据，制定管理措施可以明确管理的途径。在通过风险评估明确了管理重点之后，需要对管理对象进行管控。

风险分级管控标准和措施的制定、修订和完善是一项技术性很强的系统工程，煤矿应遵循"分类、分级、分层、分专业、分区域"的方法，按照风险分级管控基本原则，根据风险评估的结果，针对安全风险的特点，从组织、制度、技术、应急等方面对安全风险进行有效管控。针对已辨识的危险源和风险评估结果，制定相应的风险管理标准，确定相关责任人、监管部门、监管人员，进而制定管理措施。根据"谁主管、谁负责"的原则，明确各自的安全风险管控重点，逐一落实所有风险的安全管理与监管责任，强化风险管控技术、制度和管理措施，把风险控制在可接受范围。

5. 形成风险分级管控运行机制

煤矿应建立安全风险分级管控工作制度，制定工作方案，明确安全风险分级管控原则和责任主体，分别落实领导层、管理层、员工层的风险管控职责和风险管控清单，分类别、分专业明确部门、车间、班组、岗位的安全风险管理措施。要通过隔离危险源、采取技术手段、实施个体防护、设置监控设施等措施，达到回避、降低和监测风险的目的。要对安全风险分级、分层、分类、分专业进行管理，逐一落实煤矿、部门、班组和岗位的管控责任，尤其要强化对重大危险源和存在重大安全风险的生产经营系统、生产区域、岗位的重点管控。

煤矿应建立完善安全风险公告制度，并加强风险教育和技能培训，确保管理层和每名员工都掌握安全风险的基本情况及防范、应急措施。要在醒目位置和重点区域分别设置安全风险公告栏，制作岗位安全风险告知卡，标明主要安全风险、可能引发事故隐患类别、事故后果、管控措施、应急措施及报告方式等内容。对存在重大安全风险的工作场所和岗位，要设置明显警示标志，并强化危险源监测和预警。

煤矿应对重大风险进行重点管控，制定有效的管理控制措施。煤矿应根据自身组织机构特点，按照分级管控要求，做到事故应急的机构、编制、人员、经费、装备"五落实"。建立重大风险监测预警系统，开展重大风险分级预警和事故应急响应，做到风险预警准确，事故应急响应及时。

煤矿应建立风险管控信息系统，健全配套制度，提高风险管控信息化水平。各相关单位做好相关信息的录入、维护，实现政府、部门、企业及社会服务组织信息共享，形成全方位、立体化监管格局，提高安全监管效能。

6. 风险动态管理

风险分级管控机制建设不是临时性、阶段性的工作任务，而是规范煤矿安全生产管理的常态化工作系统。煤矿要高度关注运营状况和危险源变化后的风险状况，通过动态评估、调整风险等级和管控措施，确保安全风险始终处于受控范围内。煤矿应定期组织对风险分级管控机制运行情况进行评估，及时修正发现问题和偏差，不断循环往复，促进和提高双重预防机制的实效性。

煤矿要制定企业安全风险清单、事故隐患清单和安全风险图定期更新制度，制定双重预防机制相关制度文件定期评估制度，确保双重预防机制不断完善，持续保持有效运行。

三、风险数据库持续完善

建立全面的煤矿企业安全风险信息数据库，是煤矿企业实现系统化安全管理的基础。

1. 建立风险数据库

数据库是伴随着通信技术以及计算机技术的不断进步而产生的，将这些技术应用于生产安全事故预防、处理，以及安全生产的日常管理中，从而改变传统安全生产过程控制的结构，提高安全生产管控效率，减少生产安全事故发生概率。风险数据库通过计算机实现风险数据录入和储存，通过局域网和因特网实现信息传递，通过程序实现相关数据的处理和反馈。煤矿安全双重预防机制信息系统运行的关键是风险数据库的建立。

2. 确保数据质量，强化数据分析利用

风险数据库是安全双重预防机制信息系统运行的基础，只有确保数据的质量才能保证信息系统的有效运行，所以必须保证风险数据的质量，规范数据采集和审核流程。在数据采集环节，重点强化风险辨识人员对风险辨识的全面性以及评估的准确性，严把数据入口关；在数据审核阶段，加大审核力度，提高审核人员专业素养，按照"谁审核，谁负责"的原则，明确数据质量责任主体，重点要做好风险数据的分析利用工作，提高风险数据的利用价值。

3. 规范风险数据标准

规范和科学的标准数据，是实现煤矿与煤矿之间以及煤矿各部门之间风险数据交换、资源共享和对接的前提，可以促进信息系统高质量、秩序化的运行和实现数据的高效、准确的传输以及应用。但目前煤矿企业缺少一个规范化的风险数据标准，煤矿企业各自按照自己的标准整理风险数据，这就给风险数据的交换造成了极大的不便。因此，确立风险数据的国家标准和行业标准是风险数据完善的重要方向。

第四节 隐患排查治理体系的建立

隐患排查治理体系是双重预防机制的重要组成部分，是防范事故发生的最后一道防线，也是我国煤矿长期以来非常重视的一个机制。煤矿安全生产标准化中以"事故隐患排查治理"为名，将之作为一个专业，纳入强制建设的要求中来。煤矿安全生产标准化中的"事故隐患排查治理"来源于双重预防中的隐患排查治理，并为其提出了一个更加细化的框架。以此为基础，考虑双重预防机制的内涵，提出了一个满足各方标准要求的隐患排查治理体系，并在一些煤矿得到了成功的实践。

一、隐患排查治理的目的

隐患排查治理是指煤矿企业组织安全生产管理人员、工程技术人员和其他相关人员，对本单位生产组织过程中人、机、环、管等方面存在的不安全因素、不安全行为进行梳理排查，并对排查出的事故隐患按照事故隐患等级记录跟踪，采取相应措施进行治理的工作过程。隐患排查治理的目的是通过对隐患的排查治理，防范煤矿生产安全事故发生。

二、隐患排查治理的组织与流程

隐患排查治理是煤矿安全管理中的一项基础性工作，旨在及时发现并消除一切潜在的不安全因素，将事故控制在萌芽状态，对煤矿安全事故预防有着不可替代的作用。

（一）隐患排查治理的运行机制

隐患排查治理就是以风险分级管控理念为先导，以隐患排查治理运行机制为核心，从而达到"零隐患"的最高目标，其运行机制如图8-5所示。

在隐患排查运行机制中，首先，依据危险源辨识与风险评估的结果确定隐患

第八章　安全双重预防机制建设

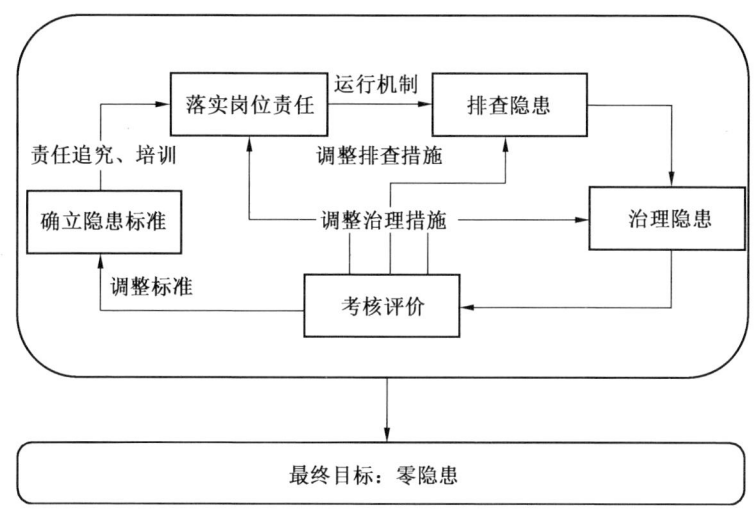

图 8-5　隐患排查治理的运行机制

标准，落实隐患排查的岗位责任，结合具体岗位层层分解落实隐患排查责任人，制定和贯彻落实责任制度，做到"有患必有责"。其次，在"全员、全方位、全过程"隐患排查方针指引下，根据危险源辨识结果制定排查计划，积极引导基层员工自我检查、自觉上报、主动发现未知隐患，并通过层级检查监督体系督导协查隐患，监督查处隐患排查中的不检、漏检、错检行为。其次，对查出的隐患及时反馈、科学评估与制定治理方案，规范操作及时消除隐患，并认真核查、评价排查结果，将排查结果及时汇报给相关部门。最后，通过合理有效的奖惩机制强化落实岗位责任，并根据实际需要调整岗位责任与隐患标准。

隐患排查治理运行机制的准则就是对煤矿企业安全隐患实施全过程的控制，做到确定隐患标准、落实隐患排查岗位责任、排查隐患、治理隐患、考核评价五个环节头尾相接、闭合循环。

1. 确定隐患标准

从煤矿的人、机、环、管四方面，广泛搜集国家法律法规、行业标准等相关资料。综合运用煤矿隐患辨识的方法，如工作任务分析法、事故树分析法等，对煤矿可能存在的隐患进行合理、有效地预测，科学利用安全分析和安全系统评价，对隐患进行定性、定量评估，在评估的基础上分清隐患的类型和性质，提出事故预防措施，确定隐患标准，对隐患进行分类管理。

2. 落实隐患排查岗位责任

根据隐患排查岗位责任要求，制定周密的隐患排查计划，设计科学严密的层级隐患排查体系。层级隐患排查体系可将责任层级分为矿领导、职能部门、基层部门、班组、员工五个层级。将隐患排查工作按责任层层严细分解，以落实隐患排查岗位直接责任人自查为主，间接责任人协查为辅，通过各层级主管部门管理人员督导检查，安全职能部门管理人员监督检查，层层落实。

3. 排查隐患

排查隐患的过程中，以班排查、日排查、周排查、旬排查、月排查周期性排查形式，自查和监督检查相结合的方式，强化现场安全整治。

（1）自查隐患。隐患排查工作贯穿整个生产过程，即工作前要排查静态隐患，工作中要解决过程中出现的隐患，工作后要排查遗漏的安全隐患。交接班时，带班班队长要对生产场所进行全面的安全确认、排查隐患，将排查出来的安全隐患告知治理人员，再由治理人员按照相应的治理措施进行治理。交接班员工需排查各自岗位上的安全隐患，将发现的安全隐患报告班长，由班长安排人员处理。在工作中，班长通过走动式管理，对生产中产生的安全隐患进行排查，并将排查出来的安全隐患和处理措施向治理人员交代清楚，并监督治理人员及时、安全、有效的处理。员工应自觉自查自己岗位工作中安全隐患，并及时报告班长，由班长安排人员处理。生产场所排查出的重大级隐患和现场无法立即治理的安全隐患，不但要向操作人员告知，还要向相关部门汇报，由相关部门安排处理。隐患自查工作的核心环节是现场工作人员的排查，通过开工前的安全确认，生产工作中的走动排查，工作后的安全评估，真正做到全员、全面、全过程、全天候的隐患排查，为煤矿安全生产消除潜在威胁。

（2）监督检查隐患。矿领导、机关职能科室技术管理人员、安环部检查人员监督检查。根据安环部事先制定的矿检查计划，按照规定的检查周期、检查时间、检查路线、检查项目、检查方式进行安全隐患的协查和督查，并将协查情况告知责任单位，由责任单位安排责任人处理。

4. 治理隐患

排查和发现隐患的目的是消除隐患，若对排查出来的安全隐患熟视无睹不去处理，等于没有排查安全隐患，必然会威胁后续生产安全。治理隐患的主要流程如下：

（1）基层单位对已查出的安全隐患评估、分级。基层单位管理人员根据事故隐患的分级标准，对自查和监督检查中已查出的安全隐患进行评估，判断能否自行整治，能够自行整治的自行治理，不能自行整治的汇报职能部门。

（2）基层单位自主闭合处理隐患。对于能够自行治理的隐患，基层单位管理人员制定整治方案，安排治理责任人，并监督治理，最终检查验收、记录整理。当班不能处理完毕的隐患,由下一班次继续治理。

(3) 职能部门负责组织闭合处理隐患。对于不能够自行整治的安全隐患,基层单位应汇报职能部门,由职能部门协调相关部门及人员制定隐患治理方案,组织责任单位实施,并对隐患治理过程进行监督,对治理结果核查。

5. 考核评价

隐患治理工作结束后,要对隐患排查治理工作进行效果评价,由专人负责事故隐患的统计,筛选处理和上报,将隐患排查治理效果公示,使煤矿每一个人都了解存在的事故隐患,在工作中进行防范。再根据隐患排查岗位责任,奖罚结合对各级责任人进行相应追责,从而提高员工排查隐患的积极性,加强隐患排查治理过程控制,打破安全隐患"产生→治理→再产生→再治理"的不良循环。最后要将重特大隐患详细记录,比照原有的治理措施,进行反馈、更新和完善,让隐患排查工作更加规范、更加细致。

(二) 隐患分级标准的制定

依据《煤矿重大事故隐患判定标准》及《煤矿安全规程》《煤矿安全生产标准化管理体系基本要求及评分方法(试行)》,结合隐患的治理和排除难度及可能导致事故后果和影响范围,将隐患分为一般隐患和重大隐患。

1. 一般隐患

一般隐患指危害程度和治理难度小,发现后能够立即通过治理排除的隐患。

2. 重大隐患

重大隐患指危害和治理难度大,需全部或局部停产,并需经过一定时间治理方能排除的隐患,或因外部因素影响致使本单位自身难以排除的隐患。

(三) 隐患排查治理的组织机构

为保证煤矿安全生产,落实隐患排查治理行动的总体安排和要求,把隐患排查治理工作作为年度重点工作来抓,根据《煤矿安全规程》《煤矿安全生产标准化管理体系基本要求及评分方法(试行)》等相关规定,结合实际情况,煤矿企业可成立隐患排查治理的组织机构,矿长为隐患排查治理工作第一责任人,下设备专业隐患排查治理工作部门。

(1) 成立以矿长为组长,其他分管副矿长为副组长,各部门负责人以及安全、生产、技术人员为成员的矿级隐患排查治理领导小组。

(2) 成立以各部门负责人为组长,部门生产技术人员、班组长为成员的部门级隐患排查治理领导小组。

(四) 隐患排查治理的工作流程

煤矿企业的隐患排查治理的工作实行闭环管理,主要包括隐患的排查、分析、治理、验收等内容,具体工作流程如图8-6所示。

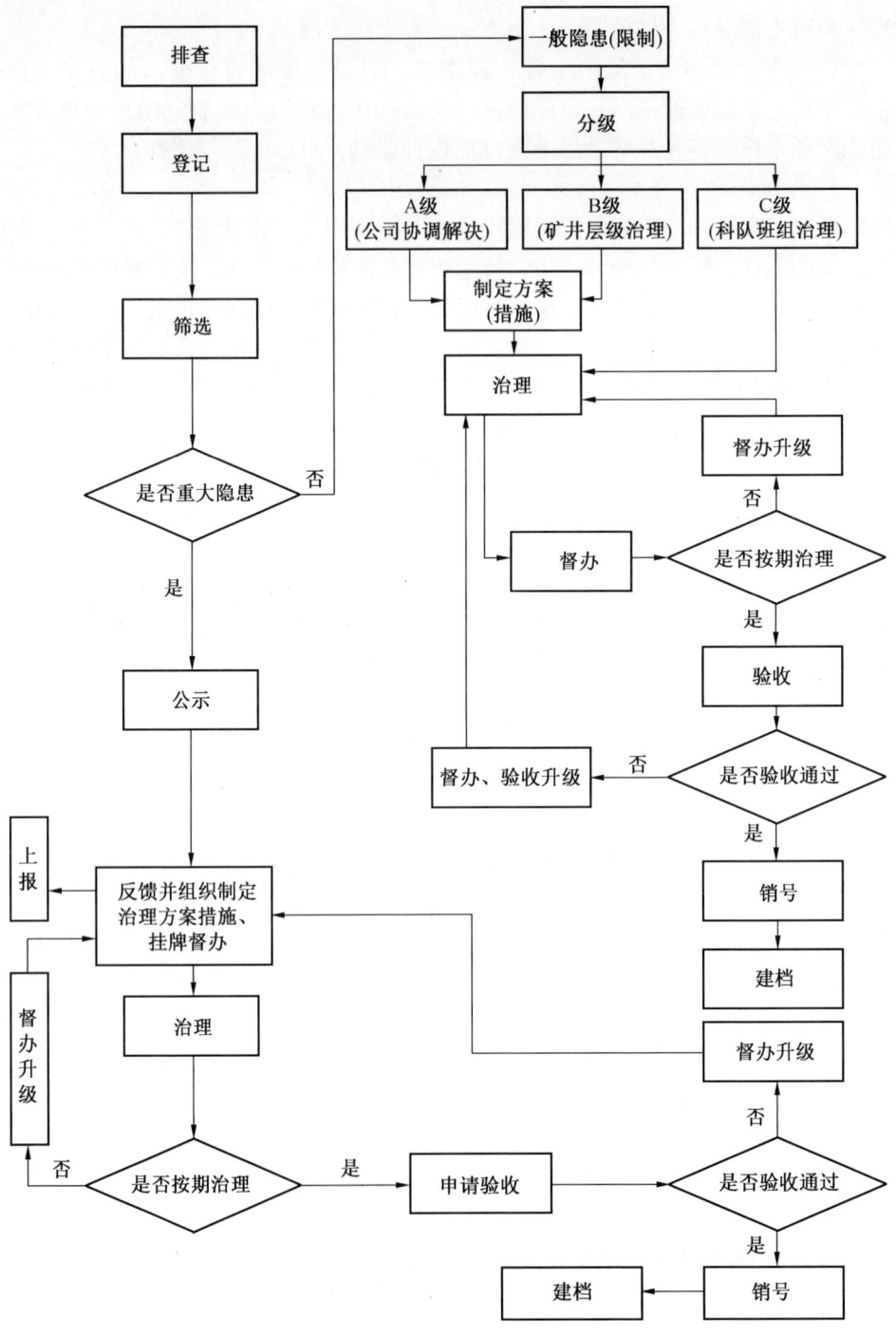

图 8-6 隐患排查治理流程图

三、隐患排查治理的分级管理

隐患排查治理工作实行四级管理，即煤矿、部门、班组、员工。

1. 隐患排查方式方法

企业需建立健全隐患排查制度，按不同生产性质、工作范围、作业特点、危害因素分别确定岗位、班组、部门。

班组长需对本班组作业范围内隐患进行全面排查。发现隐患立即治理，确认无危险时方准作业。当班作业结束，收集整理隐患排查治理情况，形成班组隐患排查台账。

部门对所辖区域进行全面隐患排查，应及时、准确、认真填写隐患排查信息，建立部门隐患排查台账，对排查出的隐患跟踪监督治理。

矿长每月组织一次全面隐患排查，隐患排查情况由安环部建立矿的隐患排查台账，实行档案化管理。

2. 隐患治理及上报

各部门负责人必须亲自安排日常隐患排查及治理工作。每班对现场隐患进行排查，指派专人负责隐患的治理。隐患治理必须符合责任、措施、资金、时限、预案"五落实"要求，确保治理落到实处。部门隐患排查及治理记录、验收记录、有关会议纪要等资料要认真填写，记录由专人负责，并建立台账。

按照隐患分级标准对隐患进行分级治理。一般 D 级隐患由班组负责现场立即治理，并将治理情况上报部门。一般 C 级隐患由部门及时组织治理，治理报告经分管领导签字后报安监部门。一般 B 级隐患由业务科室、安监部门对分管业务范围内的 B 级隐患提出治理意见，指导有关部门制定隐患治理方案，并督促落实治理。一般 A 级隐患由公司安全专题会研究，提出初步治理方案上报上级有关部门，经审批后，根据审批意见组织治理。

3. 隐患治理验收及销号

隐患治理复查验收情况应纳入各级隐患排查台账。隐患治理复查验收合格，经复查验收人员签字，予以销号。

4. 重大隐患治理

重大隐患的治理由矿长负责，成立重大隐患治理领导小组，在业务科室配合下，制定针对性措施，限期治理。对可能危及周边单位和人员的重大隐患，应及时告知。各业务科室、安监部门按照分管业务范围，对重大隐患实行挂牌督办、建档管理、节点控制、逐项验收，做到排查治理闭合管理到位。重大隐患排查治理实行"一案一档"管理。

四、隐患督办与升级制度

事故隐患升级与督办是新的安全生产标准化中对隐患排查治理所提出的新的要求，也是其与传统隐患闭环管理的重要区别。在事故隐患治理过程中实施分级督办，对未按规定（指内容、质量、期限）完成治理的事故隐患，及时提高督办行政层级。按照隐患治理对应的层级，隐患督办升级主要是将原隐患督办层级按照原计划层级向上提升一层，加大督办力度。隐患升级后的督办，由升级后的督办人对隐患治理过程进行监督、指导。

五、隐患排查治理措施的制定

隐患排查治理措施是将失控的隐患恢复到受控状态的核心，也是隐患治理的依据。根据新的安全生产标准化要求，隐患排查治理措施应按照隐患等级和是否能够当班治理完成制定相应的治理措施。

（一）措施制定

一般隐患能现场解决的应按照现有措施要现场治理、当场解决，对于一些治理时间长、治理难度大的隐患，应按照责任、措施、资金、时限、方案"五落实"要求限期治理。

1. 责任

隐患排查治理分级管理要求对排查出的事故隐患进行分级，按照事故隐患等级明确相应层级的单位（部门）、人员负责治理、督办、验收，确保闭环流程各个环节都有单位、人员负责。

2. 措施

治理单位及责任人接到隐患治理任务时，必须编制安全技术措施，并贯彻传达。隐患治理要做到安全技术措施、安全保证措施、强制执行措施和安全培训措施四到位，避免在隐患治理过程中再发生事故。

3. 资金

企业应建立安全生产费用提取、使用制度。事故隐患排查治理工作资金有保障。

4. 时限

检查部门排查出隐患，确定治理单位及责任人、整改期限、督办单位，治理单位制定措施进行限期整改。

5. 方案

对于整改难度较大、部门解决不了的事故隐患由矿组织管理部门专业人员提出整改建议，指导责任单位制定整改方案，并督促落实整改。

(二)措施完善

在隐患排查治理过程中,由于人的不安全行为、管理上的缺陷、技术上的不完善、环境出现的不确定因素等原因往往会出现共性隐患、反复隐患、新增隐患和重大隐患,必须要加强分析隐患产生的原因,通过矿月度事故隐患统计分析和责任单位自我深挖隐患产生的根本原因及内在机理,及时对有关条款进行相应的补充,完善具体措施与反事故隐患措施。

第五节 风险管理及隐患排查信息化应用

为更好地实现风险预控及隐患排查的信息化应用,内蒙古公司开发了智慧安全环保监管平台一、风险管理及风险数据库应用,依托平台实现双重预防机制的信息化管理。

一、安全风险管理及风险数据库应用

平台通过建立正式的、动态的、系统的程序来管理所属单位的设备、作业、环境、职业健康等风险因素,达到对所属单位生产过程中的安健环风险的有效识别及评估,并针对此制定有效的风险控制方案。同时,与风险数据库实现强关联,结果数据与风险数据库互相作用,形成可多维度检索、查询、分析的数据支持,见表8-5。

表8-5 模块列表及功能

序号	模块	子模块	实现的功能
1	安全风险管理	数据中心	通过数据中心模块集中展示安全风险管理工作整体情况、多维度分析、趋势和数据清单
2		设备风险分级管控	设备清单、风险辨识、风险评价、风险管控
3		作业风险分级管控	作业清单、风险辨识、风险评价、风险管控
4		风险统计	多维度风险统计与清单展示
5		隐患排查治理	通过隐患排查治理手段策划定期工作对风险进行检查与整改闭环
6		重大危险源管理	重大危险源辨识、评估存在的重大危险源进行登记、建档、备案、定期检查

1. 数据中心

通过数据中心模块集中展示安全风险管理工作绩效情况、总体工作开展情况、统计图表分析、趋势图分析和清单表,如图 8-7 所示。

图 8-7　数据中心

2. 风险辨识计划

主要对风险辨识计划提报，如图 8-8 所示。

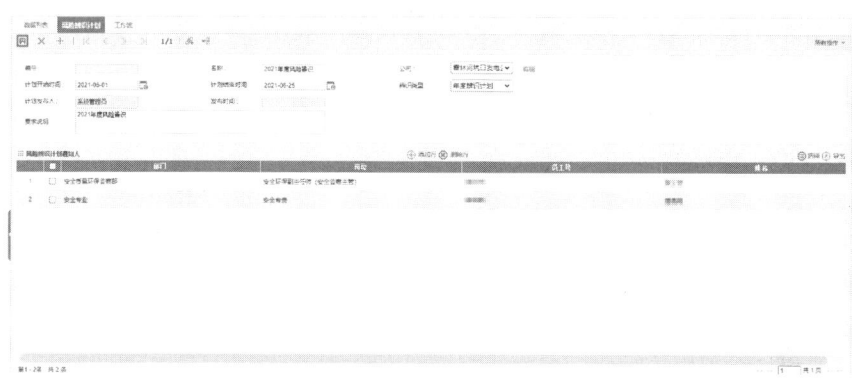

图 8-8　风险辨识计划

3. 作业风险管理

作业风险管理评估流程图如图 8-9 所示。

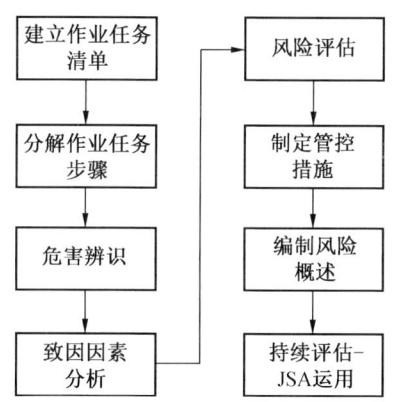

图 8-9　作业风险管理评估流程图

4. 设备风险管理

设备风险管理评估流程图如图 8-10 所示。

通用部分

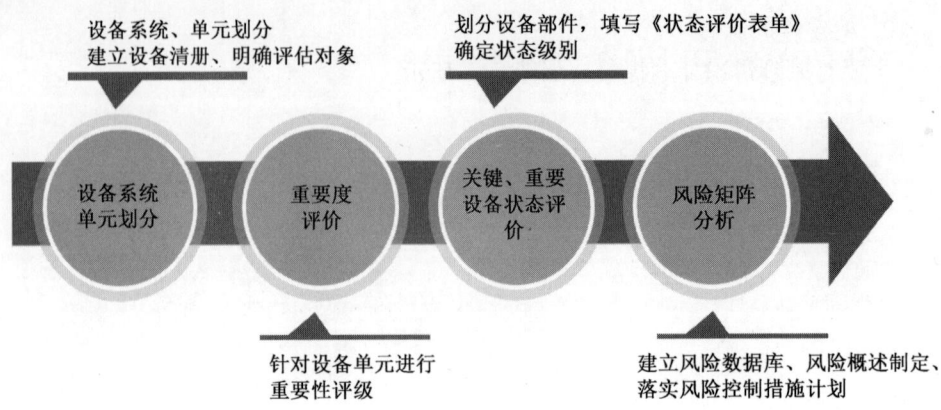

图 8-10 设备风险管理评估流程图

5. 环境风险评估

环境风险评估流程图如图 8-11 所示。

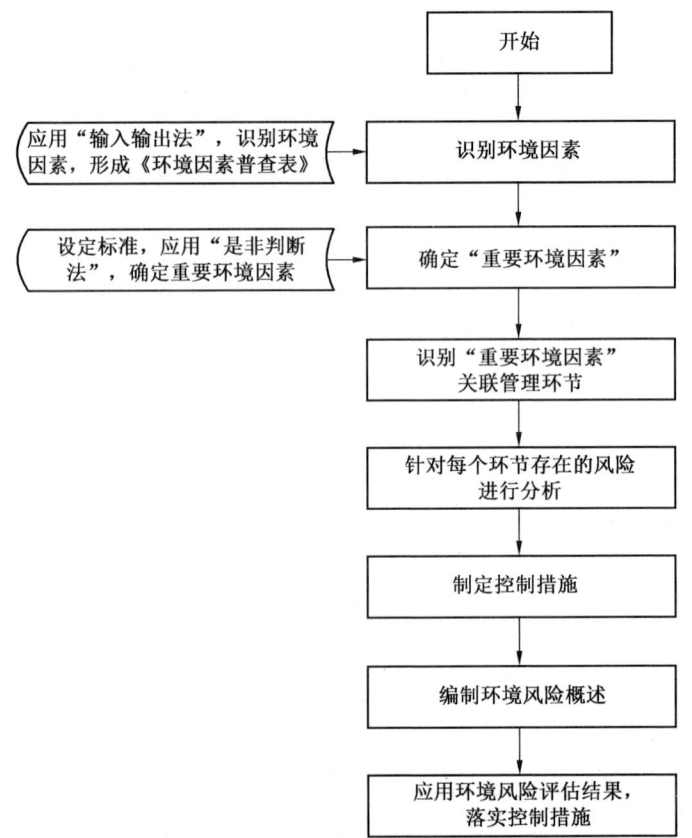

图 8-11 环境风险评估流程图

第八章 安全双重预防机制建设

6. 职业健康风险评估

职业健康风险评估流程图如图 8-12 所示。

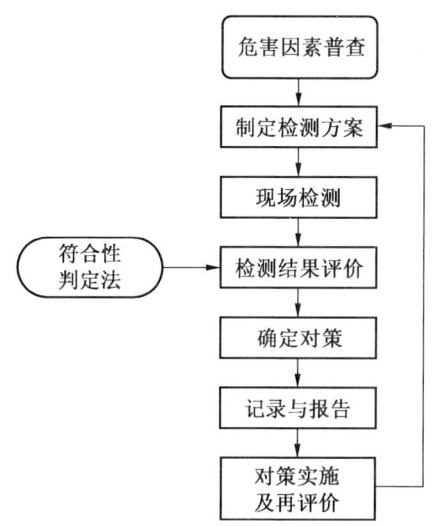

图 8-12　职业评估流程图

7. 风险数据库

对已评审的作业风险进行统一展示与应用，如图 8-13 所示。

图 8-13　已评审作业风险系统图

8. 重大危险源

对重大危险源进行登记与检查，如图 8-14 所示。

图 8-14　重大危险源

9. 区域划分

对厂区分分布图进行区域划分，如图 8-15 所示。

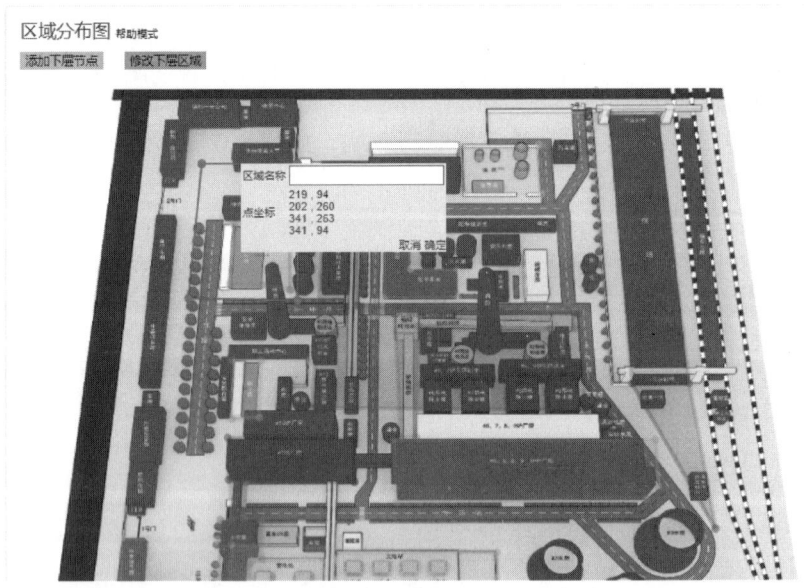

图 8-15　区域划分

二、隐患排查治理

隐患排查治理通过移动 APP 端和电脑 PC 端对发现的隐患进行发起、审核、整改、验收，并对隐患排查治理进行统计分析，见表 8-6。

第八章 安全双重预防机制建设

表8-6 隐患排查模块列表及功能

序号	模块	子模块	实现的功能
1	隐患排查治理	数据中心	多维度对隐患排查治理信息进行统计与展示，贯穿公司、板块、厂矿、部门、班组、人员，并对整改情况进行统计分析，便于管理人员的管理工作决策
2		隐患排查及督办	通过手机APP端和电脑PC端对发现隐患进行发起、审核、整改、验收，最终形成闭环
3		隐患统计	多维度对隐患排查治理信息进行统计与展示，贯穿公司、板块、厂矿、部门、班组、人员，并对一般隐患和重大隐患整改情况进行统计分析
4		隐患排查绩效管理	针对每月发现的隐患情况进行奖励分配

1. 数据中心

多维度对隐患排查治理信息进行统计与展示，贯穿公司、板块、厂矿、部门、班组、人员，并对整改情况进行统计分析，便于管理人员的管理工作决策，如图8-16所示。

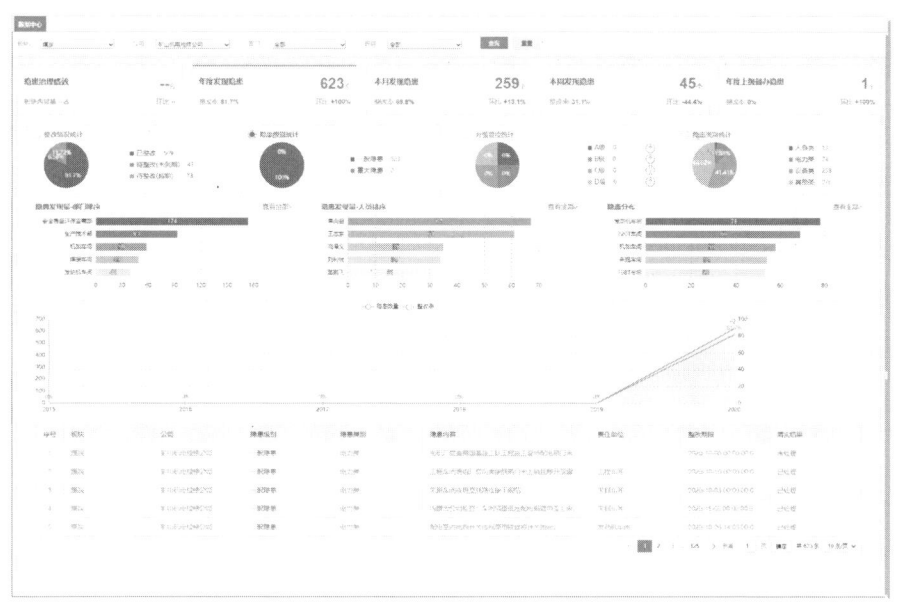

图8-16 数据中心

2. 移动端隐患排查及督办

隐患排查及督办如图8-17所示。

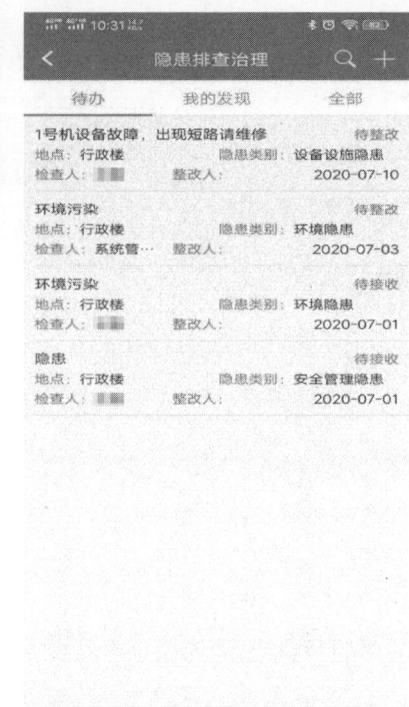

图 8-17 隐患排查及督办

3. 隐患统计

多维度对隐患排查治理信息进行统计与展示，贯穿公司、板块、厂矿、部门、班组、人员，并对一般隐患和重大隐患整改情况进行统计分析，如图 8-18 所示。

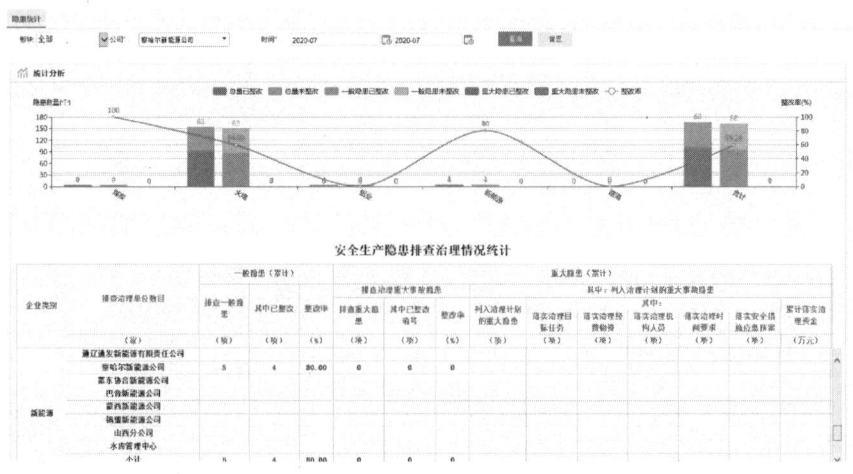

图 8-18 隐患统计

第八章　安全双重预防机制建设

4. 隐患排查绩效管理

针对每月发现的隐患情况进行奖励分配，如图 8-19 所示。

图 8-19　隐患排查绩效管理

第九章 露天煤矿常见事故应急处置

第一节 触电事故应急处置

一、触电事故征兆和类型

触电事故是指由于人体直接触碰带电体、因绝缘损坏而漏电的设备或者站在接地故障点的周围而发生的事故。

触电事故分为电伤和电击两种。电伤是指电对人体外部造成局部电灼伤、金属溅伤、电烙印等伤害。电击是指电流通过人体躯体而产生的化学效应、机械效应、热效应及生理效应而导致对人身造成伤害。

触电事故风险：维修班大多从事设备检修，照明灯具的更换，开关更换，配电箱、柜的操作以及电工接线等作业时人员违章或设备故障可导致触电事故。

触电事故危害程度：触电事故可导致人体表皮烧伤、产生水泡、心脏或呼吸器官麻痹，严重的可直接或间接造成死亡事故。

二、触电事故应急处置

发生触电事故按照脱离电源、就地施救、逐级上报的原则进行处置如图9-1所示。

（一）脱离电源

救援人员在救援时首先要确保自身安全，防止造成救援人员自身伤害和对伤者造成的二次伤害。现场人员发现人员触电后，如果不具备救助能力或不能确保自身安全，应立即报告现场负责人或紧急求助身边的同事。有人员触电，首先要尽快切断电源，救护人不得用手直接接触触电者，防止发生救护人触电事故。脱离电源的方法应根据现场具体条件，一般有以下几种方法和措施：

（1）如果开关或按钮距离触电地点很近，应迅速拉开开关，切断电源，并应准备充足照明，以便进行抢救。

（2）如果开关距离触电地点很远，可用绝缘手钳或用干燥木柄的斧、刀、铁锹等把电线切断。注意：应切断电源侧（即来电侧）的电线，且切断的电线

第九章 露天煤矿常见事故应急处置

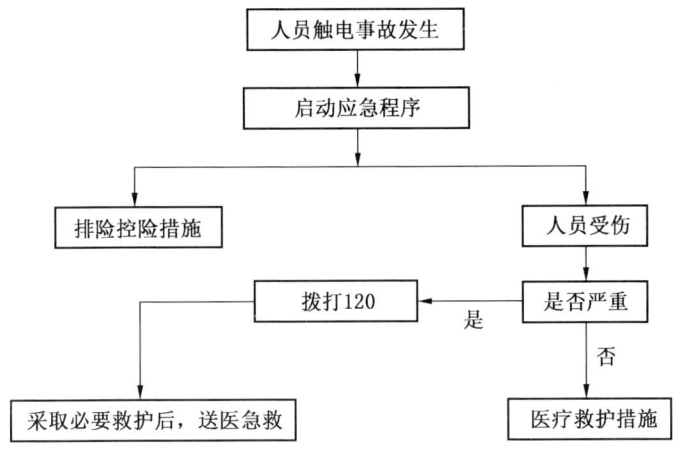

图9-1 触电事故应急处置流程图

不可触及人体。

(3) 当导线搭在触电人身上或压在身下时,可用干燥的木棒、木板、竹杆或其他带有绝缘柄(手握绝缘柄)工具,迅速将电线挑开。注意:千万不能使用任何金属棒或湿的东西去挑电线,以免救护人触电。

(4) 如果人在较高处触电,必须采取保护措施防止切断电源后触电人从高处摔下。

(二) 就地施救

伤员脱离电源后的处理如下:

(1) 如果触电者神志尚清醒,则应使之就地躺平,或抬至空气新鲜、通风良好的地方让其躺下,严密观察,暂时不要让他站立或走动。

(2) 如果触电者已神志不清,则应使之就地仰面躺平,且确保空气通畅,并用5 s左右时间呼叫伤员,或轻拍其肩部,以判定其是否意识丧失。禁止摇动伤员头部呼叫伤员。

(3) 如果触电者已失去知觉,停止呼吸,但心脏微有跳动,则应在通畅气道后,立即施行口对口或口对鼻的人工呼吸。

(4) 如果触电者伤害相当严重,心跳和呼吸均已停止,完全失去知觉,则在通畅气道后,应立即同时进行口对口(鼻)的人工呼吸和胸外按压心脏的人工循环。当现场仅有一人抢救时,可交替进行人工呼吸和人工循环:先胸外按压心脏4~8次,然后口对口(鼻)吹气2~3次,再按压心脏4~8次,又口对口(鼻)吹气2~3次,……如此循环反复进行。因为人的生命的维持主要是靠心脏跳动而造成的血液循环和呼吸而形成的氧气与废气的交换,所以采取胸外按压心脏的人工循环和口对口(鼻)吹气的人工呼吸的方法,能对处于因触电而暂时停止了心跳和呼吸的"假死"状态的人起暂时弥补的作用,促使其血液循环和正常呼吸,实现"起死回生"。因此,这两种急救方法统称为"心肺复苏法"。

在急救过程中,人工呼吸和人工循环的措施必须坚持进行。在医务人员未来接替救治前,不应放弃现场抢救,更不能只根据没有呼吸和脉搏就擅自判定伤员死亡,放弃抢救。只有医生有权作出伤员死亡的论断。

(三)逐级上报

(1)发生触电事故后,要立即向直接领导和调度室报告事故情况,并按领导或调度室的指示和要求落实下一步工作。

(2)应急救援结束后要由专业人员负责全面检查用电设备和线路,并经设备维修保障中心检验合格、出具专项验收评估报告后,方可恢复现场作业。

三、培训及演练

(1)定期进行触电相关知识和应急救援常识的学习。触电的应急处置见表9-1。

表9-1 触电的应急处置

序号	操作步骤	图示	标准
1	立即切断电源		由"合"到"分"
2	检查伤员全身情况:呼吸和心跳	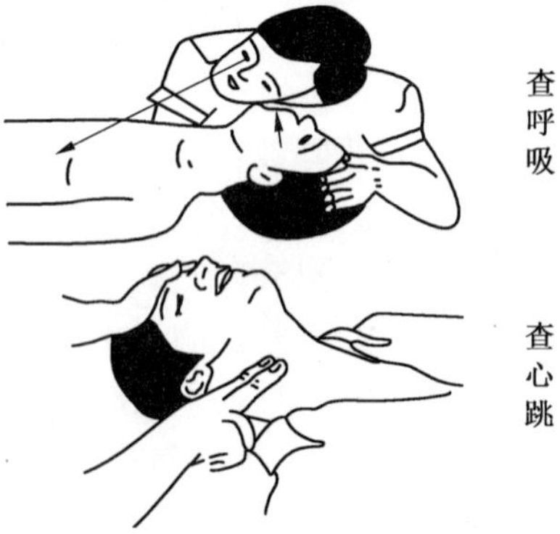	查呼吸 查心跳

第九章 露天煤矿常见事故应急处置

表9-1(续)

序号	操作步骤	图示	标准
3	如伤势严重者，拨打120急救电话救援	 急救电话 Emergency Phone	
4	呼吸心跳均自主者：伤员平卧，观察，不要站立或走动	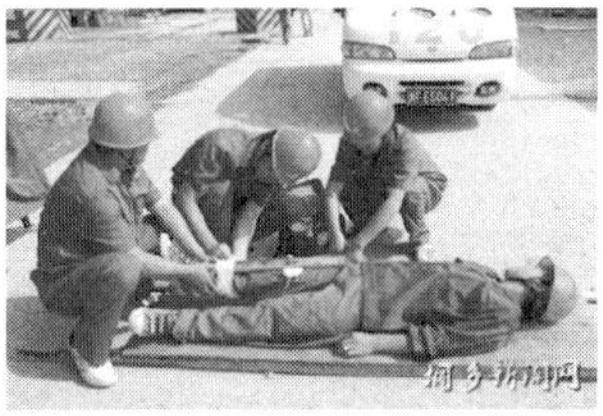	
5	呼吸停止，心搏存在者：就地平卧解松衣扣，通畅气道，立即口对口人工呼吸	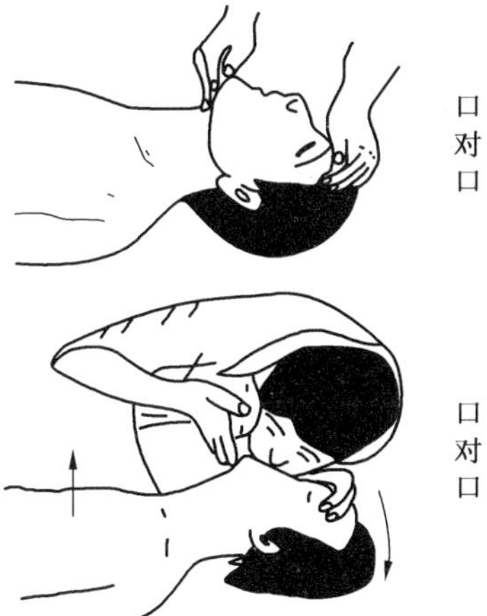 口对口 口对口 正常的吹气频率是每分钟约12次	1. 清除口中异物，使触电者仰面躺在平硬的地方，迅速解开其领扣、围巾、紧身衣和裤带 2. 救护人用一只手放在触电者前额，另一只手的手指将其颏颌骨向上抬起，两手协同将头部推向后仰，舌根自然随之抬起、气道即可畅通 3. 用放在触电者额上的手的手指捏住其鼻翼，另一只手的食指和中指轻轻托住其下巴；救护人深吸气后，与触电者口对口紧合，在不漏气的情况下，先连续大口吹气两次，每次1~1.5 s

表9-1(续)

序号	操作步骤	图示	标准
6	心搏停止，呼吸存在者：应立即做胸外心脏按压	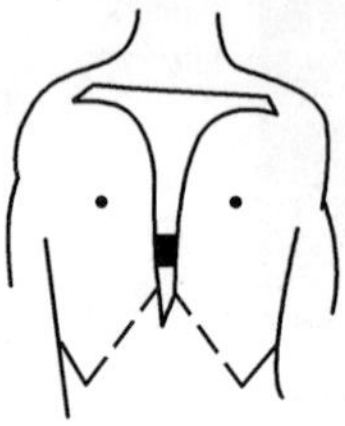 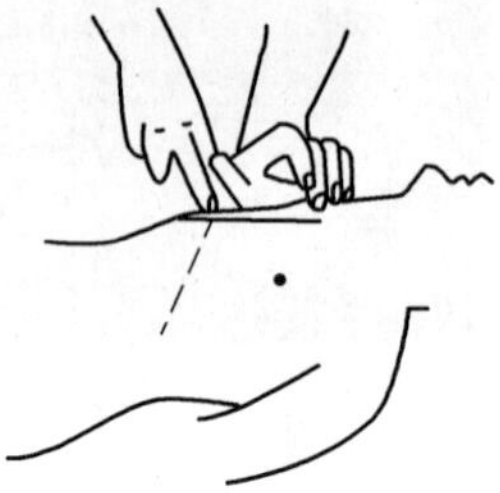 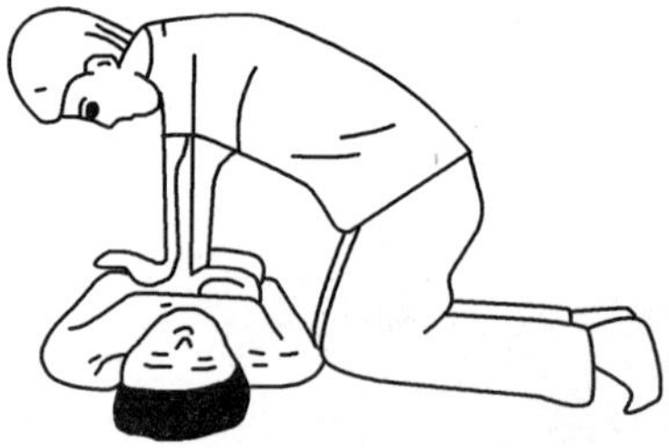 胸外按压要以均匀速度进行。操作频率以每分钟100~120次为宜，每次包括按压和放松一个循环，按压和放松的时间相等	1. 右手的食指和中指沿触电者的右侧肋弓下缘向上，找到肋骨和胸骨接合处的中点 2. 右手两手指并齐，中指放在切迹中点（剑突底部），食指平放在胸骨下部，另一只手的掌根紧挨食指上缘置于胸骨上，掌根处即为正确按压位置 3. 正确的按压姿势 ①使触电者仰面躺在平硬的地方并解开其衣服，仰卧姿势与口对口（鼻）人工呼吸法相同 ②救护人立或跪在触电者一侧肩旁，两肩位于触电者胸骨正上方，两臂伸直，肘关节固定不屈，两手掌相叠，手指翘起，不接触触电者胸壁 ③以髋关节为支点，利用上身的重力，垂直将正常成人胸骨陷大于等于5 cm（儿童和瘦弱者酌减） ④压至要求程度后，立即全部放松，但救护人的掌根不得离开触电者的胸壁
7	呼吸心跳均停止者：则应在人工呼吸的同时施行胸外心脏按压		单人救护时，每按压30次后吹气2次（30∶2），反复进行；双人救护时，每按压30次后由另一人吹气1次（30∶1），反复进行
8	对于因触电摔跌而骨折的触电者：应先止血、包扎，然后用木板、竹竿、木棍等物品将骨折肢体临时固定并速送医院处理	  	

第九章 露天煤矿常见事故应急处置

表9-1(续)

序号	操作步骤	图示	标准
9	送医		

(2) 加强对员工的安全用电知识的宣传教育和培训。
(3) 定期巡检用电设备和线路,发现问题立即整改或上报处理。
(4) 定期检验电工工具和器材,保持性能完好、可靠。
(5) 定期组织员工进行触电事故应急演练。

第二节 高处坠落事故应急处置

一、高处坠落

高处坠落是指在坠落高度基准面 2 m 以上(含 2 m)有可能坠落的高处进行作业。

1. 高处坠落的危险性

易造成坠落人员身体的摔伤、骨折,严重的可导致人员死亡。

2. 检维修作业易发生高处坠落

维修班大多从事设备检修,照明灯具的更换,管线的维修、焊接以及其他临时需进行的高处作业。

3. 高处作业应做好的防护

脚手架周边设防护栏、脚手架作业面脚手板铺设严实,有符合使用要求的锚固点,戴安全帽,系安全带,使用合格的梯子。

二、高处坠落事故应急处置

发生高处坠落事故按照就地施救、迅速就医、逐级上报的原则进行处置,如

图 9-2 所示。

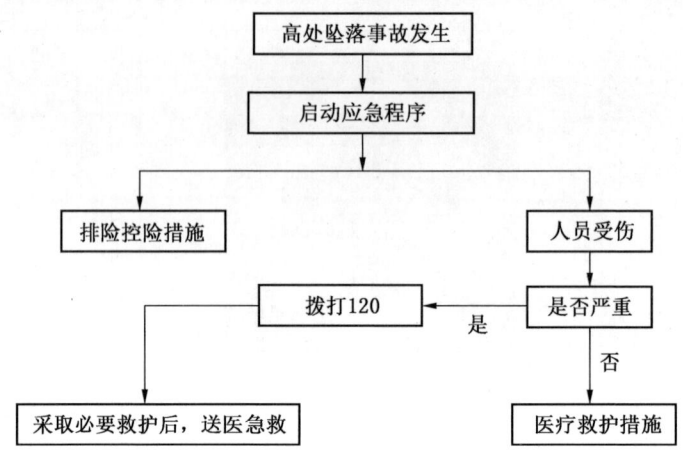

图 9-2　高处坠落事故应急处置流程图

(一) 就地施救

发生高处坠落事故后,为保障伤员的生命,减轻伤员的痛苦,现场人员拨打报警后可以进行现场施救。

(1) 检查呼吸、神志是否清楚,若心跳呼吸停止应立即复苏。

(2) 若受伤者呼吸短促或微弱,胸部无明显呼吸起伏,应立即给其作口对口人工呼吸,频率为每分钟 14~16 次;如脉搏微弱,应立即对其进行人工心脏按压,在心脏部位不断按压、松开,频率为 60 次/min,帮助窒息者恢复心脏跳动。

(3) 如有出血、立即止血包扎。

(4) 把伤员搬运到安全地带,搬运时要有多人同时搬运,禁止一人抬腿,另一人抬腋下的搬运方法,尽可能使用担架、门板,防止受伤人员加重伤情。

(二) 迅速就医

(1) 如无能力救护,尽快将受伤人员送往医院或等待医务人员救治。

(2) 肢体骨折尽快固定伤肢,减少骨折断端对周围组织的进一步损伤,如没有任何物品可做固定器材,可使用伤者侧肢体,躯干与伤肢绑在一起,再送往医院。

(三) 逐级上报

发生高处坠落事故后,要立即向直接领导和调度室报告事故情况,并按领导或调度室的指示和要求落实下一步工作。

三、培训及演练

(1) 定期进行高处作业相关知识和救援常识的学习。
(2) 加强对员工高处作业知识的宣传教育和培训。
(3) 每次高处作业，发现问题立即整改或上报处理。
(4) 定期检验登高工具和器材，保持性能完好、可靠。

第三节　机械伤害事故应急处置

一、事故特征

1. 危险性分析

机械伤害是指机械加工设备运动（静止）部件、工具、加工件直接与人体接触引起的夹击、卷入、剪、绞、碾、割、刺等伤害，所涉及机械有切割机、台式钻床、砂轮机、电机等。在实际作业中，由于运动部件安全防护罩损毁失效、员工违章擦洗转动的设备、女员工的长头发未盘在工作帽内、检修时员工违章或误起动设备等原因，都可能造成发生机械伤害。当设备未按技术操作规程进行检修和出现故障时未能及时排除故障，导致带病运行，存在发生突发事故伤人的危险，如砂轮机的砂轮直径已小于直径的1/3时还继续使用，存在砂轮破裂、碎块飞出伤人的危险，使用机械设备无操作规程或员工未经培训就上岗，都可能发生机械伤害。

2. 事故发生的区域、地点或装置

在合成、干燥、采油、钻井及其他使用设备设施的场所，较易发生机械伤害。

3. 事故前可能出现的预兆
(1) 设备设施转动部位防护罩失效，或检修后未能及时安装；
(2) 检修、清洗设备时，未切断电源及挂上禁止合闸警示牌；
(3) 作业人员违反安全操作规程或带病、酒后作业；
(4) 作业安全距离不足；
(5) 机械设备带病运行；
(6) 员工无穿戴好劳护用品。

二、应急处理

1. 事故应急处置程序

机械伤害事故应急处置流程如图9-3所示。

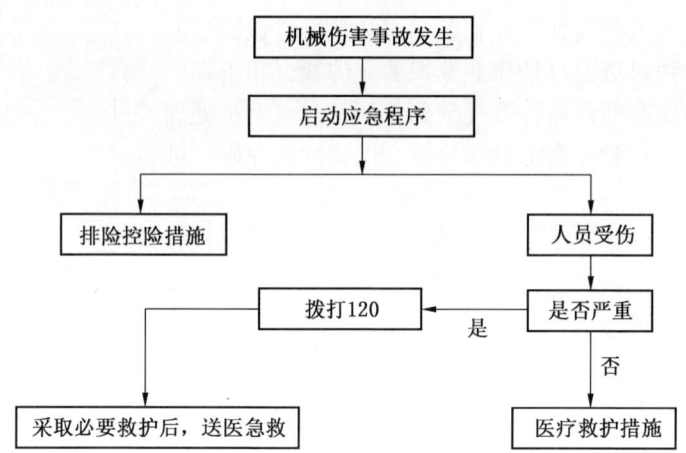

图9-3 机械伤害事故应急处置流程图

2. 医疗救护应急处置措施

当发生机械伤害事故后，抢救重点是集中现场的人力、物力和设备，将受伤者抬出并立即抢救。

1）轻伤事故

（1）应立即关闭运转机械，保护现场，及时向维修班长、调度室并逐级报告。

（2）对伤者同时采取消毒、止血、包扎、止痛等临时措施。

（3）尽快将伤者送医院进行防感染和防破伤风处理，或根据医嘱做进一步检查。

2）重伤事故

（1）应立即关闭运转机械，保护现场，及时向维修班长、调度室汇报，启动应急预案，应急指挥部接到事故报告后，迅速赶赴事故现场，组织事故抢救。

（2）应立即对伤者进行包扎、止血、固定等临时措施，迅速拨打120求救，送附近医院急救。

（3）发生机械伤害事故，抢救的重点应放在对休克、骨折和出血的处理上。

（4）发生机械伤害事故，应马上组织抢救伤者。首先观察伤者的受伤情况、部位、伤害性质，如伤员发生休克，应先处理休克。遇呼吸、心跳停止者，应立即进行人工呼吸，胸外心脏按压。处于休克伤员要让其安静、保暖、平卧、少动,并将下肢抬高约 20°,尽快送医院进行抢救治疗。

(5) 出现颅脑损伤,必须维持呼吸道通畅。昏迷者应平卧,面部转向一侧,以防舌根下坠或分泌物、呕吐物吸入,发生喉阻塞。对于骨折者,应初步固定后再搬运。遇有凹陷骨折、严重的颅底骨折及严重的脑损伤症状出现,创伤处用消毒的纱布或清洁布等覆盖伤口,用绷带或布条包扎后,及时送往医院治疗。

(6) 发现脊椎受伤者,创伤处用消毒的纱布或清洁布等覆盖伤口,用绷带或布条包扎后。搬运时,将伤者平卧放在帆布担架或硬板上,以免受伤的脊椎移位、断裂造成截瘫,招致死亡。抢救脊椎受伤者,搬运过程,严禁只抬伤者的两肩与两腿或单肩背运。

(7) 发现伤者手足骨折,不要盲目搬运伤者。应在骨折部位用夹板把受伤位置临时固定,使断端不再移位或刺伤肌肉,神经或血管。固定方法:以固定骨折处上下关节为原则,可就地取材,用木板、竹头等,在无材料的情况下,上肢可固定在身侧,下肢与健侧下肢缚在一起。

(8) 遇有创伤性出血的伤员,应迅速包扎止血,使伤员保持在头低脚高的卧位,并注意保暖。

(9) 动用最快的交通工具,及时把伤者送住邻近医院抢救,运送途中应尽量减少颠簸,同时,密切注意伤者的呼吸、脉搏、血压及伤口的情况。

(10) 封闭现场,禁止其他无关人员进入。

(11) 现场处置的同时立即报告应急指挥部。

3. 逐级上报

发生机械伤害事故后,要立即向直接领导和调度室报告事故情况,并按领导或调度室的指示和要求落实下一步工作。

三、培训及演练

(1) 定期进行应急预案相关知识和机械伤害应急救援常识的学习。
(2) 每次维修作业,发现问题立即整改或上报处理。

第四节 火灾、爆炸事故应急处置

一、事故类型和危害程度分析

在日常工作中,使用的氧气、乙炔气瓶、原油罐、储罐等危化品及锅炉等压力设备容易发生爆炸。设备发生爆炸的危害通常有:壳体裂成碎块或碎片向四周飞散而造成危害；设备破裂时产生冲击波，导致周围人员伤亡；盛装有毒介质的容器设备破裂时，产生有毒液化气体，造成周围人员伤亡。

易造成容器爆炸的因素主要有：设备维修过程中，未对管线或容器等进行清理、吹扫、隔离及气体检测。

二、应急处理

1. 事故应急处置程序

在安全生产过程中，发生火灾、爆炸等事故，作业人员应立即采取一切办法切断事故源，采取相应措施并向班长汇报，处理的同时上报调度室。当发生重大事故危及人身生命安全时，作业人员撤离现场至安全处，等待应急救援领导小组成员到现场成立应急救援指挥部，有序开展应急救援工作，火灾爆炸事故应急处置流程如图9-4所示。

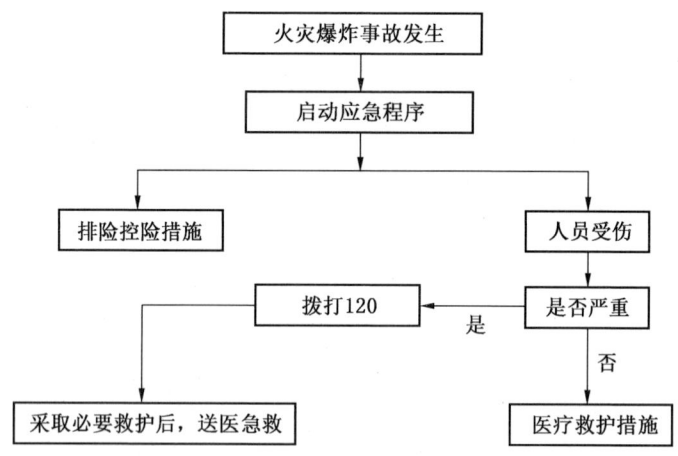

图9-4 火灾爆炸事故应急处置流程图

2. 采取有效的现场应急处置措施

（1）按照先控制，后消灭的原则，针对火灾的火势发展蔓延快慢和燃烧面积大小的情况，及时采取统一指挥、以快制快、堵截火势、防止蔓延、重点突破、排除险情、分割包围、速战速决的战术。

（2）救援人员首先应迅速查明现场有无人员烧伤、中毒，并以最快的速度将烧伤、中毒者转移现场，严重者应尽快送医院抢救。

（3）事故现场设立火灾、爆炸警戒区域，指挥员工迅速向安全地带疏散。

应急救援指挥部应根据事故状态及危害程度作出应急决定,命令各应急救援队立即开展抢救、扑灭火险。如事故扩大无力自救时,应立即请求外界支援。

(4)进行火情侦察时,应迅速查明燃烧范围,燃烧物品及其周围物品的品名和主要危险特性,火势蔓延的主要途径,并根据险情有针对性地进行火灾扑救及火场疏散的人员。救援人员应穿戴专用防护服装,站上风或侧风位置,以免遭受有毒、有害气体的侵害。

(5)应正确选择最合适的灭火剂和灭火方法,火势较大时,应先堵截火势蔓延控制燃烧范围,然后逐步扑灭火势。

(6)对有可能发生的爆炸、爆裂、喷溅等特别危险的情况时,应按照统一的撤退信号(手持高音话筒)和撤退路线及时撤退。

三、培训及演练

(1)定期进行应急预案相关知识和火灾、爆炸应急救援常识的学习,火灾、爆炸应急处置卡见表9-2。

(2)加强对员工火灾、爆炸知识的宣传教育和培训。

(3)每次动火作业,发现问题立即整改或上报处理。

表9-2 火灾、爆炸应急处置卡

序号	操作步骤	图示	标准
1	出现火灾		
2	火势不大用灭火器材灭火		

表9-2(续)

序号	操作步骤	图示	标准
3	有伤员及时抢救并拨打120	 	
4	对火灾现场进行控制，防止火势蔓延并拨打119	 	
5	发生爆炸人员及时撤离		

第五节 烫伤事故应急处置

一、事故类型和危害程度分析

在日常生活和工作中,烫伤事故屡见不鲜,尤其夏天,如热水瓶的爆破或被打翻,冲开水时彼此相撞,车间使用蒸汽时误伤或管线破裂烫伤等情况,都易造成烫伤事故。

二、应急处理

1. 事故应急处置程序

烫伤事故应急处置流程如图9-5所示。

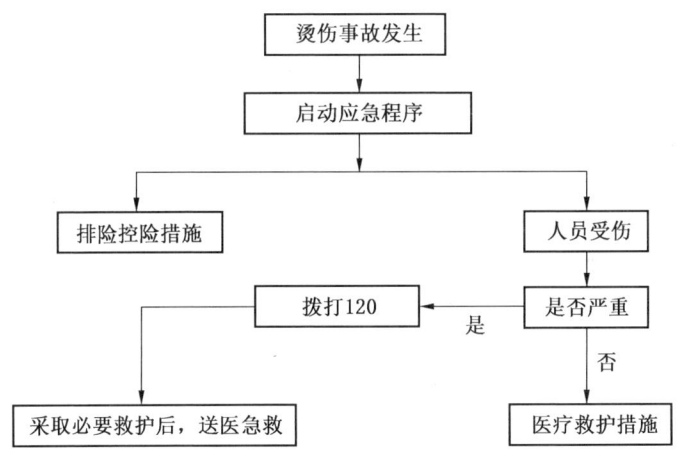

图9-5 烫伤事故应急处置流程图

2. 采取有效的现场应急处置措施

(1) 发生烫伤,首先不要惊慌,也不要急于脱掉贴身单薄的诸如汗衫、丝袜之类衣服,应迅速用冷水冲洗。等冷却后再小心地将贴身衣服脱去,以免撕破烫伤后形成的水泡。冷水冲洗的目的是止痛、减少渗出和肿胀,从而避免或减少水泡形成。冲洗时间约半小时以上,以停止冲洗时不感到疼痛为止,一般水温约20℃即可,切忌用冰水,以免冻伤。

(2) 如果烫伤在手指,可用冷水浸浴。

(3)面部等不能冲洗或浸浴的部位可用冷敷。

(4)冷水处理后把创面拭干,然后薄薄地涂些蓝油烃、绿药膏等油膏类药物,再适当包扎1~2天,以防止起水泡。但面部需要暴露,不必包扎。

(5)如有水泡形成可用消毒针筒抽吸或剪个小孔放出水液即可;如水泡已破则用消毒棉球拭干,保持干燥,不能使水液积聚成块。

(6)烫伤后切忌用紫药水或红汞涂抹,以免影响观察伤后创面的变化。

(7)大面积或严重的烫伤紧急护理后立即送医院。

三、培训

定期进行烫伤相关知识和救援常识的学习(表9-3)。

表9-3 烫伤的应急处置

序号	操作步骤	图示	标准
一、蒸汽烫伤			
1	停止作业或关闭工艺		
2	冷水冲洗降温	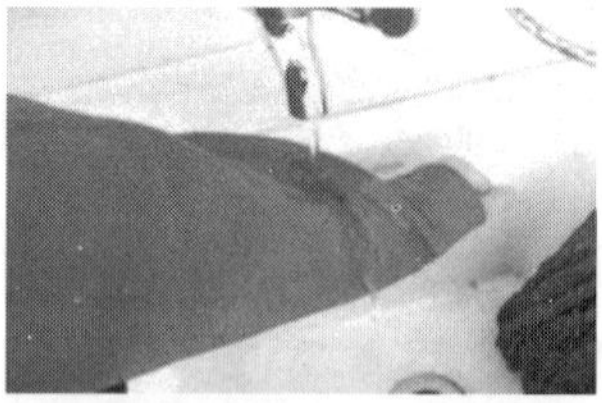	水温越低效果越好,但不能低于-6℃。用冷水浸泡时间一般应持续10~15 min
3	脱去,或剪开衣物	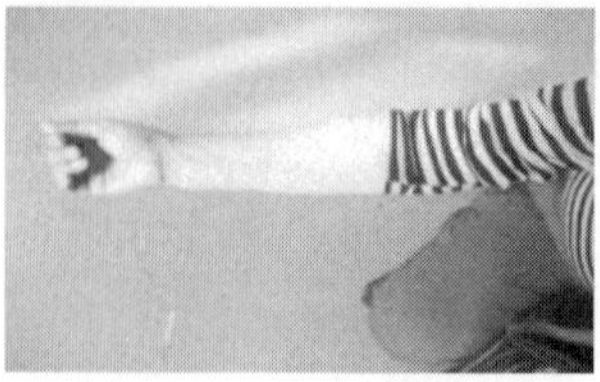	

表9-3(续)

序号	操作步骤	图示	标准
4	产生水疱时：用消过毒的针穿透，涂烫伤膏		千万不要把皮肤擦破，因为这些皮肤有保护创面的作用
5	用消毒的纱布覆盖伤口，严重者就医		
6	冬季现场处置后应遮盖保暖		

二、物料烫伤

序号	操作步骤	图示	标准
1	脱去，或剪开衣物		
2	用流动的清水冲洗清理污染物，如有水疱时：用消过毒的针穿透，涂烫伤膏		1. 清洗至无物料 2. 千万不要把皮肤擦破，因为这些皮肤有保护创面的作用
3	涂抹烫伤膏，覆盖消毒纱布后送医院		

第六节 弧光灼伤事故应急处置

一、事故类型和危害程度分析

弧光灼伤事故是指电焊工在没有正确安全防护进行电焊时,易出现"电焊打眼"症状,或瞬间视野一片漆黑的症状,俗称"电焊打眼"或"弧光打眼"。电焊伤眼后被伤者会出现眼疼、流泪、眼中有沙等症状,轻者在使用相关消炎药物有效治疗一天半后便可恢复,重者则需多天才能恢复(期间会睁不开眼、怕光),电焊伤眼严重者需及时就医接受正规合理有效的治疗。

二、应急处理

1. 事故应急处置程序

眼睛灼伤事故应急处置流程如图 9-6 所示。

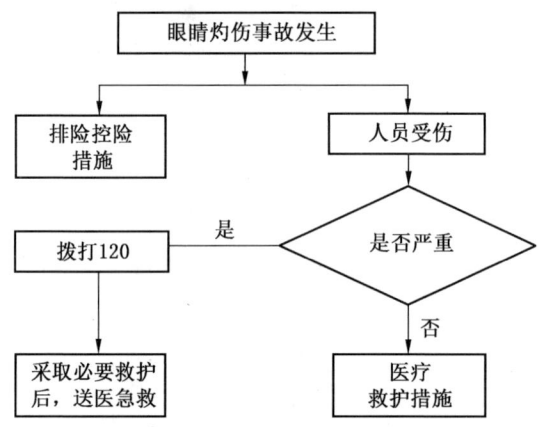

图 9-6 眼睛灼伤事故应急处置流程图

2. 采取有效的处置措施(表 9-4)

(1)发生了电光性眼炎后,其简便的应急措施是用煮过而又冷却的人乳或鲜牛奶点眼止痛。还可用毛巾浸冷水敷眼,闭目休息。

(2)经过应急处理后,除了休息外,还要注意减少光的刺激,并尽量减少眼球转动和摩擦,一般经过一、二天便可痊愈。

表9-4 弧光灼伤眼睛应急处置

序号	操作步骤	图　示	标准
1	人员电焊作业		
2	弧光灼伤眼睛，眼睛疼痛流泪，视物不清		
3	用煮过而又冷却的人乳或鲜牛奶点眼，能止痛，也可用毛巾浸冷水敷眼，闭目休息		
4	如严重者，拨打120急救电话		

表9-4(续)

序号	操作步骤	图示	标准
5	送医		

第七节 窒息事故应急处置

一、事故类型和危害程度分析

窒息事故是指在清理油罐、维修自卸车后桥等作业项目中,由于通风不良导致作业环境中严重缺氧,以及有毒气体急剧增加,造成作业人员昏倒、急性中毒、窒息等伤害。

二、应急处理

1. 事故应急处置程序

人员中毒和窒息事故应急处置流程如图9-7所示。

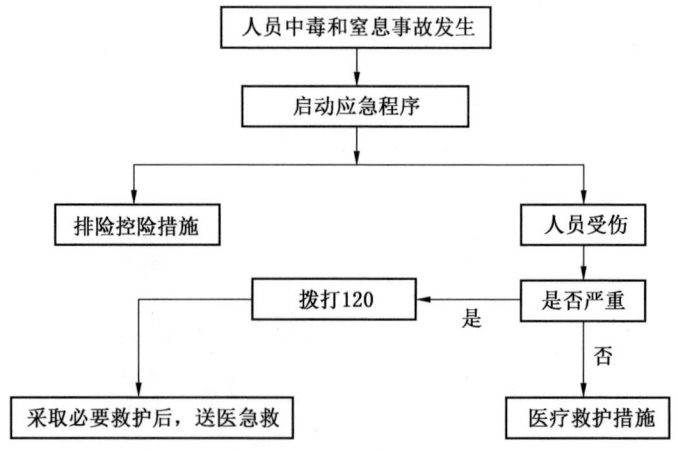

图9-7 人员中毒和窒息事故应急处置流程图

2. 人员抢救措施

(1) 对于在有毒化学药品的地点发生人员窒息的事故时，救援人员应携带隔离式呼吸器到达事故现场，正确戴好呼吸器后，再进入现场进行施救。

(2) 对于密闭空间内由于缺氧导致人员窒息的事故时，施救人员应先向空间内部通风换气后方可进入进行施救。

(3) 对于电缆沟、排污井、排水井等地下通道内可能产生有毒气体的地点时，救援人员在施救前应先进行有毒气体检测，确认安全或者现场有防毒面具则应正确戴好防毒面具后进入进行施救。

(4) 施救人员做好自身防护措施后，将窒息人员救离受害地点至地面以上或通风良好的地点，然后等待医务人员或在医务人员没有到场的情况进行紧急救助。

(5) 在密闭空间中毒窒息的伤员如意识丧失，应在10 s内用看、听、试的方法判定伤员呼吸心跳情况。

①看——伤员的胸部、腹部有无起伏动作。

②听——用耳贴近伤员的口鼻处，听有无呼气声音。

③试——试测口鼻有无呼气的气流。再用两手指轻试一侧（左或右）喉结旁凹陷处的颈动脉有无搏动。

若看、听、试结果，既无呼吸又无颈动脉搏动，可判定呼吸心跳停止。

(6) 若密闭空间中毒窒息伤员呼吸和心跳均停止时，应立即按心肺复苏法支持生命的三项基本措施，就地进行抢救。

(7) 人工呼吸的方法：

①伤者取仰卧位，即胸腹朝天。

②救护人站在其头部的一侧，自己深吸一口气，对着伤者的口（两嘴要对紧不要漏气）将气吹入，造成吸气。为使空气不从鼻孔漏出，此时可用一手将其鼻孔捏住，然后救护人嘴离开，将捏住的鼻孔放开，并用一手压其胸部，以帮助呼气。这样反复进行，每分钟进行14~16次。

③如果伤者口腔有严重外伤或牙关紧闭时，可对其鼻孔吹气（必须堵住口）即为口对鼻吹气。救护人吹气力量的大小，依伤者的具体情况而定。一般以吹进气后，伤者的胸廓稍微隆起为最合适。口对口之间，如果有纱布。则放一块叠二层厚的纱布，或一块一层的薄手帕，但注意，不要因此影响空气出入。

(8) 心肺复苏的方法：

①判断伤者的意识。用双手轻拍病人双肩，问："喂！你怎么了？"

②检查伤者呼吸。观察病人胸部起伏5~10 s。

③进行呼救。

④判断伤者是否有颈动脉搏动。用右手的中指和食指从气管正中环状软骨划向近侧颈动脉搏动处（判断 5 s 以上 10 s 以下）。

⑤松解伤者衣领及裤带。

⑥人工呼吸：每次送气 400~600 mL，频率 10~12 次/min。

⑦持续 2 min 的高效率的 CPR：以心脏按压：人工呼吸 = 30∶2 的比例进行，操作 5 个周期。（心脏按压开始送气结束）

⑧对伤者进行胸外心脏按压。两乳头连线中点（胸骨中下 1/3 处），用左手掌跟紧贴病人的胸部，两手重叠，左手五指翘起，用上身力量用力按压 30 次（按压频率至少 100~120 次/min，按压深度至少 5 cm）。

⑨打开伤者气道。仰头抬颌法。口腔无分泌物，无假牙。

⑩判断复苏是否有效（听是否有呼吸音，同时触摸是否有颈动脉搏动）。

⑪根据伤者情况，进一步生命支持。

（9）抢救过程中的再判定：

①按压吹气 1 min 后，应用看、听、试方法在 5~7 s 时间内完成对伤员呼吸和心跳是否恢复的再判定。

②若判定颈动脉已有搏动但无呼吸，则暂停胸外按压，而再进行 2 次口对口人工呼吸，接着每 5 s 吹气一次（即每分钟 12 次）。如脉搏和呼吸均未恢复，则继续坚持心肺复苏法抢救。

③在抢救过程中，要每隔数分钟再判定一次，每次判定时间均不得超过 5~7 s。在医务人员未接替抢救前，现场抢救人员不得放弃现场抢救。

三、培训及演练

（1）定期进行触电相关知识和应急救援常识的学习。

（2）加强对员工的安全用电知识的宣传教育和培训。

（3）定期巡检用电设备和线路，发现问题后及时整改或上报处理。

（4）定期检验电工工具和器材，保持性能完好、可靠。

（5）定期组织员工进行触电事故应急演练。

第八节 车辆运输事故应急处置

一、事故类型和危害程度分析

露天矿的矿用自卸车、场内机动车在作业时，因误操作或违章作业导致发生车辆碰撞造成人员伤亡、设备损坏等为车辆运输事故。

二、应急处理

1. 事故应急处置程序

车辆运输事故应急处置流程如图 9-8 所示。

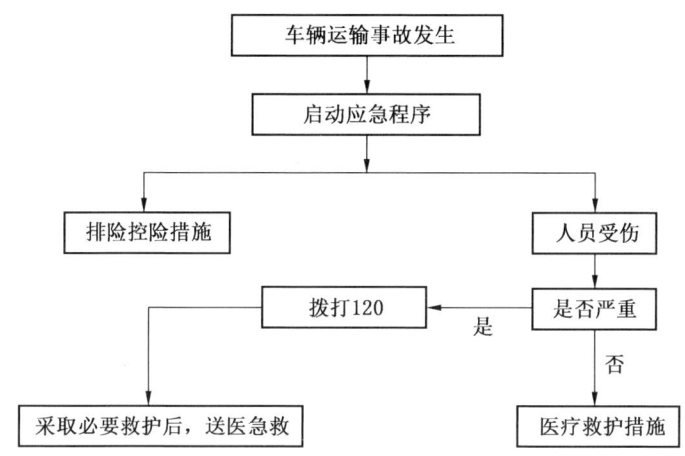

图 9-8 车辆运输事故应急处置流程图

2. 就地施救

发生车辆运输事故后,为保障伤员的生命,减轻伤员的痛苦,现场人员拨打报警后可以进行现场紧急施救。

(1) 检查伤员的呼吸、神志是否清楚,若发现心跳呼吸停止应立即复苏。

(2) 若受伤者呼吸短促或微弱,胸部无明显呼吸起伏,应立即给其作口对口人工呼吸,频率为 14~16 次/min;如脉搏微弱,应立即对其进行人工心脏按压,在心脏部位不断按压、松开,频率为 60 次/min,帮助窒息者恢复心脏跳动。

(3) 如有出血、立即止血包扎。

(4) 把伤员搬运到安全地带,搬运时要有多人同时搬运,禁止一人抬腿,另一人抬腋下的搬运方法。尽可能使用担架、门板等工具,防止受伤人员加重伤情。

3. 迅速就医

(1) 如无能力救护,尽快将受伤人员采取就地施救方法,送往医院或等待医务人员救治。

(2) 肢体骨折尽快固定伤肢,减少骨折断端对周围组织的进一步损伤。如没有任何物品可做固定器材,可使用伤者侧肢体、躯干与伤肢绑在一起,再送往医院。

4. 逐级上报

发生车辆运输事故后，要立即向直接领导和调度室报告事故情况，并按领导或调度室的指示和要求落实下一步工作。

三、培训及演练

（1）定期进行运输作业相关知识和救援常识的学习。

（2）加强对员工三大规程的宣传教育和培训。

（3）加强班前、班中对作业车辆的检查，发现问题立即整改或上报处理。

第九节　边坡滑移事故应急处置

一、事故类型和危害程度分析

露天煤矿受矿体的地质构造影响，如断层、岩层走向、倾向、倾角的大小，层理、节理产状数量等因素，可以决定整体岩层的强度、相对岩层倾向、走向的方向、边坡构成要素、边坡形状、开采程序、采矿工作线的推进方向，也可能影响最终边坡形成的时间。边坡暴露在空气中的时间长短、岩体抗风化能力的大小、露天煤矿爆破震动作用都是影响露天矿采场边坡稳定的因素，导致边坡失稳，造成边坡滑移。

二、应急处理

1. 事故应急处置程序

边坡滑移事故应急处置流程如图9-9所示。

2. 处置措施

（1）矿工在工作面发现有边坡滑坡、坍塌预兆时，要以最快的速度通知人员迅速撤离。无法撤离时，必须迅速撤至相对较安全位置等待救援，并设法与外界保持联系。

（2）救灾人员进入现场后要立即设立安全岗哨，禁止非救灾人员进入灾区。

（3）救灾人员应在保证自身安全的情况下迅速挖掘被掩埋伤员，在进行简易包扎、止血或简易骨折固定后及时脱离危险区域。

（4）对呼吸、心跳停止的伤员予以心脏复苏。

（5）加强采区排水、降水措施；迅速运走边坡弃土、材料机械设备等重物；对边坡薄弱环节进行加固处理；削去部分坡体，减小边坡坡度。

第九章　露天煤矿常见事故应急处置

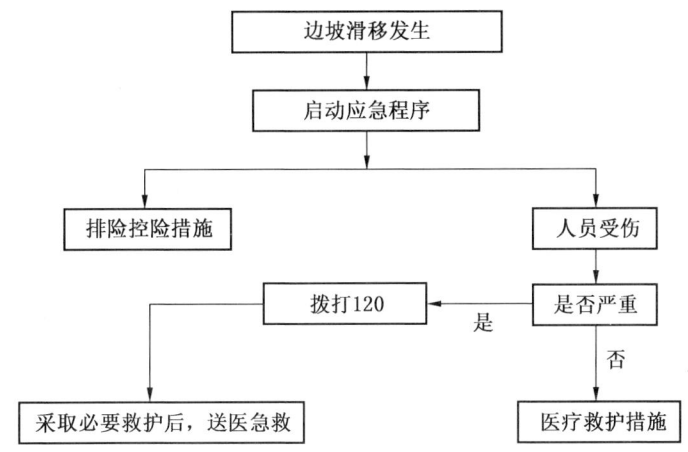

图 9-9　边坡滑移事故应急处置流程图

（6）为保障伤员的生命，减轻伤员的痛苦，现场人员拨打报警后可以进行现场施救。

3. 迅速就医

（1）如无能力救护，尽快将受伤人员送往医院或等待医务人员救治。

（2）肢体骨折尽快固定伤肢，减少骨折断端对周围组织的进一步损伤，如没有任何物品可做固定器材，可使用伤者侧肢体，躯干与伤肢绑在一起，再送往医院。

（3）逐级上报。发生边坡滑移事故后，要立即向直接领导和调度室报告事故情况，并按领导或调度室的指示和要求落实下一步工作。

三、培训及演练

（1）定期进行滑坡事故相关知识和救援常识的学习。
（2）加强对员工防治滑坡的宣传教育和培训。
（3）加强班前、班中对作业车辆的检查，发现问题立即整改或上报处理。
（4）定期组织演练，强化员工的应急处置能力。

第十章　内蒙古公司露天煤矿智能化发展现状及趋势

目前以人工智能、互联网+、大数据等技术为代表的新一轮科技革命给中国煤炭工业带来了新的挑战与机遇，露天煤矿智能化将是我国矿山建设发展的最新目标。国家电投集团内蒙古能源有限公司以习近平新时代中国特色社会主义思想为指导，新发展理念为指引，深入贯彻国家能源安全新战略，全面贯彻落实国家电投集团公司"2035一流战略"，加快建设"绿色、零碳、智慧、无人"的行业一流露天矿，实现本质安全、清洁绿色智能开采，推动露天煤矿全生命周期的高质量发展。

第一节　国内外露天矿山智能化发展现状及趋势

一、国外建设情况总结与分析

从20世纪90年代开始，美国、加拿大、芬兰、澳大利亚等世界发达国家不断加大在露天矿山开采自动化、信息化等方面的研究投入，先后制定了"智能化矿山"和"无人化矿山"的发展规划，经过30年来的研究与发展，在露天矿山生产中已经初步实现了预期建设目标。根据美国能源信息管理总署公布数据显示，2010年美国露天煤矿雇员人数为28709名，平均单工开采效率（全员劳动生产率）为9.46 t/h；2017年美国露天煤矿雇员人数相比2010年减少了25.08%，雇员人数为21509名，但平均单工开采效率提高到了10.92 t/h，增长幅度达15.43%，"减人增效"成果显著。在过去的1~2年中，国外露天煤炭工业更是进入到了跨时代发展的关键阶段。2018年8月，力拓公司（Rio Tinto）宣布在西澳洲Koodaideri矿启动全球首个"纯智能化矿山"项目，矿山改造完成后，Koodaideri矿的生产系统将由一个遍布着机器人、无人驾驶矿车、无人卡车、无人钻机和无人运货火车的智能设备网络组成，成为真正意义上的无人化智慧露天矿山。结合智能化技术特点及露天矿山生产实际需求，可将国外露天矿山智能化发展情况归纳为以下三个方面：

(一) 大范围应用露天矿山自动化、智能化装备及系统

发达国家充分发挥自身装备及系统研发制造优势,从20世纪90年代开始对露天矿山自动化、智能化装备及系统中投入了大量研发工作。研发工作主要体现在露天矿山作业环境的动态感知、"穿—采—运"设备的自动化作业,全工艺系统环节的数据采集与分析等方面。

人与设备是露天开采作业中的核心要素,露天矿山科技的发展历程整体呈现出"机械化换人、自动化减人、智能化无人"的趋势特征。在生产过程中,对于重复性、机械性的操作行为及简单的逻辑判断行为,可以通过系统的"机械化、自动化、智能化"升级,逐步减少人的局限性对系统能力造成的限制,促进核心要素所创造的劳动生产率不断提高。

(二) 信息化数据链的集成、数据处理和辅助决策

受限于技术手段,露天矿山各个生产环节采用的是碎片化管理,各环节的关键信息往往缺乏采集必须的采集手段,或者无法互联互通,而近十年来国外数字矿山的建设经验为解决这一问题提供了可能。通过利用传感器采集技术、数据分析技术等,对整个生产过程中的人员作业行为、设备作业工况、生产工作环境、生产成本波动等大量数据进行综合分析,实现生产大系统中各生产环节的协同管理、协同作业,进而显著的提升矿山的运行效率,降低作业成本。

目前国外信息化管理的发展主要体现在多环节协同优化、设施设备远程诊断与智能维护、信息共享服务等方面。以设施设备远程诊断与智能维护为例,当前国外先进矿山已经开始应用以预知维修理论、决策理论以及可靠性理论为指导的现代化的设备维检方法,并以设备海量运行参数为基础,进行设备状态的实时监控及仿真预测,再结合专家辅助决策系统,实现设备故障的远程诊断,提高了设备维检作业的针对性、时效性与经济性。

(三) 生产设计智能化与矿山工程设计—施工的一体化管控

露天矿山施工工程存在着极为明显的粗放特征,一方面由于开采条件、开采工艺、外部环境的复杂特点,矿山短期、中长期设计工作需要丰富的经验支撑;另一方面受限于以经验为主导的生产组织管理模式,由于生产中对工程掌控程度有限,造成施工工程难以严格按照设计开展。通过数字矿山的建设,国外地质(钻孔、煤质、岩性、采场三维模型等)、装备(作业效率、作业成本等)数据库逐步建设完善,使得矿山设计中可以有效模拟真实环境。因此近年来国外新兴了一批露天矿山虚拟仿真平台,基于仿真模型的推演对多种设计方案进行评价决策、提前预知生产中存在的问题,进而提高设计的准确性与可靠性。

在露天矿山自动化、智能化装备及系统建设的基础上,将生产设计所形成的施工计划直接推送至工程机械上,实现机械作业的智能引导、辅助操作、甚至无

人操作等功能。例如推土机自动找平系统中，推土机利用GPS、惯性导航等技术手段，实时获取当前自身位置及轨迹信息，严格与无线终端所接收的生产计划采场模型进行比对，以增强现实、虚拟现实等手段将挖掘、回填物料区域、物料量等诸多信息呈现给操作人员，确保了施工精度。

二、国内外建设情况对比分析

结合国外露天矿山智能化发展现状及趋势，对国内智能化发展现状详细分析如下：

1. 矿山装备智能化

国内当前对边坡远程智能监测、卡车防碰撞、超速报警等相对独立的系统模块应用较为成熟，随着钻机自动导航钻孔在神华准公司能有了成功应用，针对特殊工程环境的作业问题，准能公司等单位先后研发了履带车机械臂协作机器人、智能尾线电缆卷放车、智能巡检机器人、激光熔覆焊修机器人等诸多新型设备，有效提高了工程效率，极大地降低了人工作业量。但已经广泛推广应用的卡车调度管理系统并未实现真正意义上的智能化调度功能，在现场中更多是作为车铲位置可视化及生产统计报表系统应用。

未来重点研究方向具体包括：穿孔环节智能化（钻机状态自动检测、钻机自动导航及钻进控制、地层岩性识别）、爆破环节智能化（装药车自动导航及装药、爆破效果自动评价）、采装环节智能化（电铲远程监控功能、在线动态数字化称重、辅助/自主挖掘与装载）、运输环节智能化（卡车安全管理数字化、燃油胎压数字化监控、辅助/无人驾驶卡车、智能化卡车调度系统）、排弃环节智能化（推土机自动找平系统、远程遥控系统）、地面生产系统智能化（破碎站无人值守、胶带输送机集中控制、胶带巡检机器人、自动堆取料机、料场储量监控）以及检修智能化（设备故障自动诊断、预警）等。

2. 矿山管理及安全生产信息化

当前我国露天矿山的智能化发展主要体现在矿山管理及安全生产的信息化，侧重于矿山企业信息采集整理、网络化传输、自动化操控、可视化展示、规范化集成等方面内容。例如华能伊敏煤电公司露天矿从1997年开始先后建立了卡车自动化调度系统、管理信息系统（MIS）、生产决策支持系统、生产调度监控系统、管理信息系统、疏干集控系统、破碎—皮带集控系统等，同时建设了以光纤为基础的高速企业网。神华准能公司从2000年初逐步开展信息化建设，已经形成了监测系统（地面生产系统集控系统、卡车调度系统、车辆防碰撞预警系统、边坡稳定监测系统等）、生产管理系统（综合监控与调度指挥、生产执行系统、班组管理系统等）、经营管理系统（ERP、OA）等。

然而当前普遍存在一个问题，即现有系统尚处于独立运行状态，仅通过 MIS 系统在一定程度上实现了数据共享，系统综合性能未能充分发挥，因此信息化数据链的集成、数据共享应是未来的重点发展方向。考虑到随着露天矿山数字化进程的不断加快，信息量将呈几何倍数快速增加，因此大型专家知识库和数据仓库技术将成为支撑智慧化露天矿建设的关键。

3. 矿山生产设计智能化

矿山生产设计智能化主要包括地质数据精确化、设计方法精细化等。在地质测绘方面，当前激光扫描仪、无人机倾斜摄影等地表建模手段已经在国内大型露天矿山得到了初步应用，例如中煤平朔公司已经初步构建了露天矿山无人机航测体系，逐渐成为人工测绘的有力补充。在设计软件及方法方面，矿床地质模型及辅助优化设计系统（例如 3Dmine、Surpac、Vulcan 等）已经基本普及，但开采设计相关系统（三维辅助设计系统、地测辅助设计 CAD 系统、采矿计划系统等）在本质上仍是基于矿床模型的土石方算量，对于设备实际作业特性、生产中存在的随机事件等考虑相对较少，与国外当前的开采设计方案预演仿真方法相比落后较大。

值得重视的是，当前国外推行的"矿山工程设计—施工的一体化管控"必然是未来矿山设计生产运营的核心思路。但目前国内尚未形成一整套从地质基础到采矿管控，从企业宏观生产计划到现场具体施工环节的数字化采矿集中管控系统，对生产数据的分析及决策还有待投入更多的关注和开发。

综上所述，与世界发达国家相比，尽管近年来露天开采在中国煤炭开采中的地位不断上升，但由于我国露天采矿起步相对较晚，生产技术水平进步缓慢，开采成本，劳动生产率等方面差距极为显著，体量的增长本质上还是需要依靠生产要素的投入。尤其是在智能化发展新形势下，数字化矿山建设工作尚处于起步阶段，装备的自动化、设计与管理的信息化水平等尚不能满足智能开采要求，在工业智能化改革浪潮中凸显乏力，转型升级和跨越发展的任务紧迫而艰巨。因此面对信息化和工业化深度融合进程中不断涌现的新技术、新理念，应积极探索新形势条件下露天开采转型方向，为露天矿山未来规划发展政策的制定与执行提供依据。

第二节　南露天煤矿建设智能化矿山总体规划

本节是以南露天煤矿为实例编制的智能化露天矿建设的总体规划，其理论架构、技术框架、重点建设内容、实现途径等对其他露天矿智能化建设和露天开采信息化规划研究都具有一定的参考意义。

一、智能化矿山定义

关于智能化矿山的定义,概念较为模糊,许多智能化矿山建设的理论和应用问题还在探索之中。根据国家已发布的智能化煤矿相关技术规范,并结合内蒙古能源有限公司南露天煤矿实际情况,对智能化矿山的定义与内涵归纳如下:基于空间和时间的四维地理信息、泛在网、云计算、大数据、虚拟化、计算机软件及各种网络,以矿山数据数字化、生产自动化、管理信息化为基础,结合新的传感器技术、网络通信技术、空间信息技术、人工智能技术等,实现矿山生产及管理的智能感知、辨识、记忆、分析计算、判断和决策、评估考核改进,为各类决策提供智能化服务的数字化智慧体,并对人—机—环的隐患、故障和危险源提供预知和防治,使整个矿山具有自我学习、分析和决策能力。达到整个矿山的无人化或少人化,实现矿山的绿色、安全、高效。

二、智能化矿山规划目标

南露天煤矿以数字化转型为目标,将设备智能化改造、电铲远程控制、破碎站少人/无人值守、矿卡无人驾驶、换电重卡、配套光伏、储能、生态环境治理等业务相融合,以新兴ICT技术为手段,逐步实现南露天煤矿自动化、智能化、清洁化装备及系统在生产中的应用,实现信息数据链的集成、数据处理和辅助决策,实现采矿设计智能化与生产组织一体化管控。实现绿色生产、低碳排放、智慧高效、少人无人的现代化露天煤矿。

在智慧、无人方面,逐步推进矿卡无人驾驶、电铲远程控制、破碎站无人值守等业务在南矿的推广应用,实现主生产环节的少人/无人,同时,引入云、大、物、移、智、5G等新兴技术,助力矿山生产与管理的感知—分析—决策—执行全过程智慧化转型,赋能矿山生产过程全要素,驱动生产过程智能化,保障生产安全,提升协同作业能力与管理水平,助力企业创新。

在绿色、零碳方面,按步骤、分阶段地做好生态修复治理工作,排土场到界区域治理率达到100%,建成生态环境优美、人与自然和谐共生的矿山企业,建设成生态经济示范区。矿山生态环境得到有效保护、矿区生态修复治理水平全面提升,打造北方高寒地区绿色矿山标杆,建成以景观式为主导的行业内一流绿色矿山企业。拓展换电重卡在露天煤矿的推广使用,提高可再生能源利用率,实现宽体车、百吨级自卸车、工程设备的电能替换。同时,将智慧化手段应用到矿山生态环保与换电重卡中,实现矿山生态环境的自动监测预警与电能的智能管理。

三、南露天煤矿数字化建设情况对比分析

在国家有关智慧矿山政策下发后,各地方政府迅速响应,开始逐步对智能化露天矿山建设进行系统部署和出台相应智能化煤矿建设指南,同时助力全国范围内的露天智能化矿山总体框架和建设内容的构建。当前,国家及各省份均已出台露天智能化矿山建设标准,科学指导露天智能化矿山建设,推动全国传统煤炭行业发展模式向现代化高质量煤炭行业发展模式转型。

2021年3月,国家能源局印发关于征求《智能化煤矿建设指南(2021年版)(征求意见稿)》意见(简述:国家能源局建设指南,下同)。南露天煤矿结合智能化矿山建设现状,逐条对标国家能源局建设指南,梳理分析南露天煤矿在智能化矿山建设过程中存在的不足之处和创新之处,进而全面掌握和科学布局未来南露天煤矿智能化矿山关于矿山设计版块的建设方向或建设内容,见表10-1。

表10-1 南露天煤矿基础建设版块对标

序号	国家能源局建设指南	南露天建设现状
1	智能感知: (传感器、摄像机、无线通信终端、无线定位终端等数字化工具和设备,实现矿山环境数据、采矿装备状态信息、工况参数、移动巡检数据等的全面采集)	卡车驾驶防瞌睡及盲区监测 (监控司机疲劳程度与预警)
2		柴油消耗采集 (剩余、平均、瞬时油耗显示,异常油耗预警)
3		电量采集 (采集记录每日峰谷平电耗数据)
4		煤炭库存及外运数据采集 (上煤刷卡和卡调系统煤破产量统计、火车外运量统计)
5		自卸车料位数据采集 (不同型号卡车料位数据测量、采集、上传、存储、展示)
6		采运设备车载电脑数据采集 [实现了20台车、1台电铲的数据采集 (运行时间、油温、转速、油位)]
7		地面系统PLC状态采集 (对接地面系统接口,实现设备状态信息获取、查询和展示)
8		边坡监测 (监控边坡稳定性与预警)
9		气象数据采集 [采集温度、湿度、降雨(雪)量、风速等采区内的数据]
10		钻机高精定位

表10-1(续)

序号	国家能源局建设指南	南露天建设现状
11	网络建设： （实现主要办公区、主要采区、受控区域、装备作业区等重点区域的网络全覆盖，具备高系统容量、高传输速率、多容错机制、低延时的高性能网络设备）	4G 专网/5G 公网 （坑下无线网络覆盖的基础设施）

智能化系统基本建设内容：信息基础设施结合露天煤矿生产工艺流程，应用自动控制、智能感知等技术对钻机、电铲、卡车、破碎机、带式输送机、排土机等设备及其他基础设施进行数字化改造，完善工业网络及信息安全建设，通过生产设备的自动化、集成化、智能化改造逐步替代人工操作，实现节能减排、减员增效，提高劳动生产率和资源综合利用率。

通过对标分析后，主要从关键数据采集、数据传输两方面简要概述或建议：

（1）数据采集方面：在南露天现有数据采集传感器基础上，增设电铲运行参数和作业参数采集，推土机作业运行参数和作业参数采集等其他设备信息化数据指标，以便后续构建各设备运行状态数据库，进而为设备故障诊断和维护作数据支撑。

（2）基于现有的专网 4G/5G 公网，针对数据主干道、视频主干道等信息传输，建议增设工业以太网等高系统容量、高传输速率的传输渠道。

四、南露天煤矿智能化矿山综合管控平台

智能化矿山技术支撑体系包括智能矿山管控平台、标准体系、数据管理、安全保障四部分，框架如下：

（1）智能矿山管控平台：建设"云网边端"一体化智能矿山生产平台，实现矿山各类设备数据的统一接入和管理，为智慧安全、智慧生产、生产执行、经营管理、智能决策、智能监控、协同管控等应用提供数据及技术支撑服务。

（2）数据管理：汇聚各类业务系统及物联设备数据，打通数据壁垒；统一数据和模型标准，开展矿山数据治理，形成矿山统一数据资产目录，实现矿山数据的集中汇聚和开放共享。

（3）标准体系：制定统一的智能化矿山设备、传输、平台、应用标准规范。

（4）安全保障：优化南露天煤矿安全保障体系，全面构建与南露天煤矿数字化转型相匹配的数字化信息安全保障体系能力，为露天煤矿智能化矿山的建

设、运行提供系统化信息安全保障，保障露天煤矿生产安全，保障数字化南露天煤矿经营办公安全。

（一）五大中心应用规划

为实现矿山智慧大脑的能力目标，拟统一建成 5 个中心和 1 个技术支撑体系，如图 10-1 所示。包括生产管理中心，安全环保中心，管理运营中心，检修服务中心和产业生态中心，以及云网边端一体化平台+数据管理+标准的技术支撑体系。

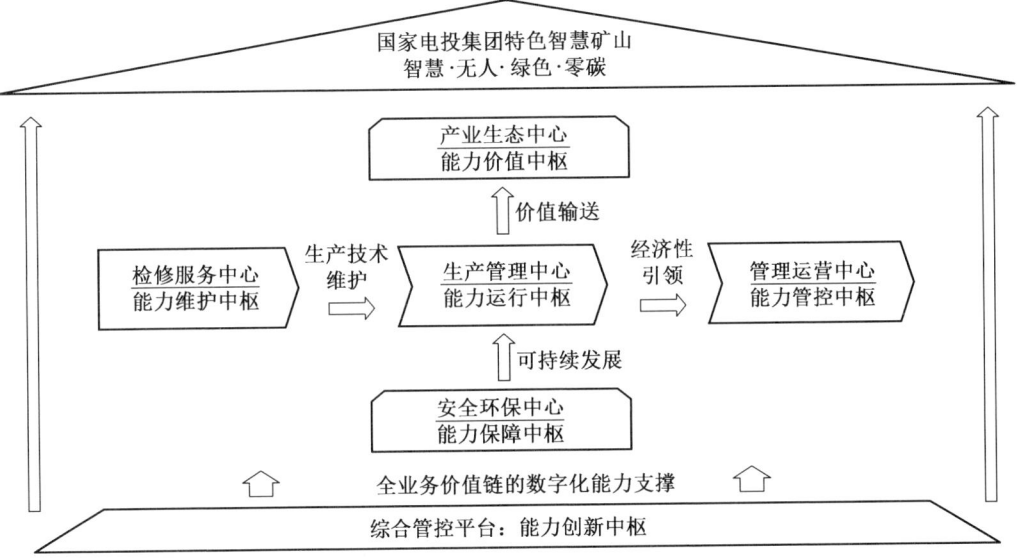

图 10-1　南露天煤矿智能化矿山五大中心应用规划

生产管理中心是智慧大脑中的能力运行中枢，为矿山业务链条提供和输出价值；安全环保中心是智慧大脑中的能力保障中枢，为矿山业务的可持续发展提供保障；检修服务中心是智慧大脑中的能力维护中枢，为矿山业务的运行提供生产技术运维；管理运营中心是智慧大脑中的能力管控中枢，为矿山业务的发展提供经济性的引领；产业生态中心是智慧大脑中的能力价值中枢，为矿山业务的价值变现和创新价值点的连接提供有力支撑。

（二）技术支撑体系规划

技术支撑体系的建设对标国内外先进智能化矿山，围绕智能化矿山"无人、零碳、智慧、绿色"的高阶智能化目标，严格遵循南露天矿的实际建设情况与未来发展需求进行总体建设思路的构建。

通过业务的调研分析同时结合未来的发展路径，设计了生产管理，检修服务，安全环保，管理运营和产业生态5大中心，规划70余项智能化应用建设内容，提炼出智能化应用的共性技术支撑需求，引入云、大、物、移、智、链、5G、虚技术拟现实等新兴技术，打造具备全面感知、实时互联、分析决策、自助学习、动态预测、协同控制的智能矿山生产管控平台，支撑露天采矿设计开发、运维检修、工艺流程、车辆调度、远程指挥、运营管理等各类智能化应用的构建，如图10-2所示。

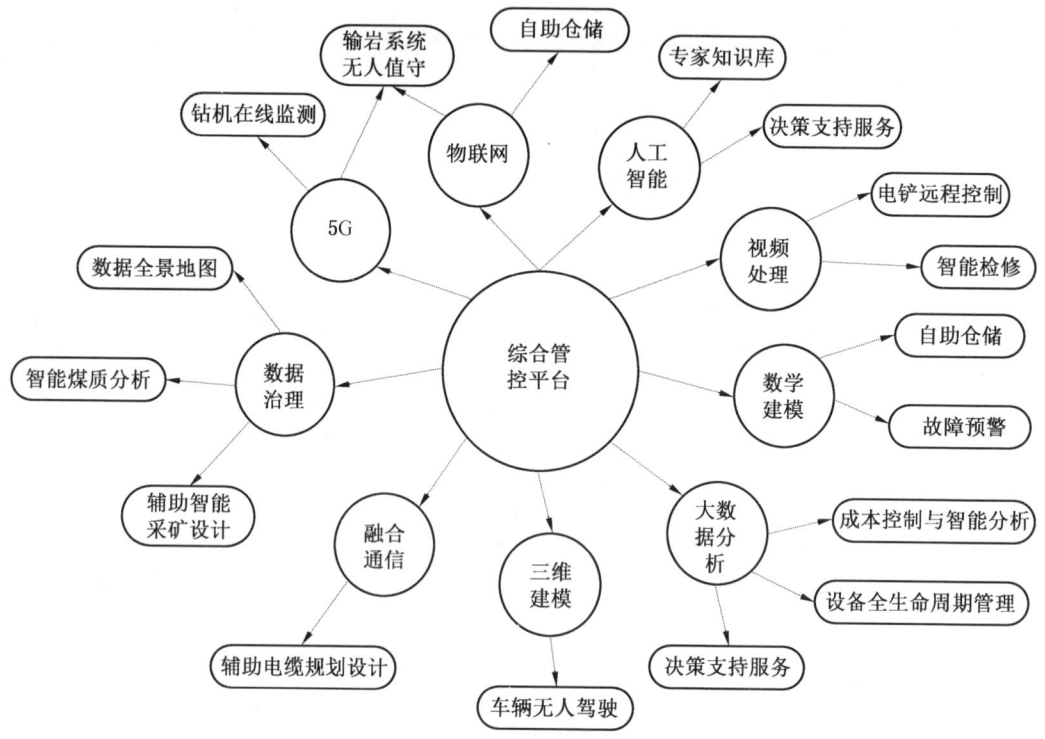

图10-2 南露天矿智能化矿山生产管控平台构思图

五、南露天煤矿智能化矿山建设目标

智能化露天矿山建设以云计算、大数据、物联网及矿业工程专业技术为基础，以露天矿山工业安全、高效、绿色发展为目标，利用物联网技术实现"人—人""人—物""物—物"深度互联能力；基于统一网络传输标准，使爆破、采装、运输、排土、环境等监控系统与机电设备管理、调度通信、工业电视等安全生产技术管理系统得以有机汇接，实现信息共享；利用云计算和大数据技术，对矿山海量数据进行挖掘分析并及时响应，为矿山各管理层面决策提供数据支持；建立统一的矿业协同平台，使矿山爆破、采装、运输、排土等部门协同工作，打破信息孤岛，实现矿山工业的分布式协同工作，最终实现信息采集全覆盖、数据资源全共享、统计分析全自动、业务管理全透明、人机状态全监控、生产过程全记录，形成完整统一的时空框架和信息系统。该目标既提高各业务部门的信息化水平，又实现部门间信息的统一和共享，进一步提高系统的综合应用效果，实现矿山的绿色、安全、高效生产。

实现南露天煤矿智能化矿山可以归结为智慧无人和绿色零碳两个方面：

1. 智慧无人

通过智能化矿山云中心的智能决策模型进行自动决策，保障矿山人、机、环、管全方位的安全，并通过反馈信息主动进行决策再优化。

（1）人员安全方面，应在个体防护和系统防护方面开展研究：个体防护能力方面，应具备人员所处环境参数的实时采集、无线语音通话、视频采集上传与远程调看、危险状态逃生信息的实时获取功能。

（2）系统防护能力方面，应能将矿山环境的实时监测信息、重点区域的安全状态实时评估及预警信息与矿山人员进行实时互联，并具备近感探测功能，从而实现全方位的人员防护。

（3）机电设备安全方面，应具备智能化的设备故障诊断与运维管理能力，具备设备在线点检、损耗性部件周期性更换提示、健康状态实时评估等功能。

（4）环境安全方面，应具备灾害实时在线监测、矿山安全状态实时评估及预测预警、降害措施自动制定能力。

（5）安全管理方面，应具备自动进行风险日常管控、自动定期进行安全风险辨识评估及预警分析、多维度自动统计与分析隐患的能力，具有手持终端现场检查能力，实现隐患排查任务的自动派发、现场落实、实时跟踪、及时闭环管理。

此外，通过智能化露天矿山建设达到少人化的本质安全。主要通过智能化矿山云中心的智能决策模型进行自动决策，保障矿山穿、爆、采、运、排、电的自动高效运行，并通过反馈信息主动进行决策再优化。

露天矿山采掘工作面的设备应具备高效的自动控制能力，从基本的就地控制，到一键启停、远程集控，直至达到理想状态，实现设备的无人化自动控制与巡检；穿爆方面，可实现钻机的自主导航、自主穿孔，装药车炮孔自动定位及智能装药；运输排土方面，应能根据生产计划自动进行智能运输调度、胶带集控、推土机自动找平和智能作业、破碎站工况、消耗件智能监控和无人值守智能作业；供电方面，应能根据生产计划自动实时进行电力调度，且应具备智能防越级跳闸保护功能；排水方面，应具备根据水资源合理利用及峰谷用电负荷、电价等因素自动选择节能排水方式的功能。

2. 绿色零碳

矿上生态修复方面，一是根据排土场作业进度计划，按步骤、分阶段做好生态修复治理工作，开展西排土场、沿帮排土场生态修复专用路、南内排土场提级泵站、煤炭板块生态展览馆等生态修复提档升级建设项目，实现排土场到界区域治理率达到100%。同时，尝试打造特色景区角和排土场经济作物种植工作。二是依托智能矿山管控平台和信息化手段，建设智能化灌溉系统、智能化废水监控和处理系统、智能降尘系统、空天地一体化监控等环境综合管控平台，实时监控矿区粉尘、噪声、污水、土壤、植被生长情况等元素，实现矿山生态环境信息化、精细化、智能化管理。

矿山节能减排方面，一是依托换电重卡、氢能重卡、自卸车、宽体车等设备电气化改造降低柴油消耗总量，同时，建设光伏电站、光储充及氢能示范应用电站，提高可再生能源占比，实现二氧化碳减排目标。二是依托大数据管控平台，实现能耗在线监控及预警分析，实现精细化能源管理，减少能源浪费，同时，按设备技术改造及淘汰更新计划，分阶段、分步骤有序推进电铲、自卸车、工程车等设备的节能技术改造及落后设备的淘汰更新。借助绿色智慧无人矿山大数据管控平台，实施露天采矿设计开发、运维检修、工艺流程、车辆调度、远程指挥、运营管理等各类智能化应用，优化生产参数、优化运输路线，提高爆破、采掘、破碎、运输等过程效率，提升整体开采效率，降低能耗水平。

挖掘机采装作业部分

第十一章 挖掘机采装作业安全技术基础知识

第一节 挖掘机专业技术基础知识

一、挖掘机概述

挖掘机,又称挖掘机械或者挖土机,是用铲斗挖掘高于或者低于承机面的物料,并装入运输车辆或卸至堆料场的土方机械。挖掘机械是工程机械的一种类型,是土石方开挖的主要机械设备。各种类型的挖掘机已广泛应用在工业与民用建筑、交通运输、水利电力工程、农田改造、矿山采掘,以及现代化军事工程等机械化施工中。挖掘机采装物主要是土壤、煤、泥沙以及经过预松后的土壤和岩石。挖掘机的发展速度相对较快,已经成为工程建设、矿山开采的主要机械设备。

(一) 国外发展概况

1836 年机械式挖掘机首先在美国出现,该机斗容为 $1\ m^3$,采用蒸汽机驱动。1899 年出现了电动机驱动的挖掘机,1912 年出现了内燃机驱动的挖掘机。挖掘机开始多采用轨轮行走,然后采用履带行走,至此机械式挖掘机基本定型。露天矿以使用机械式单斗挖掘机为主。

目前铲斗容量从 $1\ m^3$ 以下到 $168\ m^3$,变化范围很大,品种繁多。挖掘机生产基本上以美国的机械式电动挖掘机、德国的斗轮式挖掘机、法国的全液压挖掘机为代表。

(二) 国内发展概况

我国从 1954 年开始生产单斗挖掘机。我国生产的挖掘机有机械式和液压式两种,机械式又分为内燃机和电动机两种驱动方式。我国生产挖掘机的厂家主要有抚顺挖掘机厂、太原重型机器厂、杭州重型机械厂和上海建筑机械厂等。

太原重型机器厂生产斗容 $4\sim55\ m^3$ 的挖掘机,全部采用电动式。WK-10B 型挖掘机是与美国 P&H 公司合作生产的、采用可控硅供电的挖掘机。太原重型机器厂自行研制的 WK-12C 型、WK-20 型、WK-35 型、WK-55 型（以下简称太重系列）挖掘机则采用交流变频调速系统控制，可靠性较好。

（三）发展趋势

随着科学技术的发展和社会的进步，数字化、智能化等先进技术已经应用于挖掘机，挖掘机远程控制技术已经在霍林河南露天煤矿试用。电铲在线监测系统与故障诊断系统等科技项目和创新成果已经在霍林河南露天煤矿正式应用。

1. 多功能化

中小型挖掘机通过更换不同的工作机构来完成多种作业。如液压挖掘机可以更换反铲、正铲、抓斗，装载挖掘平整装置、液压锤和起重装置等多种作业装置，有利于提高劳动生产率，降低成本。

2. 自动化

一些大型挖掘机采用自动控制、自动监视装置、电子程序控制、远程控制、无线电操纵等新技术，实现自动化。

3. 驱动方式多样化

大型挖掘机多采用电机驱动的机械式，中小型挖掘机则趋于液压式或气动-液压式驱动，如气密式离合器、新型电磁离合器的应用。

4. 先进化

各国厂商不断进行试验和研究，在减轻机重、提高生产率、方便操控、延长使用寿命等方面不断取得新成果，使挖掘机技术和质量不断提高，如采用合金高强度钢材、改进热处理工艺、应用交流变频调速技术等。

二、采装设备的类别及参数

（一）按铲斗数量分类

挖掘机按铲斗数量可分为单斗挖掘机和多斗挖掘机。

1. 单斗挖掘机

单斗挖掘机是指只有一个铲斗的挖掘机。单斗挖掘机发展较早，技术较为成熟，在国内露天矿生产中应用最为广泛。

（1）机械式单斗挖掘机。机械式单斗挖掘机在工作时，其工作机构采用钢丝绳、齿轮、齿条、链条等进行传动，这类挖掘机在露天矿生产中应用最为广泛。

（2）电动单斗挖掘机。电动单斗挖掘机是以电动机输出动力来带动电气和气压装置，以及各种离合器、抱闸、制动器等进行工作的。挖掘机的电动机数量与挖掘机的大小和所采用的机械制造工艺有关。由于挖掘机的斗容越来越大，通常情况下采用多电机形式，这样有利于机械操作和生产设备稳定。

2. 多斗挖掘机

多斗挖掘机是指具有两个以上铲斗的挖掘机。多斗挖掘机是一种较先进的挖掘设备，由于其采用多斗采挖，所以效率较高。多斗挖掘机主要用于连续工艺，国内应用不多，云南小龙潭矿务局有限责任公司采用多斗挖掘机挖掘土方和煤炭已有近20年的历史，目前还在使用。神华准格尔能源公司黑岱沟露天煤矿上部采用轮斗—带式输送机工艺，使用两套德国生产的紧凑型轮斗系统。多斗挖掘机在欧洲一些国家应用较多。多斗挖掘机有多种形式，一般常用的是轮斗挖掘机和链斗挖掘机。

（二）按行走方式分类

1. 履带式挖掘机

履带式挖掘机在行走时，其行走装置采用履带。由于露天矿采用的挖掘机行走较少，质量较大，如P&H1800型、395B型挖掘机的质量将近1000 t，太重系列WK-35、WK-55型以及比塞洛斯公司的495HR型挖掘机整机质量都在1000 t以上，所以矿山生产一般采用履带式。

2. 轮式挖掘机

轮式挖掘机的行走装置采用轮式系统。

（三）按工作装置形式分类

1. 正铲挖掘机

正铲挖掘机是露天矿生产中最常用的一种采矿机械，主要用于采矿和剥离，其特点是"前进向上，强制切土"。正铲挖掘机挖掘力大，能开挖停机工作面以上的土，宜用于开挖高度大于2 m的干燥基坑，但必须设置上下坡道。正铲挖掘机的挖斗比同当量的反铲挖掘机的挖斗要大一些，可以开挖含水量不大于27%的一至三类土，且与自卸汽车配合完成整个挖掘运输作业；还可以挖掘大型干燥基坑和土丘等。正铲挖土机的开挖方式根据开挖路线与运输车辆相对位置的不同，挖土和卸土的方式有两种：正向挖土，侧向卸土；正向挖土，反向卸土。根据露天矿的生产规模，挖掘机的铲斗容量也从1 m^{3}到上百立方米不等，但随着露天矿的生产规模不断扩大，4 m^{3}以下的挖掘机已经基本被淘汰。如美国最大铲斗卡容已达到130 m^{3}以上，挖掘高度达到58 m以上，最大挖掘半径达到67 m以上，设备大型化基本成为主流。

2. 反铲挖掘机

反铲挖掘机与正铲挖掘机的工作原理相反，反铲挖掘机是最常见的，向后向下，强制切土。反铲挖掘机可以用于停机作业面以下的挖掘，基本作业方式有：沟端挖掘、沟侧挖掘、直线挖掘、曲线挖掘、保持一定角度挖掘、超深沟挖掘和沟坡挖掘等。

（四）按用途分类

1. 建筑型单斗挖掘机

建筑型单斗挖掘机按行走装置不同，可以分为汽车式、轮胎式、履带式，可以根据需要更换不同用途的作业装置（正铲、反铲、拉铲、起重等），主要以反铲为主。目前建筑型单斗挖掘机已向全液压化发展，形成了液压式单斗挖掘机系列。

2. 剥离型单斗挖掘机

剥离型单斗挖掘机分为步行式和履带式，我国生产的剥离型正铲挖掘机，是在采矿型正铲挖掘机的基础上，减小斗容，增加动臂长度演变而来的，一般斗容在 6 m^3 以下。该类挖掘机剥离能力强，工作范围大，主要用于露天矿剥离或采掘有用矿物。

3. 采矿型单斗挖掘机

采矿型单斗挖掘机只装有一种正铲工作装置，目前各露天矿使用的大都是此类挖掘机。这类挖掘机挖掘力大，可直接挖掘爆破后的岩石。

三、常用采装设备、主要参数及使用条件

目前内蒙古公司所属露天煤矿使用机械式单斗挖掘机、液压挖掘机和轮斗挖掘机。其中，机械式单斗挖掘机主要型号有 WK-10B、WK-12C、WK-20、WK-20C、WK-27、WK-35、EKG-10、EKG-15、495HD；液压挖掘机主要型号有 PC-1250、CAT385C。

（一）常用采装设备

1. 机械式单斗挖掘机

机械式单斗挖掘机又称电铲，是以"电"为动力源的采掘设备。机械式单斗挖掘机通过推压机构、行走机构、提升机构、回转机构及工作装置协同作用，完成挖掘和卸载过程。

机械式单斗挖掘机的工作传动装置都是由能快速反应的电动机驱动的，接入电源为三相 6 kV 高压交流电，通过接在挖掘机底架梁尾部的电缆供给矿用挖掘机，经过机内主变压器变压后提供给各个传动系统，经过辅助变压器变压后提供给照明及空调等辅助装置。机械式单斗挖掘机的主要结构包括提升机构、回转机构、推压机构及行走机构。提升机构和回转机构安装在平台上部；推压机构安装在起重臂上，电机通过皮带或者齿轮经过减速机驱动推压轴工作，实现斗杆的推压和回拉的动作；行走机构安装在底架梁后部，由行走电动机通过减速机传递运动，电机的正反向转动，实现电铲的前进和后退。

机械式单斗挖掘机的各个机构（提升机构、回转机构、推压机构、行走机

构）都有独立的制动系统，并且所有的制动器在挖掘机处于停机状态或机构突然断电时进行制动。一旦机器的压气系统压力消失，所有制动器都会自动由弹簧完成制动控制。

2. 液压挖掘机

液压挖掘机是一种多功能机械，在水利工程、交通运输、矿山采掘等领域被广泛应用。液压挖掘机能有效提高工作质量并能适应恶劣环境，在提高建设速度及生产率方面起着十分重要的作用。它以履带驱动装置或者轮式驱动装置为行走机构。液压挖掘机主要由发动机、液压系统及工作装置等组成，其典型的工作循环如下：

（1）在挖掘坚硬的冻土层或坚硬的岩石时应提前进行松动爆破，以铲斗缸动作为主，在有特殊要求的挖掘动作中，使铲斗缸、斗杆缸和动臂缸三者复合动作，以保证铲斗按特定的轨迹运动。

（2）满斗提升及回转挖掘结束，铲斗缸推出，动臂缸升起，满斗提升，同时回转马达启动，转台向卸土方向回转。

（3）卸载转台转到卸载地点，转台制动斗杆缸调整卸料半径，铲斗缸收回，转斗卸载。当对卸载位置及高度有严格要求时还需要动臂配合动作。

（4）卸载结束后转台向反向回转，同时动臂缸与斗杆缸配合动作，使空斗下放到新的挖掘位置。

3. 轮斗挖掘机

轮斗挖掘机又称斗轮挖掘机。轮斗挖掘机是依靠装在臂架前端的斗轮转动，由斗轮周边的铲斗轮流挖取剥离物或矿产品的一种连续式多斗挖掘机。

轮斗挖掘机用于大量土方的挖掘、矿场的剥离和采掘，以及大型料场的装卸作业，生产率高、挖掘力较大，可以直接挖掘较坚硬的土壤。轮斗挖掘机在大型建筑、水利工程和矿场中，常与运输设备等配套，组成连续作业线。轮斗挖掘机按生产率或机重不同分为小型、中型、大型、特大型和巨型。大型以上轮斗挖掘机挖掘力大，常用于采矿。轮斗挖掘机是在链斗挖掘机、单斗挖掘机和其他采掘设备的基础上逐步发展起来的，是连续化作业设备中比较理想的多斗挖掘设备，也是世界上最大的成套挖掘设备之一。目前扎哈淖尔煤业公司连续系统采用轮斗挖掘机。

（二）主要参数

挖掘机的主要参数一般包括斗容、最大挖掘半径、最大挖掘高度、最大卸载高度、最大卸载半径及爬坡能力等。单斗挖掘机主要参数见表11-1，液压挖掘机主要参数见表11-2。

表11-1 单斗挖掘机主要参数

参数	WK-12C型	WK-20C型	WK-35型	EKG-10型
标准斗容量/m³	12	20	35	10
最大提升力/kN	1110	1770	2150	—
最大推压力/kN	541	765	850	490
履带最大牵引力/kN	2565	3874	4520	—
名义行走速度/(km·h⁻¹)	0.89	1.3	0.76	0.7
工作循环时间/s	29	—	30	26
爬坡能力/(°)	13		7	12
履带板平均接地比压/kPa	253	295	330	278
工作质量/t	490	845	1035	360
配重/t	75	145	228	45~50
理论生产率/(m³·h⁻¹)	1490	2128	4200	—
最大挖掘半径/m	18.9	21.4	24	18.40
最大挖掘高度/m	13.53	14.1	16.2	12.5
最大卸载半径/m	16.25	19.4	20.9	16.30
最大卸载高度/m	8.60	8.9	9.4	8.60
最大卸载高度时的卸载半径/m	15.58	19.3	18.4	—
停机平面上的最大挖掘半径/m	13.0	13.3	15.8	12.6
最大挖掘深度/m	—	1.75	1.75	
斗杆的有效长度/m	9.25	10.04	—	
顶部滑轮上缘距停机平面的高度/m	13.80	17.25	18.54	
平台尾部回转半径/m	7.35	9.74	9.95	7.78
输入电压/kV	6	3~11	6	—
主变压器容量/(kV·A)	1000	2000	2000	
辅助变压器容量/(kV·A)	160	250	500	
推压电动机功率/kW	250	400	500	
提升电动机功率/kW	2×350	2×750	2×850	
回转电动机功率/kW	2×160	2×350	2×450	
行走电动机功率/kW	2×130	2×500	2×500	
开斗电动机功率/kW	11	11	11	

表11-2 液压挖掘机主要参数

参数	PC-1250SP-8型	CAT385C型
铲斗容量/m³	6.7	5.7
最大挖掘深度/m	7.9	2.85
最大挖掘半径/m	14.07	10.35

表11-2(续)

参数	PC-1250SP-8型	CAT385C型
最大挖掘高度/m	13	11.26
最大挖掘力/kN	569	—
行走速度/(km·h^{-1})	3.2	4.5
尾部回转半径/m	4.87	4.59

(三) 使用条件

挖掘机主要应用于露天矿山工程，通过连续或者半连续开采工艺将剥离物和矿物开采出来，运送到指定地点。液压挖掘机可以用于停机作业面以下的挖掘作业。

四、采装设备的结构及工作原理

本书以WK-12C型挖掘机为主要介绍对象，重点讲述WK-12C型挖掘机的结构及工作原理。

WK-12C型挖掘机（图11-1）适用于年产量1×10^7吨级以上的露天矿山，可与90~110吨级矿用汽车配套使用。WK-12C型挖掘机主要用于剥离和采掘露天矿山的岩石及矿石，也可以用于水电建设工程中的土石方挖掘作业。

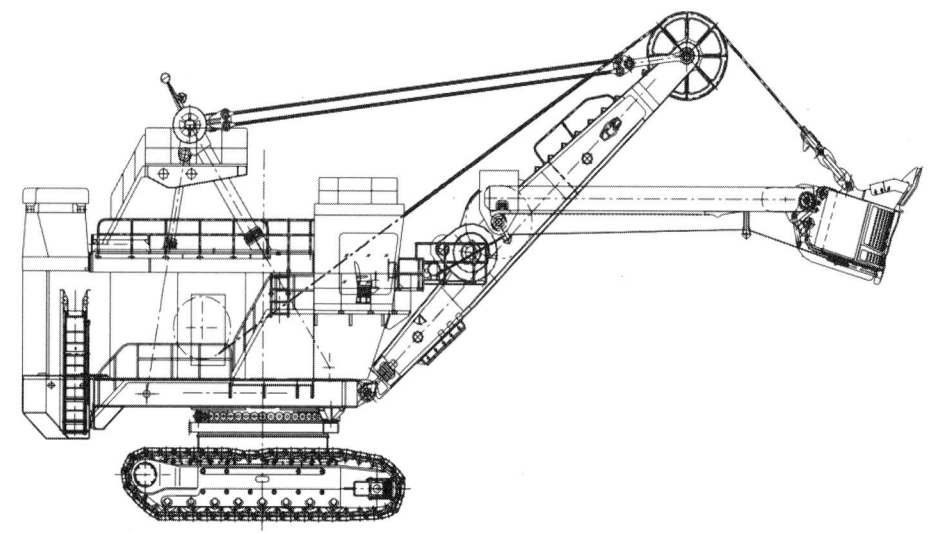

图11-1 WK-12C型挖掘机结构

(一) 机械部分

1. 工作装置

工作装置（图11-2）包括：铲斗、斗杆、开斗机构等。工作装置采用单梁挺杆式起重臂、双斗杆齿轮—齿条推压机构。在推压机构中配置了气囊力矩限制器，以限制推压机构承受的最大动负荷。

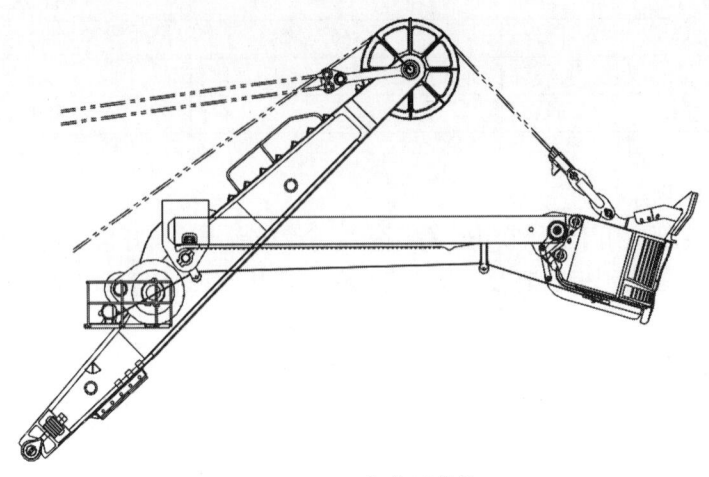

图 11-2　工作装置结构

1）铲斗

铲斗（图 11-3）采用铸钢—焊接结构，铲斗由斗体、缓冲装置、斗底装置、提梁、斗齿、滑轮壳等零部件组成。

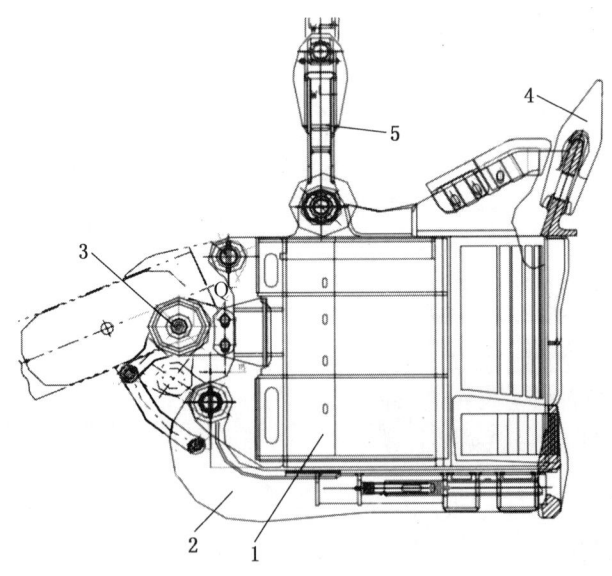

1—斗体；2—斗底装置；3—缓冲装置；4—斗齿；5—提梁
图 11-3　铲斗结构

在铲斗的各个主要联结销轴处都安装注油嘴。这些注油嘴是以注油的方式来清除销轴上的粉尘等异物的,同时对这些运动副进行润滑,以减缓粉尘对零部件造成的磨损。

(1) 斗体。斗体(图11-4)采用铸—焊结构。除斗唇部位和斗栓孔部位使用耐磨损的铸件外,其余部位均由高强度的钢板焊接而成。

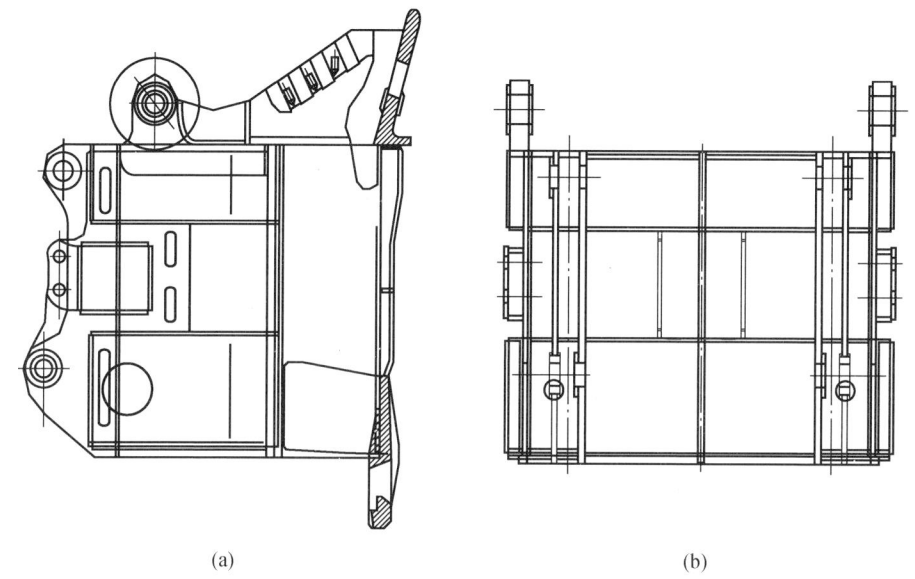

图11-4 斗体结构

(2) 斗底装置。斗底装置(图11-5)由斗底板、斗栓、斗栓杠杆、支座、调节垫片等组成。调整支座内垫片的厚度,进而调整斗栓插入斗栓孔的深度,斗栓插入斗栓孔的深度以 19~25 mm 为宜。

(3) 提梁。提梁(图11-6)连接斗体和均衡梁,为重型焊接件,提梁与滑轮壳通过销轴连接。

(4) 组合斗齿。组合斗齿(图11-7)由齿座、齿尖、耐磨帽、C形卡板、楔铁及其他联结件组成。齿座用C形卡板和楔铁与斗前壁连接,安装简单可靠。

2) 斗杆

斗杆(图11-8)由后挡板组件、焊接整体齿条、整体焊接双斗杆、压杆等组成。

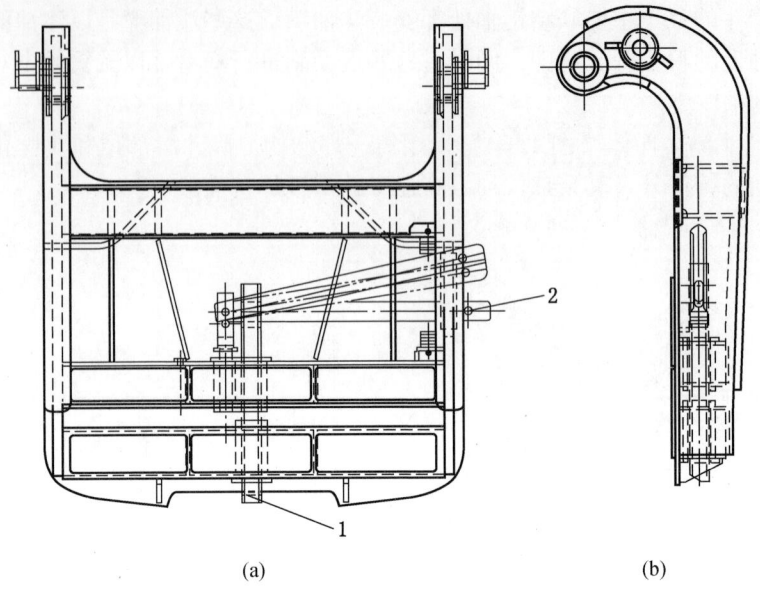

1—斗栓；2—开斗杠杆

图 11-5 斗底装置结构

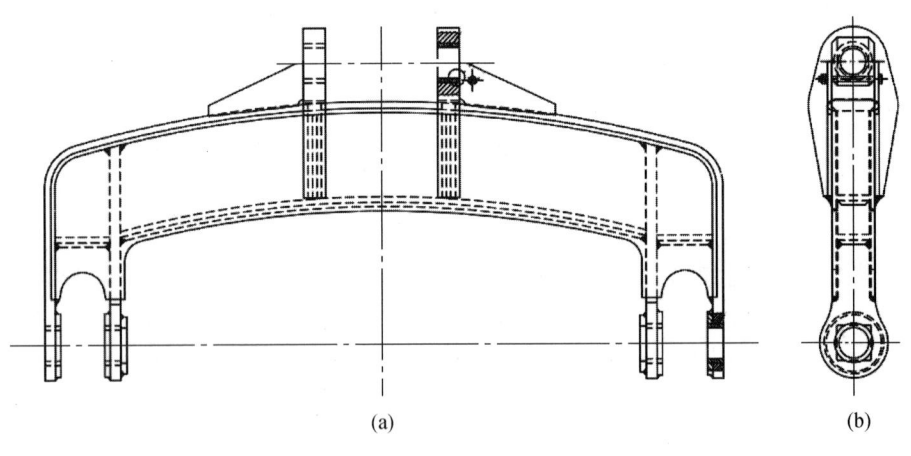

图 11-6 提梁结构

通过更换不同长度的压杆，可以调整铲斗的安装角度。这种结构的双斗杆具有强度高、质量轻、维护量少的特点，由低合金高强度钢板焊接而成。为保护双斗杆和压杆的连接销孔，在其内部镶有合金钢淬火钢套。

第十一章 挖掘机采装作业安全技术基础知识

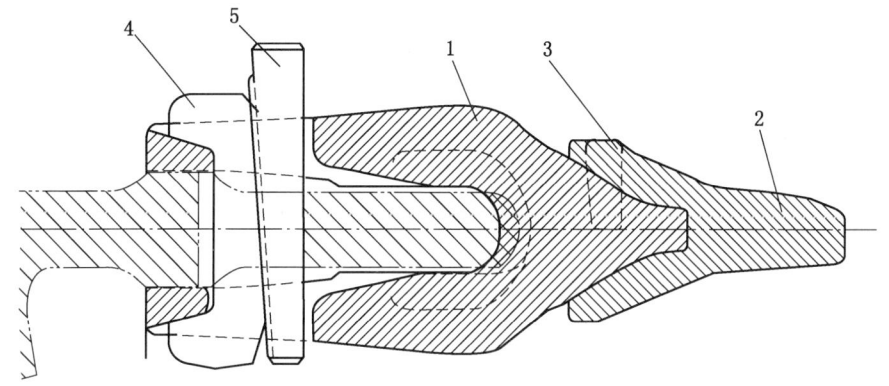

1—齿座；2—齿尖；3—销子；4—C型卡板；5—楔铁

图 11-7 组合斗齿结构

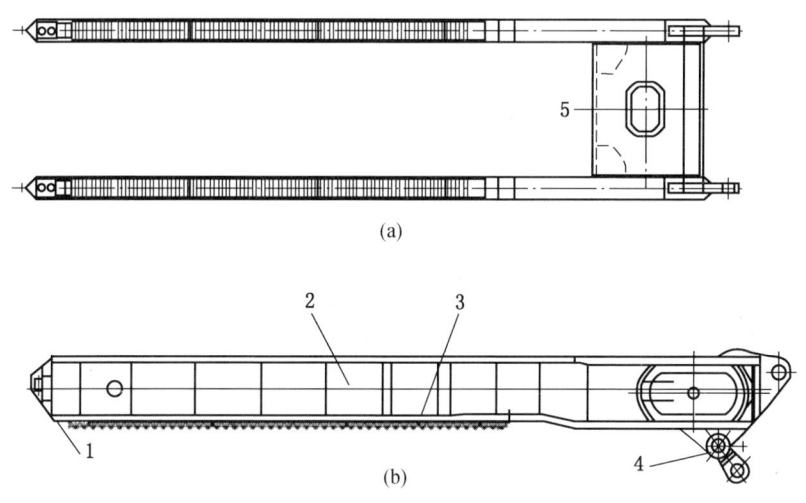

1—后挡板；2—斗杆；3—整体齿条；4—压杆；5—连接筒

图 11-8 斗杆结构

整体齿条的前部配置了对斗杆回收行程进行机械限位的挡板。齿条采用合金钢铸件，并经过调质处理，使用寿命长。更换齿条时，应用电弧气刨将齿条与斗杆间的焊缝刨开，即可更换。

WK-10B 型挖掘机 90% 以上的斗杆故障是因裂纹导致的。根据现场多年的使用情况，经常在斗杆连接筒位置出现裂纹，分析其受力形式同时借鉴其他最新型号挖掘机的应用情况，逐步采用上羊角斗杆（图 11-9），WK-20C 型、WK-

27型、WK-35型挖掘机斗杆均为上羊角斗杆形式。

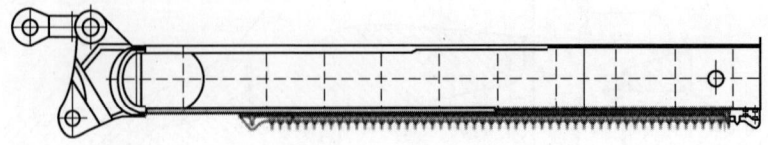

图11-9　上羊角斗杆结构

3) 开斗机构

开斗机构（图11-10）由开斗电动机、开斗卷扬机、滑轮组件、开斗钢丝绳等组成。

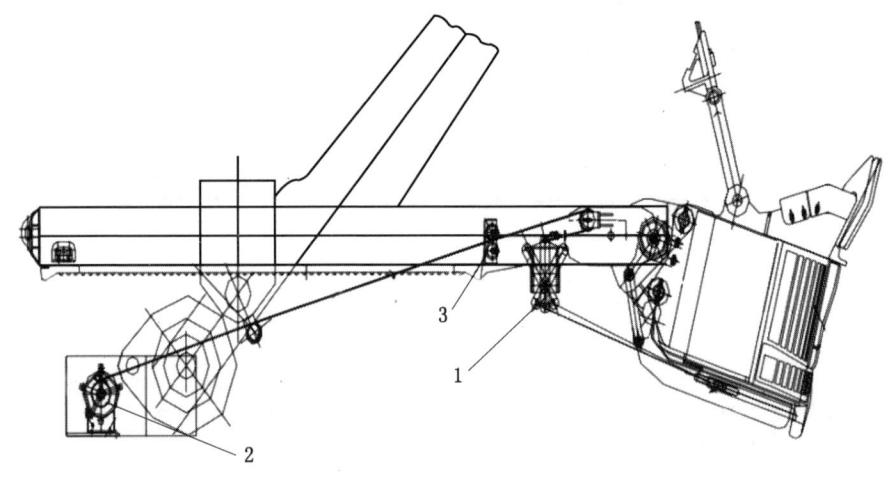

1—开斗摆臂装置；2—开斗卷扬机；3—滑轮组件
图11-10　开斗机构结构

开斗机构安装在起重臂的平台上。开斗电动机通过一级开式渐开线直齿圆柱齿轮传动带动卷筒转动牵引开斗钢丝绳。开斗钢丝绳一端由螺栓、压板固定在卷筒上；另一端穿过设置在鞍座上的导向滑轮及斗杆滑轮架组件、换向滑轮、开斗装置与铲斗上的链条组件连接，通过开斗杠杆牵引斗栓打开斗底板。鞍座和斗杆上设置的三组定滑轮是为开斗钢丝绳导向的。开斗电动机为卧式安装的单轴伸结构，其轴伸为圆锥形。

开斗卷扬机（图11-11）由小齿轮、内齿轮、轴、滚动轴承、卷筒、座、平键、齿轮罩、密封圈、紧固件等主要零部件组成。

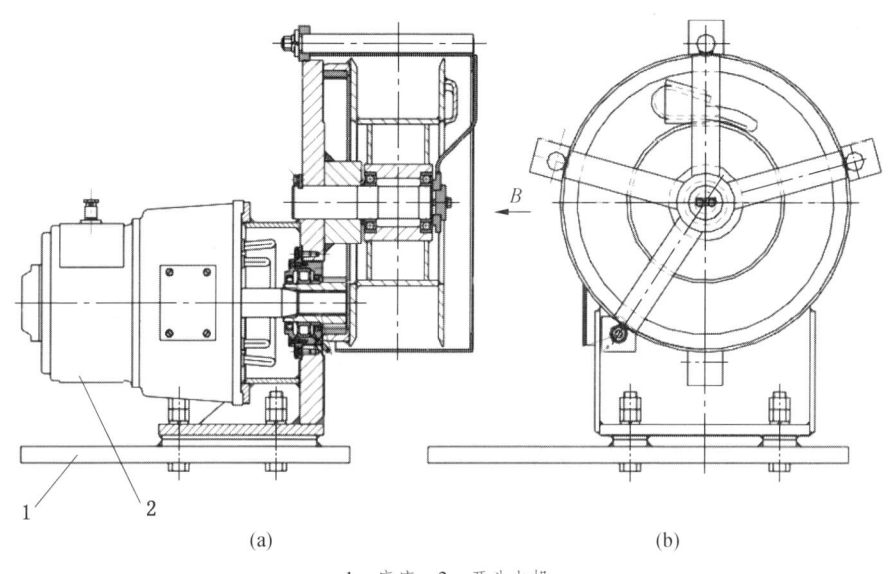

1—底座；2—开斗电机

图 11-11 开斗卷扬机结构

工作装置的工作原理：电铲通过提升机构、推压机构、回转机构和行走机构的协同作用完成铲斗的挖掘过程，货物装车时通过推压机构、回转机构、提升机构和开斗机构实现铲斗的卸货过程。

2. 推压机构

推压机构（图 11-12）由推压电动机、起重臂、中间轴、推压轴装置、推压制动器、头部滑轮、缓冲器、齿轮罩、销轴、拉杆、梯子、平台、栏杆等组成。推压机构布置在起重臂的中下部，采用两级支齿齿轮传动。末级小齿轮与齿条啮合，构成齿轮—齿条推压方式。推压机构的中间轴和推压轴安装在起重臂结构件中。

1）推压电动机

推压电动机（图 11-13）为卧式安装的双轴伸结构，两端轴伸均为圆锥形。在右侧轴伸上安装推压电动机小齿轮。推压电动机小齿轮是渐开线直齿圆柱齿轮，采用渗碳钢锻件制作，在左侧轴伸上安装推压制动器组件的连接轮毂。

2）起重臂

起重臂是采用低合金高强度钢板和低碳钢铸件制成的箱型焊接结构件。在起重臂上有推压机构的传动齿轮箱。

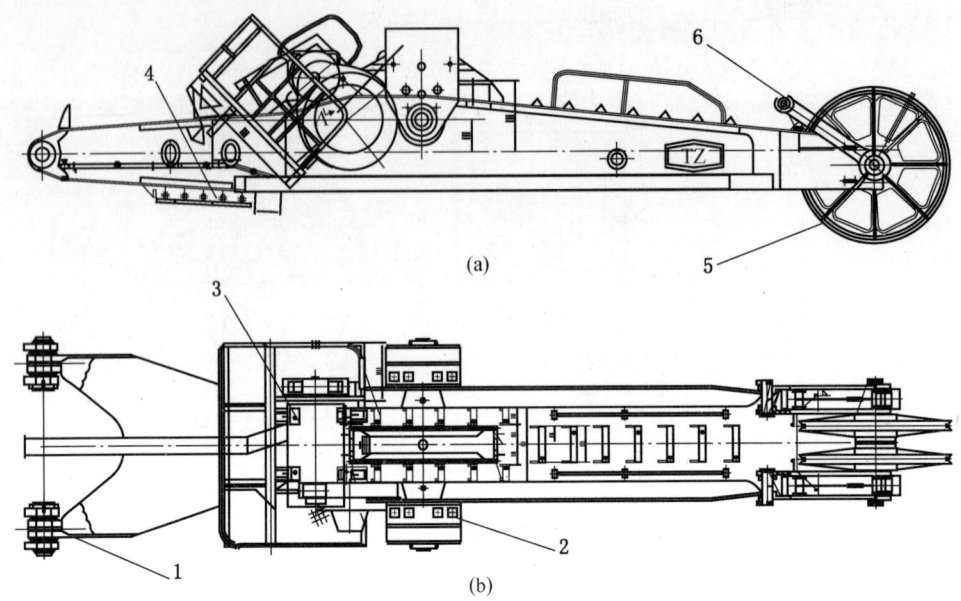

1—跟脚销；2—鞍座；3—推压电动机；4—起重臂缓冲装置；5—顶部滑轮；6—拉杆

图 11-12　起重臂与推压机构结构

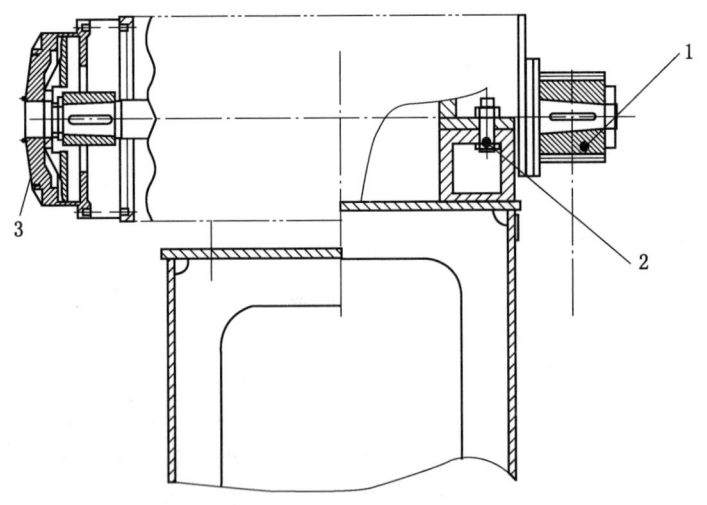

1—推压电动机齿轮；2—推压电动机地脚螺栓；3—推压制动器

图 11-13　推压电动机结构

顶部滑轮轴承的安装孔采用压盖结构，便于安装和拆卸，改善了装配、维护的工艺性。由起重臂下盖板边缘延伸出的保护梁，既可以提高起重臂的强度和刚度，又可以限制斗杆在挖掘时的左右摆动。保护梁改善了推压小齿轮和齿条的啮合状态，有利于提高零部件的使用寿命。起重臂的跟脚采用大跨距双边简支梁即销轴的连接方式。

3）推压中间轴

推压中间轴（图11-14）由大齿轮、小齿轮、中间轴、支承轮、摩擦轮、滚动轴承、气囊、闸瓦、气管接头、齿轮罩、密封圈、紧固件等主要零部件组成。

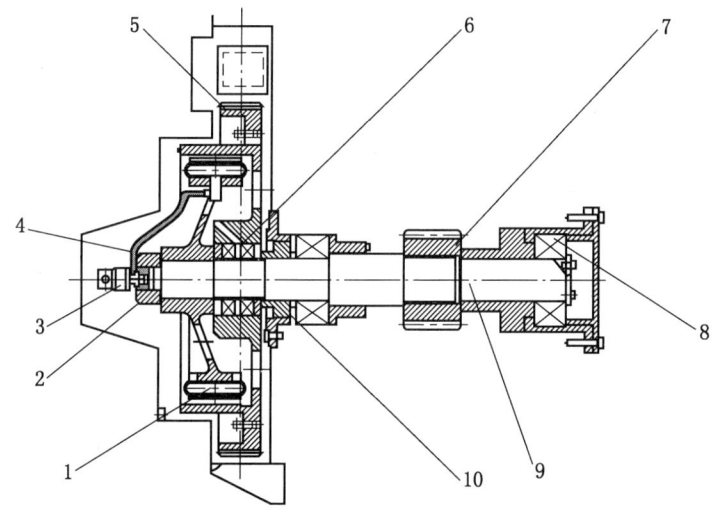

1—气囊；2—螺母；3—气管接头；4—气管；5—齿轮；6、8、10—轴承；7—齿轮；9—轴

图11-14 推压中间轴结构

摩擦轮通过滚动轴承套在中间轴上，摩擦轮与大齿轮采用精制螺栓连接。大齿轮是渐开线直齿圆柱焊接齿轮，轮缘采用渗碳钢锻件制作。

在支撑轮和摩擦轮之间安装有气囊。气囊内径与支承轮采用螺栓连接，气囊外径安装有闸瓦。压缩空气通过气管接头进入气囊充气膨胀，闸瓦上的摩擦片贴紧摩擦轮即可传递运动。中间轴的气囊，用来限制推压机构传递的最大扭矩。当推压机构传递的扭矩大于气囊传递的最大扭矩时，气囊上闸瓦的摩擦片与摩擦轮产生相对滑动、释放能量，以实现力矩限制和保护设备的目的。

气囊是通过输入额定压力的压缩空气来传递固定力矩和力矩限制的。调整压缩空气的压力，可以改变气囊传递的最大力矩。此外，闸瓦上的摩擦片磨损后，通过气囊变形可以自动补偿摩擦片磨损后的尺寸误差。

4)推压轴装置

推压轴装置(图11-15)由推压轴、推压大齿轮、两个推压小齿轮、轴套、垫圈、鞍座、调整垫板、卡子等组成。推压大齿轮和两个推压小齿轮均采用渐开线花键与推压轴连接。推压大齿轮是渐开线直齿圆柱焊接齿轮,轮缘采用合金钢锻件制作。推压小齿轮是由两段圆弧构成的直齿圆柱齿轮,采用合金钢锻件制作。推压大齿轮两侧安装的卡子用来调整推压大齿轮和中间轴小齿轮的啮合位置。

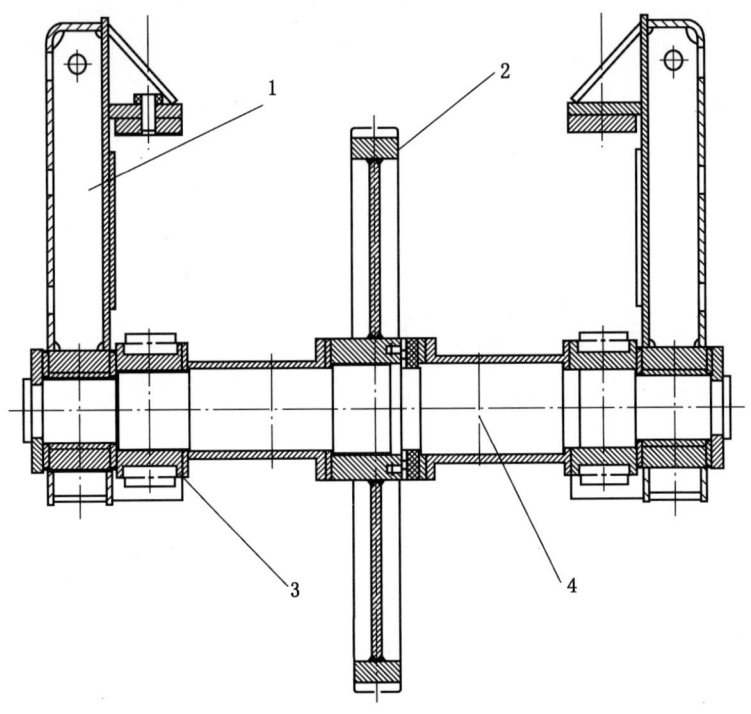

1—鞍座;2—齿轮;3—推压齿轮;4—推压轴

图11-15 推压轴装置

(1)鞍座。鞍座(图11-16)由轴套、鞍座体、下横板、销轴、紧固件等组成。鞍座安装于推压轴轴端两侧,用来限制斗杆在固定轨道上完成推压和收回动作。

(2)推压制动器。推压制动器(图11-17)安装在推压电动机的连接法兰上。推压制动器组件采用气动盘式制动器。推压制动器组件使用的气压为(539~834)kPa。由于推压制动器组件用于露天环境,应及时安装防雨罩。

推压机构的工作原理:推压电动机通过气囊力矩限制器,采用两级直齿齿轮

第十一章 挖掘机采装作业安全技术基础知识

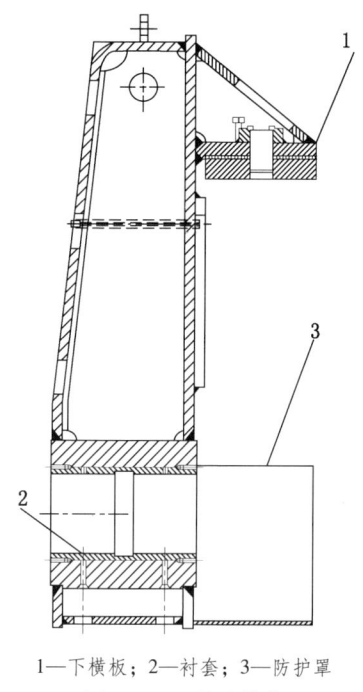

1—下横板；2—衬套；3—防护罩

图 11-16 鞍座结构

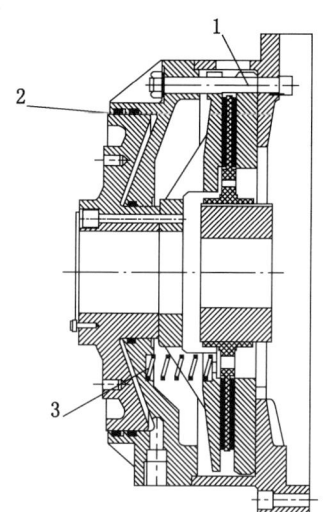

1—导柱；2—防尘圈；3—主弹簧

图 11-17 推压制动器结构

传动，末级小齿轮与齿条啮合，构成齿轮—齿条推压方式，推压电动机的正反向转动实现机构的推压和收回动作。

3. 提升机构

提升机构（图 11-18）布置在回转中心后部，使得高低压集电环可以全部安装在回转平台上，有利于对集电环进行安装和维护。提升机构采用双电机共同驱动。

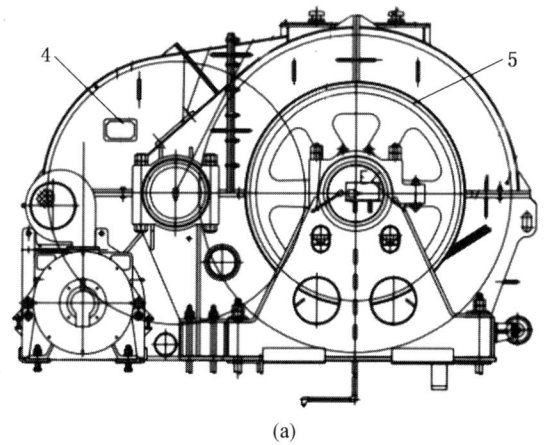

(a)

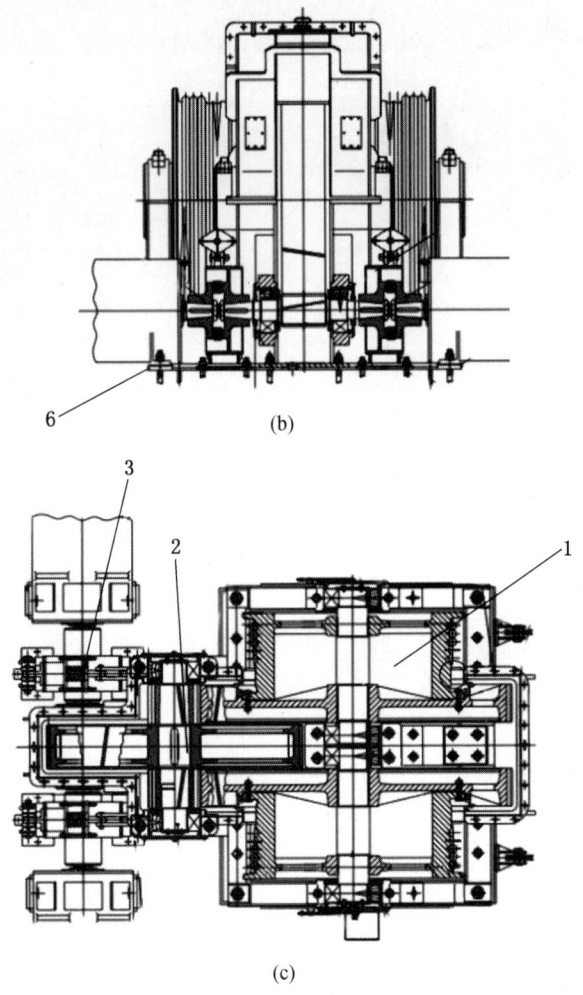

1—提升Ⅲ轴；2—提升Ⅱ轴；3—提升Ⅰ轴；4—前盖；5—后盖；6—提升电动机

图 11-18　提升机构结构

提升机构由提升电动机、提升Ⅰ轴、提升Ⅱ轴、提升Ⅲ轴（右）、提升Ⅲ轴（左）、提升制动器、弹性联轴器、机构支座、齿轮箱盖、连接件等组成。

1）提升Ⅰ轴

提升Ⅰ轴（图 11-19）是提升减速机的输入轴。提升Ⅰ轴由轴齿轮、滚动轴承、挡油圈、甩油盘、平键、螺母、垫圈等组成。轴齿轮为左旋的渐开线斜齿圆柱齿轮，在两端的轴伸上各安装一个半联轴器。轴齿轮与半联轴器采用平键连接。

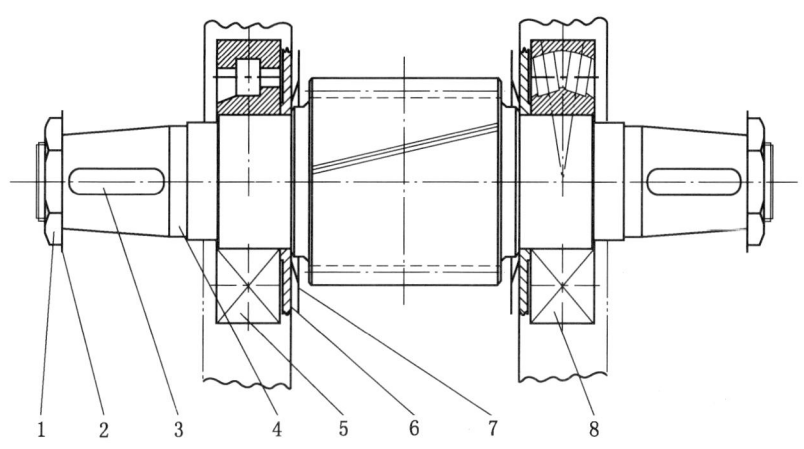

1—扁螺母；2—止退垫；3—键；4—轴齿轮；5、8—轴承；6—挡油圈；7—甩油盘

图 11-19　提升 I 轴结构

2）提升 II 轴

提升 II 轴（图 11-20）是提升减速机的中间轴。提升 II 轴由齿轮、小齿轮（右旋）、小齿轮（左旋）、II 轴、挡油圈、平键、压板、螺栓等组成。中间轴上的大齿轮和 II 轴采用双平键连接，大齿轮为右旋的渐开线斜齿圆柱齿轮。大齿轮两边的小齿轮和 II 轴采用渐开线花键连接，这两个小齿轮为对称的左右旋的渐开线斜齿圆柱齿轮。大齿轮是渐开线斜齿圆柱焊接齿轮，轮缘采用合金钢锻件制作。

3）提升 III 轴

提升 III 轴（图 11-21）是提升减速机传动齿轮的输出轴。提升 III 轴由卷筒大齿轮、卷筒和卷筒轴等组成。卷筒大齿轮与卷筒依靠止口定位，用螺栓连接成一体。卷筒的绳槽表面经过表淬处理，耐磨损，使用寿命长。卷筒大齿轮（右旋）和卷筒大齿轮（左旋）均为渐开线斜齿圆柱焊接齿轮，轮缘采用合金钢锻件制作。卷筒密封采用两道粉末冶金制作的并可浮动的新型结构，可以有效阻止齿轮箱内的稀油渗漏。

需要注意的是，为了确保卷筒密封效果和延长密封圈的使用寿命，应及时向密封圈填充润滑脂。

4）提升制动器

提升制动器（图 11-22）采用气动盘式制动器。提升制动器组件使用的气压为（539~834）kPa，给风松闸、排风抱闸。

提升机构的工作原理：提升电动机通过弹性联轴器与提升减速机相连接，提

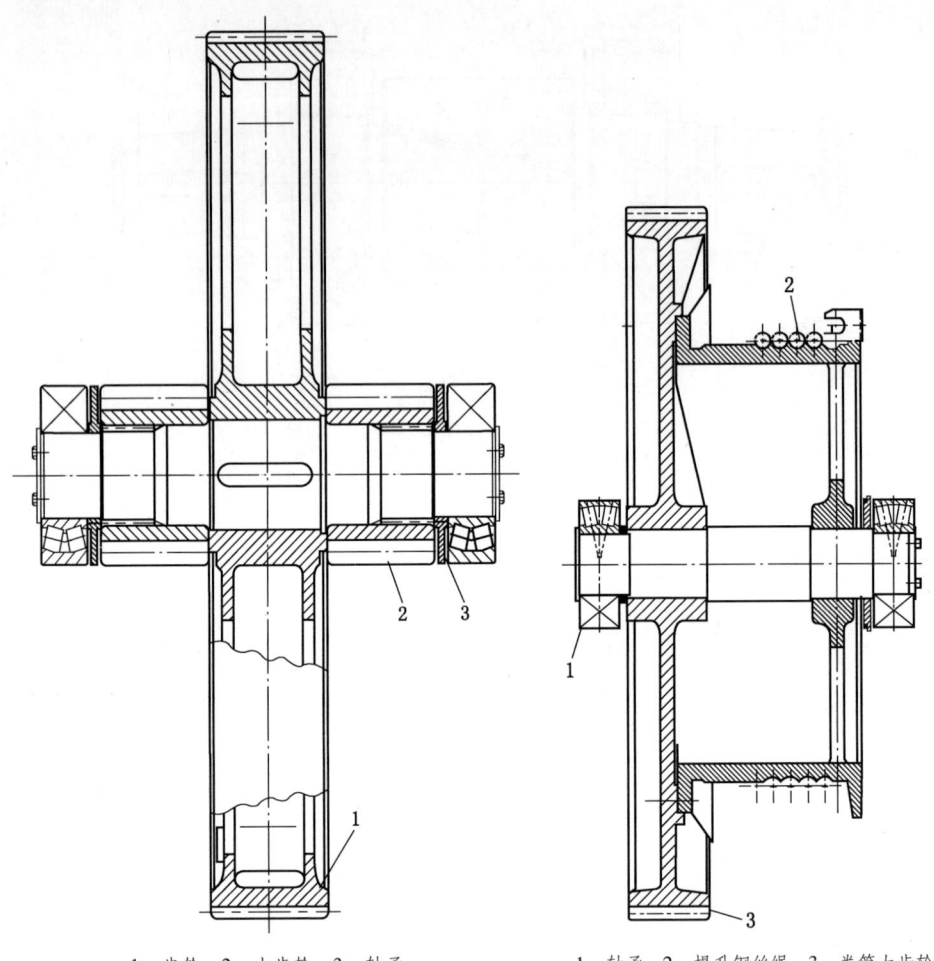

1—齿轮；2—小齿轮；3—轴承
图 11-20　提升Ⅱ轴结构

1—轴承；2—提升钢丝绳；3—卷筒大齿轮
图 11-21　提升Ⅲ轴结构

升减速机采用二级斜齿齿轮传动，在其末级大齿轮上安装提升卷筒，电动机正反转控制提升卷筒收放钢丝绳，通过收放钢丝绳完成铲斗的提升和下降运动。

4. 回转机构

回转机构（图 11-23）由并联且各自独立的两套机构组成。每套机构由回转电动机、减速机、回转制动器组件、回转立轴、齿轮、轴承、压盖、油封等零部件组成。回转机构并排布置在回转中心前部。安装在回转立轴下端的小齿轮与固定在底架梁上的齿圈啮合后，带动平台围绕回转中心转动。

回转电动机、减速机、回转制动器组件都安装在回转平台上面，其余零部件均安装在回转平台下面。

第十一章 挖掘机采装作业安全技术基础知识

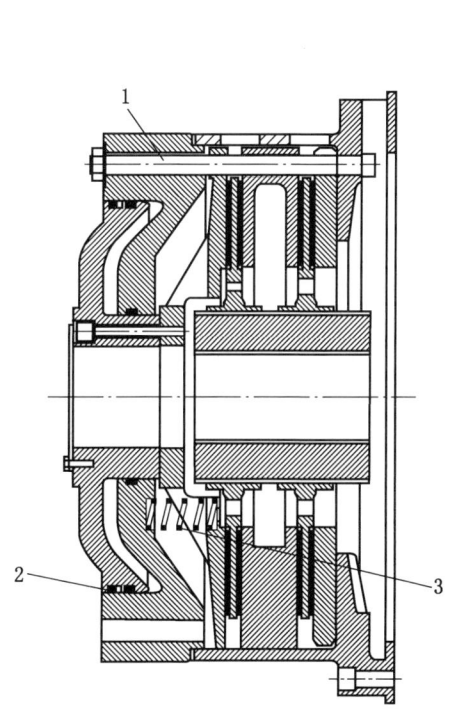

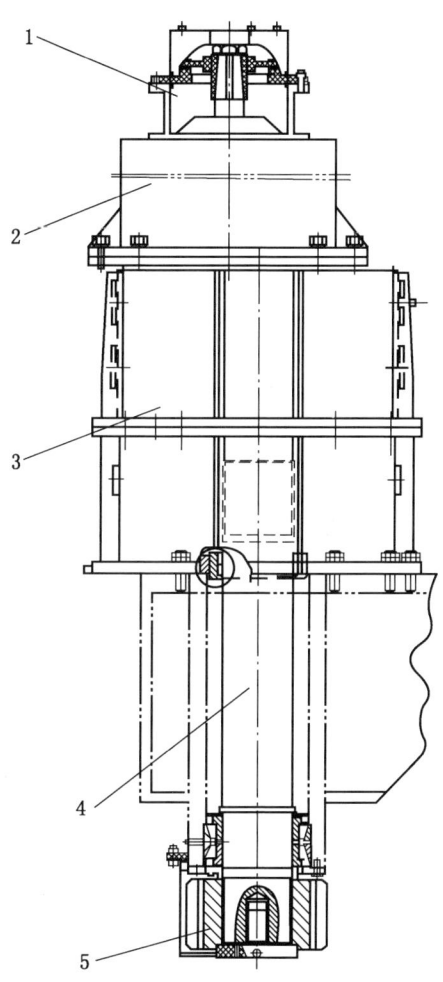

1—导柱；2—防尘圈；3—主弹簧

图 11-22 提升制动器结构

1—回转制动器；2—回转电动机；3—回转减速机；4—回转立轴；5—回转齿轮

图 11-23 回转机构结构

1）回转电动机

回转电动机为立式安装的双轴伸结构，其轴伸均为圆锥形。下面的轴伸上安装回转电动机小齿轮，上面的轴伸上安装回转制动器组件的连接轮毂。电动机小齿轮是渐开线斜齿圆柱齿轮，采用渗碳钢锻件制作。回转电动机与减速机采用止口定位、螺栓连接。为了防止润滑油泄漏，在定位面处安装橡胶密封圈。

2）回转减速机

回转减速机（图 11-24）是两台左右对称的减速机。这两台减速机中，除了壳体是对称件外，其余传动件全部通用。回转减速机为三级同中心距的斜齿轮传动立式减速机。输入轴的小齿轮被安装在回转电动机的轴伸上，输出端大齿轮的花键孔和回转立轴联结。回转减速机与回转平台采用螺栓连接。为了防止联结螺栓松动造成回转减速机摆动，在回转减速机的壳体处装焊了防松挡铁。

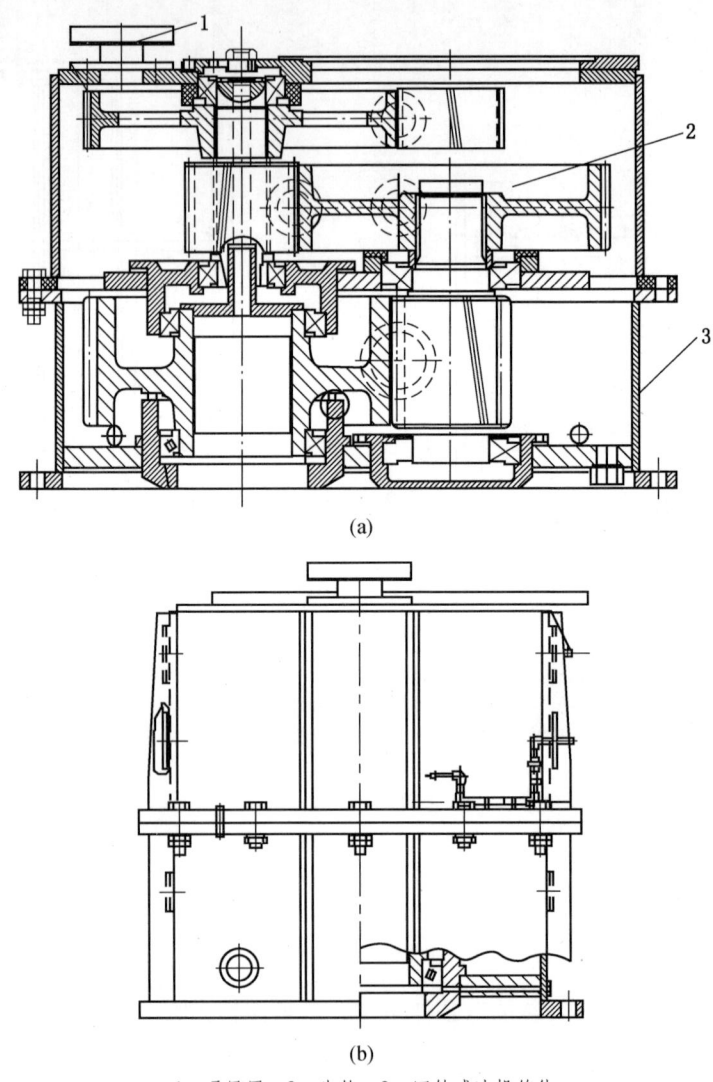

1—通风罩；2—齿轮；3—回转减速机箱体

图 11-24　回转减速机结构

回转减速机第一级传动齿轮的小齿轮安装在回转电动机的轴伸上，大齿轮安装在第一中间轴上。大齿轮是渐开线斜齿圆柱齿轮，为组合结构，其轮缘采用渗碳钢锻件制作，轮毂和腹板为焊接结构件。轮缘与腹板采用止口定位、螺栓连接结构。为了在不拆卸回转减速机的前提下更换回转立轴，第一中间轴采用空心结构。回转减速机第二级传动齿轮的小齿轮安装在第一中间轴上，大齿轮采用悬臂结构；安装在第二中间轴上的大齿轮是渐开线斜齿圆柱齿轮，为组合结构，其轮缘采用渗碳钢锻件制作，轮毂和腹板为焊接结构件。轮缘与腹板采用止口定位、螺栓连接结构。回转减速机第三级传动齿轮的小齿轮是轴齿轮（即第二中间轴），大齿轮是减速机的输出端。

目前，WK-12C 型电铲回转减速机仍采用直齿定轴传动方式，容易出现齿轮断齿、偏磨、螺栓松动及漏油等现象。行星减速机采用油池润滑，无润滑管路，输出轴轴端使用两道 J 形封，密封效果明显，无渗漏；各级齿轮采用渗碳热处理，齿面是硬齿面，耐磨性能好。综上考虑，WK-12C 型电铲将逐步采用行星减速机。

3）回转立轴

回转立轴是回转减速机末级传动的输出轴，它和回转减速机末级传动的大齿轮采用渐开线花键连接。回转立轴下端安装有滚动轴承、回转小齿轮、压盖、油封等零件。回转立轴和回转小齿轮采用渐开线花键连接，用压紧螺栓进行轴向固定。为了防止压紧螺栓松动，再用螺栓将压紧螺栓固定在回转立轴的端面上。由于回转立轴等零件都安装在回转平台下面，为了克服回转立轴等零件的自重，采用压盖进行轴向定位。

4）回转制动器

回转制动器（图 11-25）安装在回转电动机的连接法兰上，回转制动器组件采用气动盘式制动器，其工作压力与提升制动器工作压力一样。回转制动器组件的轮毂与电动机的轴伸采用平键连接。

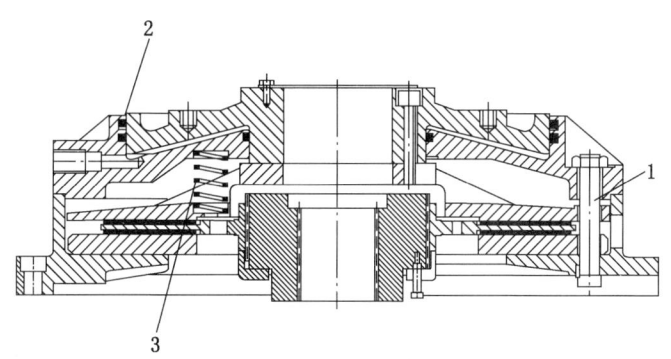

1—导柱；2—防尘圈；3—主弹簧

图 11-25 回转制动器结构

5) 回转平台

回转平台 (图 11-26) 由中部平台、配重箱、司机室底座、左走台、右走台、左侧走台、右侧走台等组成。中部平台是回转平台的核心构件。回转平台由低合金高强度钢板、中央托架和回转轴承壳等低碳钢锻件焊接成箱形结构件。中部平台下面的环形槽内安装上环轨，中部平台和配重箱采用挂钩和止口定位方式，用螺栓连接。中部平台和司机室底座、左走台、右走台均采用挂钩结构，用螺栓连接。配重箱为整体舱格式结构。

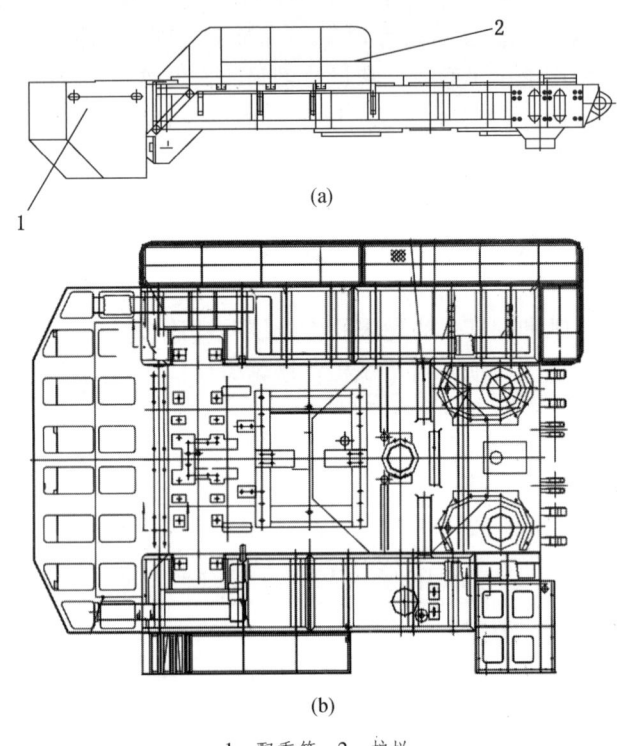

1—配重箱；2—护栏

图 11-26 回转平台结构

6) 中央枢轴

中央枢轴 (图 11-27) 是用来连接上部机构和下部机构的构件。其相对回转平台是固定不动的。中央枢轴安装在平台的中心孔内，在平台上面焊装了 C 形卡板和止动键，防止其转动。下部机构在底架梁内用球面垫圈、枢轴螺母进行轴向固定。中央枢轴为空心轴结构，通往下部机构的压缩空气管路、润滑油脂管路、电缆均从其中心孔内通过。旋转油气接头及高低压集电环都安装在中央枢轴上部。

第十一章 挖掘机采装作业安全技术基础知识

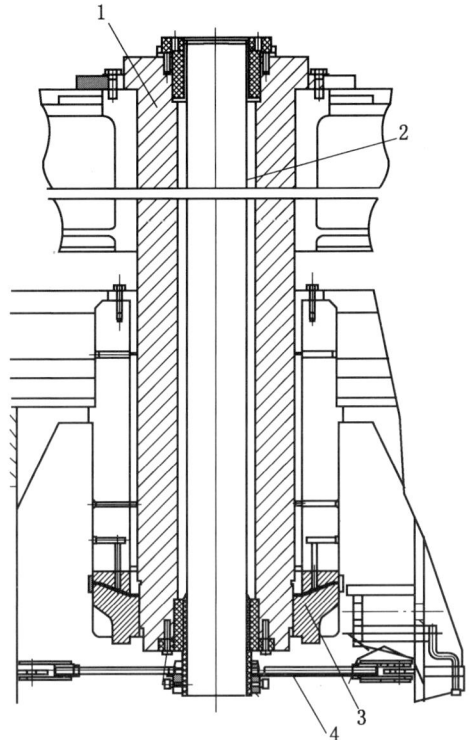

1—中央枢轴；2—集电环用管；3—枢轴螺母；4—拉杆

图 11-27　中央枢轴结构

7）辊盘

辊盘（图 11-28）是由 40 个一端带挡边的圆锥形辊子和支撑架及尼龙套、连接螺栓等组成的。

由于圆锥形辊子在滚动过程中相对于环轨表面是做纯滚动的，从而避免了圆锥形辊子在滚动过程中造成的磨损，因此有利于提高辊子和环轨的使用寿命。连接螺栓上配置的加油嘴，是以注油的方式来清除尼龙套里沉积的粉尘等杂物和补充润滑脂的。

8）回转大齿圈

回转大齿圈为整体锻焊大齿圈，为渐开线直齿圆柱齿轮。下环轨采用整体结构，由楔铁、压板等紧固件固定在回转大齿圈上。回转大齿圈固定在底架上，回转立轴小齿轮与回转大齿圈在作用力与反作用力的作用下实现回转机构转动。

回转机构的工作原理：回转电动机与减速机通过止口定位、螺栓连接，通过三级斜齿轮传动的立式减速机、回转减速机末级传动的大齿轮与回转立轴采用渐开

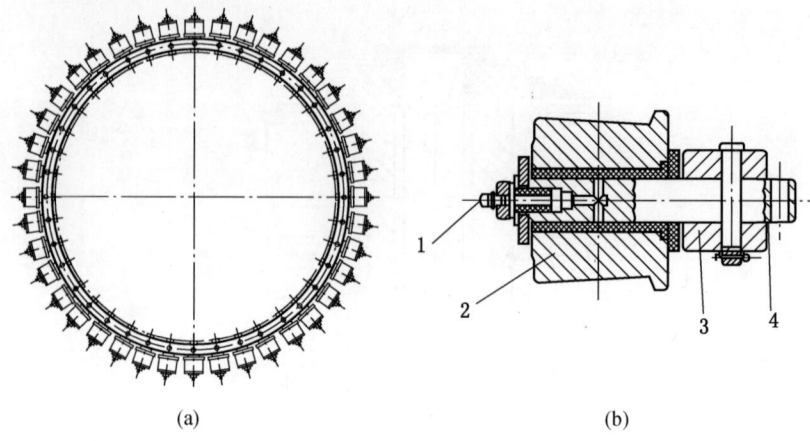

1—注油嘴；2—辊子；3—支撑架；4—辊子轴

图 11-28　辊盘结构

线花键连接，回转小齿轮与回转立轴在作用力与反作用力的作用下实现回转运动。

5. 行走机构

行走机构（图 11-29）安装在底架梁后面，是两套独立的传动机构。这两套独立的传动机构可以分别驱动左右履带链运动。

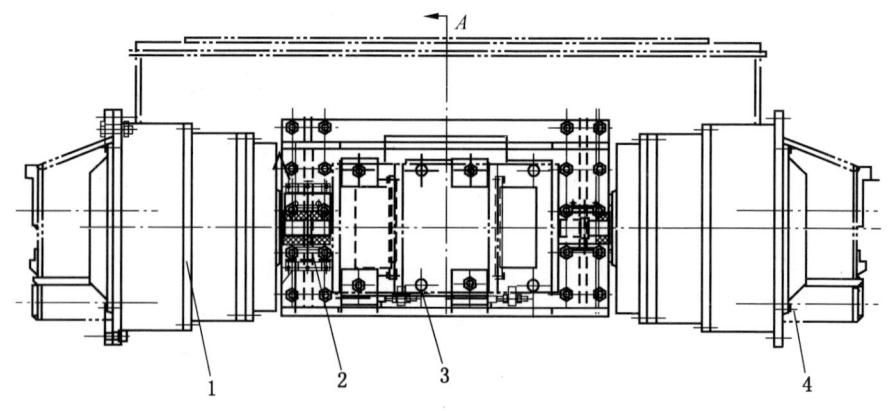

1—行走减速机；2—蛇形弹簧联轴器；3—电机支架；4—履带架

图 11-29　行走机构

行走机构由行走电动机、电动机底座、蛇形弹簧联轴器、行走减速器、行走制动器组件、调整垫片、履带装置、驱动轴组件、支承轮组件、拉紧轮组件等组成。

1）行走电动机

行走电动机是卧式安装的双轴伸结构，其轴伸均为圆柱形。在一侧的轴伸上安装梅花形弹性联轴器的半联轴器，另一侧的轴伸上安装行走制动器组件的轮

第十一章 挖掘机采装作业安全技术基础知识

毂。采用蛇形弹簧联轴器传递运动,经行走行星减速机三级减速后驱动履带装置前进或者后退。

电动机底座安装在底架梁后面,用来安装行走电动机。电动机底座和底架梁采用止口定位,用螺栓连接。

在使用过程中,应注意观察电动机底座上盖板的损伤情况。若发现有裂纹,应立即停机更换或修复。

2)行走减速机

行走减速机(图11-30)采用三级渐开线直齿圆柱齿轮传动。其中第一级传动齿轮为外啮合齿轮传动,第二、第三级传动齿轮均为内啮合行星齿轮传动。

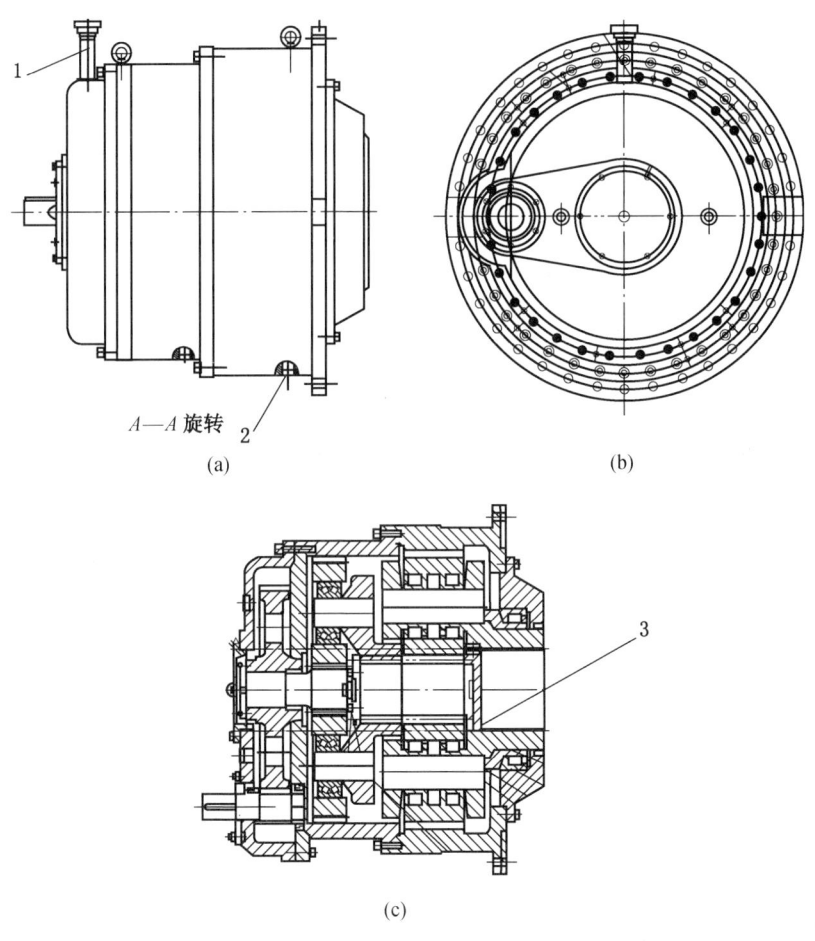

1—呼气阀;2—放油孔;3—减速机内部齿轮
图11-30 行走减速机结构

3) 行走制动器组件

行走制动器组件安装在行走电动机的连接法兰上。行走制动器组件采用气动盘式制动器。行走制动器组件的轮毂与电动机的轴伸采用平键连接。行走制动器组件使用的气压为（539~834）kPa。

需要注意的是，为了确保电铲安全稳定运行，盘式制动器在使用过程中要经常检查各部制动器的外壳、汽缸、转子、压力盘、耐磨盘等配件是否完整，运行过程中是否存在异音或者异味，发现异常和问题及时检修。电铲司机接班后要试验制动效果，若不能满足生产需要，禁止设备进行任何动作。

4) 履带装置

履带装置（图11-31）采用两套对称的多支点简支梁支承结构，履带装置分别安装在底架梁的左右两侧，左右履带架和底架梁采用止口定位、螺栓连接的结构形式。

左右履带架和底架梁可以和底架梁互换，履带链和主动轮采用亚节距啮合，可以延长履带板和主动轮的使用寿命。履带装置由履带链、驱动轴组件、支承轮组件、连接螺栓、履带链托铁、拉紧轮组件、履带架、调整垫片、上下楔铁、紧固件等组成。为了调整履带链的松紧程度，在拉紧轴组件后面配置了两组调整垫片。

需要注意的是，底架梁与履带架连接时，两者的各个结合面处都不应当有间隙。

底架梁与履带架的所有（后面和侧面）连接螺栓拧紧后，再将履带架前面的上下楔铁装好并打紧。为了防止上下楔铁退出来，还应将打紧的上下楔铁与底架梁（或履带架）焊在一起。

5) 驱动轴组件

驱动轴组件（图11-32）安装在履带装置后段，与行走减速机连接完成运动传递。驱动轴组件由驱动轮、主动轴、滚动轴承、轴承套杯、垫圈、闷盖、紧固件等组成。

6) 支承轮组件

两侧履带装置各由8个支承轮组件（图11-33）组成，支承轮组件由支轮轴、支承轮、卡箍、卡板、轴套、垫圈、紧固件等组成。支承轮采用简支梁的结构形式安装在履带架的腹板上。

7) 拉紧轮组件

拉紧轮组件（图11-34）是用来张紧履带链的。拉紧轮组件由拉紧轮、拉紧轴、轴座、轴套、垫圈、紧固件等组成。当履带链需要张紧时，首先将轴座上方的两个销轴（双头螺杆）拆开，取出适量的调整垫片。然后用两个油压千斤顶

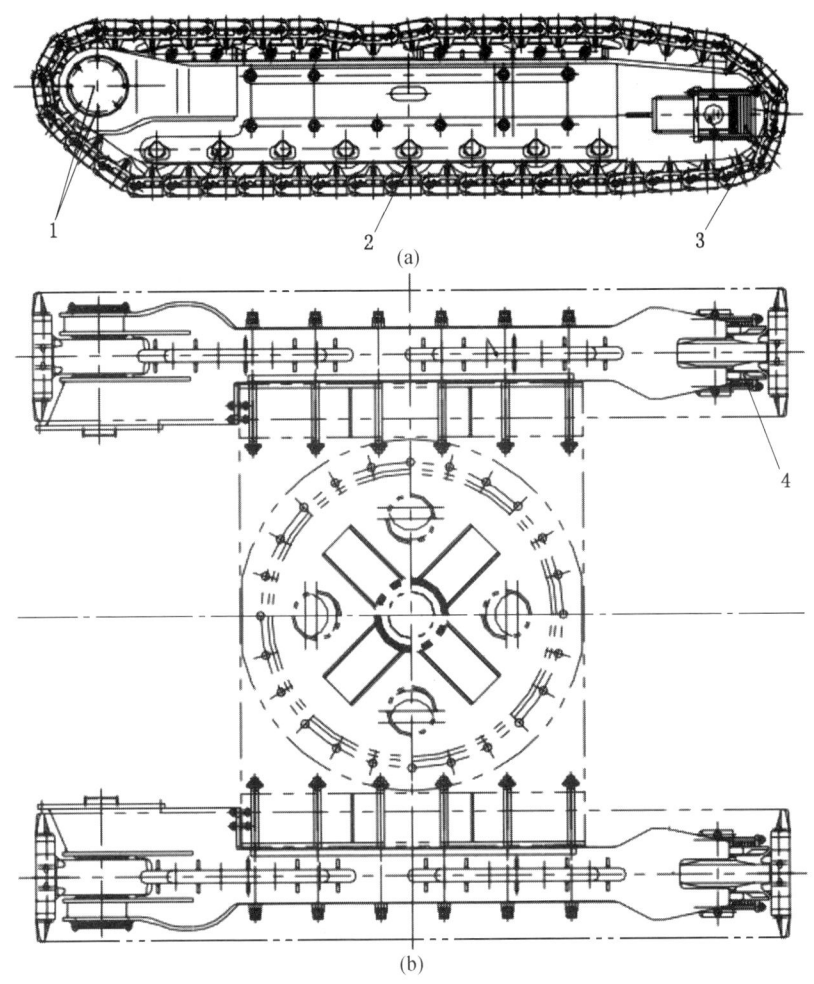

1—驱动轴组件；2—支撑轮组件；3—履带链；4—拉紧轮组件

图 11-31　履带装置结构

顶在履带架两侧的支座和两个轴座的凸台之间，同时将履带链张紧到恰当的松紧程度。而后将取出的调整垫片插在轴座后面，再装好销轴等。

需要注意的是，一套拉紧轮组件的两个轴座后面放置的调整垫片厚度应基本一致，以保证拉紧轮不偏斜为前提。

6. 压气系统

压气系统主要是用来打开推压机构、提升机构、回转机构、行走机构的制动器和向气囊力矩限制器供气的。压气系统还为气喇叭、清扫气管提供气源。压气

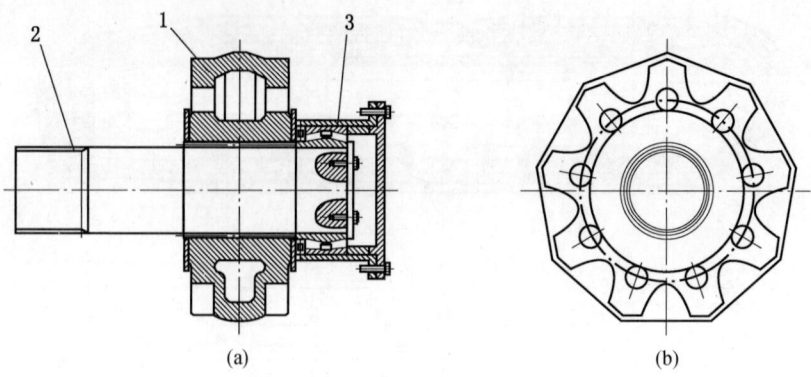

1—驱动轮；2—驱动轴；3—轴承

图 11-32　驱动轮组件结构

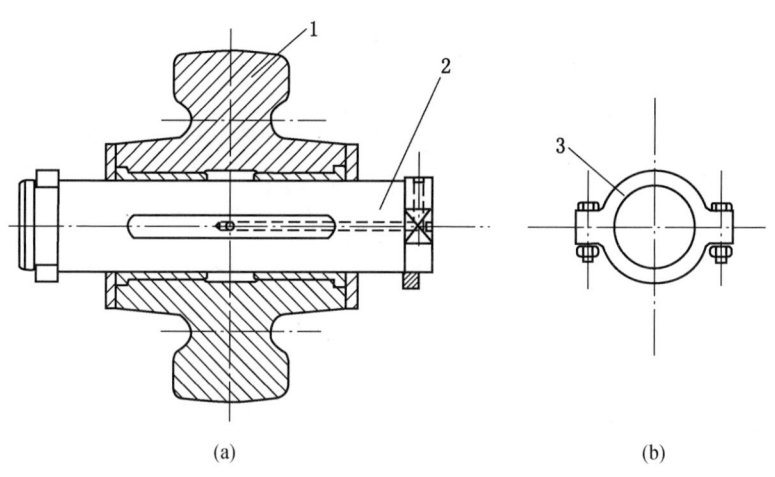

1—支撑轮；2—支轮轴；3—卡箍

图 11-33　支撑轮组件结构

系统主要由空气压缩机、气水分离器、油雾器、快速排气阀、电磁换向阀、调压阀、单向阀、安全阀、管道等组成。压气系统的工作压力由空气压缩机的压力继电器适时控制。当空气压缩机储气包内的压缩空气压力下降到 784 kPa（8 kg/cm^2）时，启动空气压缩机工作。当储气包内的压缩空气压力上升到 1176 kPa（12 kg/cm^2）时，停止空气压缩机工作。推压机构、提升机构、回转机构、行走机构的制动器由二位三通电磁阀控制打开。气囊力矩限制器的工作压力应保持在 539 kPa（5.5 kg/cm^2），因此，在输入气囊前安装了可调式稳压阀。

第十一章 挖掘机采装作业安全技术基础知识

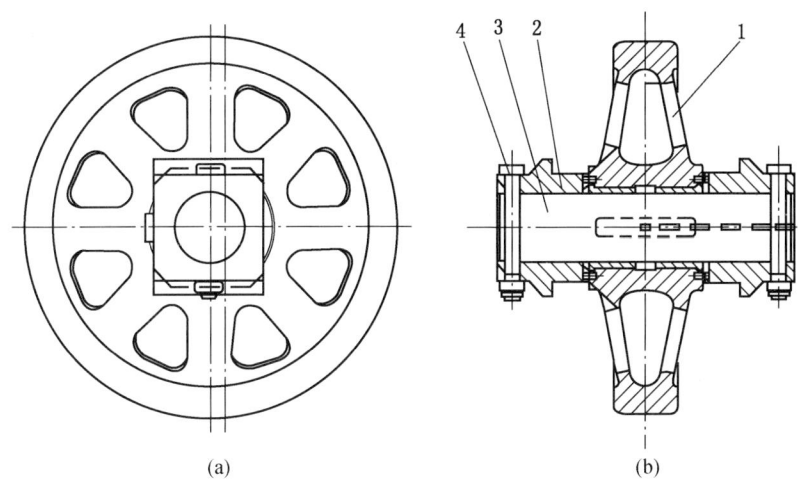

1—拉紧轮；2—轴承座；3—拉紧轴；4—螺栓

图 11-34 拉紧轮组件结构

WK-12C 型挖掘机气路系统的工作气压是（0.8～1.2）MPa（8～12 kg/cm^2）。为了保证气路系统能够正常工作，应检查气路系统的密封性。检查方法是将气路系统的压力提高到 1.2 MPa（12 kg/cm^2），然后将各机构的制动器打开。当系统内的压力下降到 0.8 MPa（8 kg/cm^2）时，空压机的压力继电器动作，使空压机再次启动，当压力升至 1.2 MPa（12 kg/cm^2）后，空压机自动停机。如果从停机到再次启动的时间间隔大于 20 min，则说明该系统的密封性较好，否则，说明该气路系统的密封性较差，系统有严重漏气的地方，应检查并排除。

1）空压机

WK-12C 型挖掘机气路系统选用南京英格索兰公司标准型螺杆式空压机，底座型安装，外形尺寸 1040 mm×728 mm×936 mm，机组质量 298 kg。

空压机装配了自动启动与停机控制。当储气罐气压达到工厂预设的最大气压时，压力开关将停止机器。当储气罐气压降至工厂预设的最小气压之下时，压力开关将重新设置并重新启动机器。拧下固定压力开关盖罩的两个螺丝，可以移开盖罩。

需要注意的是，空压机组只有在绝对必要时调整压力开关，并且在安装了开关且无气压和电压的状态下进行调整。

2）电磁换向阀

气路系统中的电磁换向阀（图 11-35）起气源通断控制作用，正常工作时，电磁阀插件上的绿色指示灯亮，断电时灯灭。电磁换向阀设有手动操作按钮，按阀体上的标记旋转即可。

需要注意的是，一般情况下不允许采用手动操作换向。如确实需要，在紧急操作前一定要注意安全，操作完毕，必须马上将手动手柄复位。

3）调压阀

调压阀（图11-36）的作用为调节系统支路或者主路的压力设定值，防止由于气压过高或者过低产生的不利影响。调节方法是先向上拔起调节帽，顺时针旋转压力升高，逆时针旋转压力降低。调节完成，向下压下调节帽。

图 11-35　电磁阀外形

图 11-36　调压阀外形

4）油气水分离器

压缩空气中含有大量的气态、液态水及油分、尘埃粒子等，如果不分离，这些杂质必然会被带入管路中，使用气设备受到不同程度的损坏，从而产生高额的维护费用，产品质量也受到一定程度的影响。油气水分离器（图11-37）有自动排污和手动排污两种方式，对于自动排污的油气水分离器应定期清洗自动排污阀，通常每月清洗一次；对于手动排污的，通常每8 h手动排放一次污水。

7. 润滑系统

挖掘机在正常工作期间，各运动部件必须得到充分、适量的润滑。过量润滑和润滑不足对运动部件都是有害的。因此，在WK-12C型挖掘机润滑系统中，充分考虑各机构运动部件的不同润滑特点，分别采用连续供油和周期性供油的润滑方式。对提升、回转减速机采用连续供油对内部齿轮进行充分润滑；推压减速箱和行走减速机采用油浴飞溅润滑。

图 11-37　油气水分离器外形

对其他位置的滑动轴承和滚动轴承采用单线集中供油润滑系统，通过电气控制系统实现定时、定量的润滑，以保证各机构能够正常地工作。

1) 稀油润滑系统

稀油润滑用在闭式传动的齿轮箱内，主要对齿轮进行润滑。除了提升和回转减速机采用油泵进行喷淋式润滑外，其余机构的齿轮均采用油浴式飞溅润滑。油液由齿轮泵吸出经网式过滤器、磁过滤器、挡板式流量开关及给油指示器送到设备的润滑点，然后沿着系统的回油主管流回油箱，润滑系统公称压力 0.6 MPa（出口压力）。当油站工作压力超过 0.6 MPa 时，安全阀将自动打开，润滑油即流回油箱。

2) 干油润滑系统

干油润滑系统为自动集中润滑系统，润滑介质采用锂基脂，可以自动控制、定时、定量、多部位、分散、远距离对滚动、滑动部位进行润滑。

油脂量有两种调节方式：一是通过调节给油器的给油量来实现；二是通过调节电气程序控制的润滑间隔时间来实现。该集中润滑系统为单线干油集中润滑，由三个独立的润滑系统组成，分别控制挖掘机上下车干油部分及开式齿轮喷射系统。

当连接气源的电磁阀打开时，一方面压缩空气进入气动泵，使马达带动活塞往复运动，活塞杆带动柱塞泵完成吸油和压油动作，向管路中供送压力油；另一方面压缩空气到达卸荷阀，关闭内部的针阀，使油泵压出的油只能供送到主管路中，而不经过针阀返回油箱。当系统中所有的单线给油器全部动作完毕后，主油管道的压力开始升高。当升高到某一预定值时，安装在管路上的数显压力传感器将发出电信号控制电磁阀切断气源。断气后油泵停止供油，同时卸荷阀中的针阀在油压作用下打开。主油管路中的压力油经针阀及连接卸荷阀与贮油筒的胶管返回油箱，主油管路中的油卸压，单线给油器内部活塞在弹簧作用下复位，准备下一次给油动作。

3) 加油标准

电铲长距离（1000 m 以上）行走时，要求在润滑室内通过手动方式每 5 min 为下车走行部分润滑点注油一次，加油标准见表 11-3。

表 11-3 加油标准

齿轮箱名称		加油量	备注
干油系统		300 L	
稀油系统	推压油池	540 L	
	稀油油箱	900 L	
	行走减速机	180 L×2 = 360 L	单个减速机 180 L
开式齿轮润滑		200 L	

(二) 电气部分

电气部分主要包括高压系统、变频调速系统及整流系统。电气系统可以实现上位机管理监控、PLC现场总成分布式控制、变频调速三级控制。电气系统具有以下特点：自适应提升挖掘控制软件；友好的人机界面，实现故障自诊断和运行状态显示；优化的挖掘特性曲线；高效率、低能耗。

1. 高压系统

高压系统主要由高压集电环及高压开关柜组成。

1）高压集电环

6000VAC电源经尾部高压电源引入箱接至高压集电环。高压集电环为三个电源环和一个接地环，每个环上有两个高压电刷与之滑接，以确保高压电源可靠连接。

2）高压开关柜

高压开关柜设有主隔离开关、真空接触器、高压熔断器、监测保护装置、压敏电阻、避雷器等，具有隔离、过电流、缺相、接地、过电压吸收等保护系统。

2. 变频调速系统

1）西门子S120系统

WK-12C型挖掘机变频调速系统采用西门子S120系统。挖掘机的变频调速系统为"PLC变频传动二级控制系统+人机界面"。人机界面监控整机的运行状态及故障信息，实现运行状态模拟显示与故障自诊断；PLC控制系统通过整流单元、各机构逆变器等连接，实现分布式控制；整流单元通过公用直流母线与各机构逆变器相连，实现对各机构变频电动机转矩与速度的精确控制。变频传动动力系统如图11-38所示。

2）PLC控制系统

PLC控制系统选用西门子S7-1500系列产品，完成逻辑控制与数据处理功能，是整机电气系统的核心。司机室人机界面对整机的运行状态和故障信息进行综合监控，采用多画面切换形式，完成对各部分运行状态模拟显示与故障自诊断功能，为维护与检修提供帮助。人机界面触摸屏显示的状态与故障信息主要包括：

（1）启动画面，包括真空接触器、整流及电网电压、直流母线电压。

（2）工作状态。

（3）逆变器状态。

（4）电机运行状态。

（5）故障信息、电机过热等故障显示。

第十一章 挖掘机采装作业安全技术基础知识

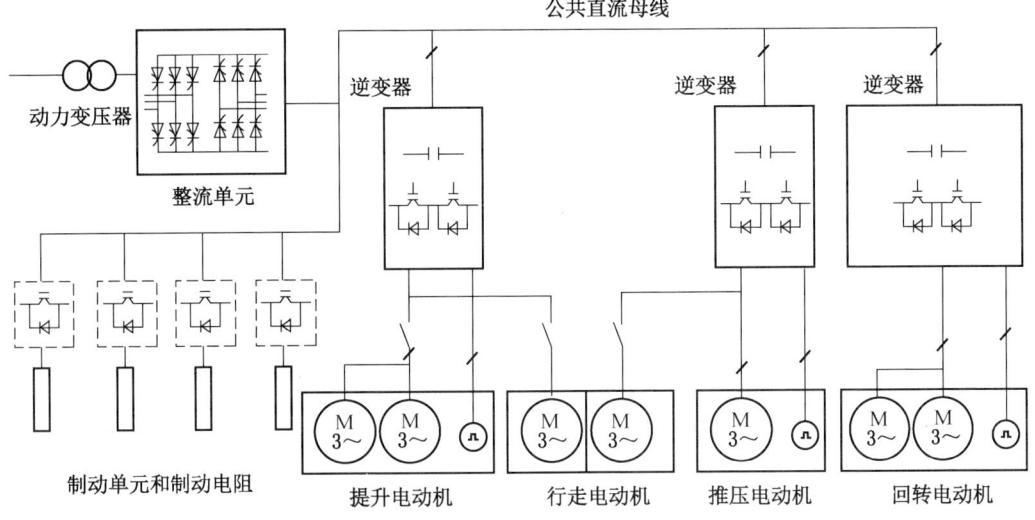

图 11-38 变频传动动力系统

PLC 控制系统采用以太网现场总线通信网络控制，整流单元、各机构逆变器、司机室远端控制器分别挂接在以太网总线上，构成分布式控制网络。CPU 通过以太网现场总线通信网络获取司机室操作命令、各机构逆变器及整流单元的运行状态和故障信息；通过开关量模块获取配电与辅助回路运行状态和故障信息等；经逻辑与数据运算后，通过相同的路径对整个电气系统进行控制。

3. 整流系统

1）整流单元

主变压器二次侧三相交流 690 V 电源直接接至整流柜，输出直流母线作为公用直流母线，为各机构逆变器提供直流电源。各机构逆变器挂接在公用直流母线上，形成整流公用直流母线变频调速系统。

整流单元具有如下技术特点：

（1）适应矿山电网，不会出现回馈失败烧坏电容的故障。

（2）价格合理，适合改造需求。

（3）设备简单，容易维护。

2）各机构变频调速系统

电动机是电气系统中影响设备完好率、出工率、维修成本最主要的部件。由于直流电动机故障率高，已经严重影响矿山生产效率，并给维修带来极大的负担。采用变频电动机的挖掘机，将从根本上解决电动机对挖掘机运行可靠性的影响，将提高设备的完好率及生产效率，并降低维护工作量和维修费用。

（1）提升机构。提升机构的两台电动机之间为硬轴连接，属于具有机械耦合的双电动机传动，两台电动机的转速完全一致。采用一台逆变器驱动，保证两台电动机做功相等。

（2）推压机构。推压机构变频电动机采用速度闭环矢量控制，为提高挖掘时的切削力，推压电动机在 0~90% 的速度范围内均能输出最大转矩。这就保证了铲斗在 90% 速度范围内挖掘矿物时，其切削力基本不变，较直流系统加大了挖掘切削能力，提高了挖掘时的满斗系数。

（3）回转机构。回转机构由一台逆变器驱动两台变频电动机，两台电动机通过齿轮耦合。由于两台电动机的电源来自同一个逆变器，所以两台电动机的转矩（或电流）基本一致，保证了电动机之间均衡工作。回转机构的负载特性属于大惯量旋转载荷，正常运行条件下，一个工作循环仅作 0°~90°、90°~0° 的正反旋转运动，运动期间基本处于起制动的过渡过程中。为使起制动平稳、机械冲击小，回转控制采用具有速度限幅的转矩控制方式，即主令给定是转矩给定，给定大小决定了起制动时电动机输出转矩的大小、起制动的快慢。

（4）行走机构。行走机构由两台电动机驱动，司机通过设在操作台上的挖掘/行走工况选择开关进行工况选择，提升/行走电动机之间的切换通过切换柜中的交流接触器完成。当一个逆变器分别控制提升和行走两台电动机时，在逆变器中已存储了提升和行走两台电动机的相关数据，主回路切换时，逆变器内部的数据组也进行了相应的切换，以达到逆变器对所控电动机的最佳控制。

需要说明的是，PLC 程序、TP 程序、逆变器参数必须由专业技术人员调整，调整完毕后，司机在使用时均不可随意更改。WK-12C 型电铲标配 2 台 30 kW 机棚加热器，满足环境温度 -40~+40 ℃ 使用。

4. 电铲远程操作和电铲在线监测

1）电铲远程操作

电铲远程控制系统主要由三部分组成：车载端系统、网络端数据服务器及远程端系统（图 11-39）。

（1）车载端系统主要功能：现场工作环境视频画面采集，与挖掘机控制系统（PLC、变频器）数据通信，车载端系统组网通信等。

（2）网络端数据服务器主要功能：视频数据、设备数据的拉取及推送服务。

（3）远程端系统主要功能：显示设备现场环境视频画面及设备运行数据信息组态，还原设备端声震环境，还原挖掘机驾驶室作业环境及控制方式。

2）电铲在线监测系统与故障诊断系统

（1）组成。WK 系列电铲在线监测系统主要由监控系统、通信系统、存储系统、诊断系统组成。

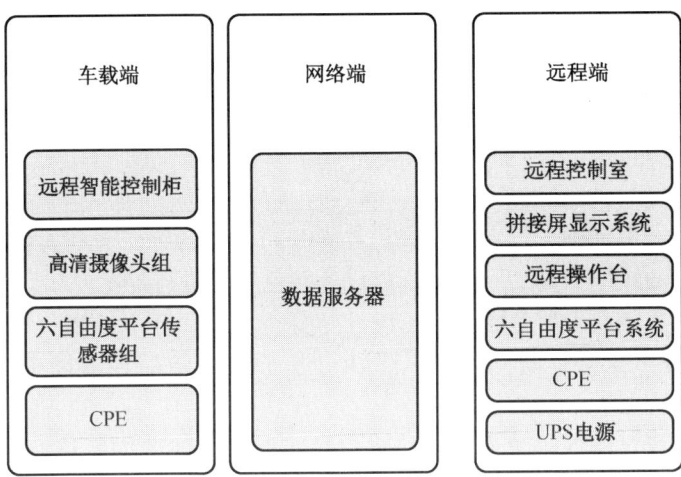

图 11-39 电铲远程控制系统组成

①监控系统：在 WK 系列电铲的电动机、减速机等部位安装加速度传感器、振动加速度传感器、转速传感器、温度传感器等采集单元，实时采集设备运行过程中的振动值、转速值及温度等数据。

②通信系统：通过 4G（兼容 5G 网络模式）或无线桥接网络实现，将采集的数据传输至后台数据库；如遇网络中断将数据储存在本地，当网络恢复时自动将数据回传至后台。

③存储系统：视频数据存储在终端（存储时间为一周），可实现远程回放或实时调取。

④诊断系统：诊断软件接收到数据后，自动进行数据存储、数据对比、频谱分析、故障判断等工作，并将诊断结果下发至现场管理人员手机 APP、电脑等媒介中。

（2）主要研究内容。

①电铲所有发电机励磁和输出电流、电压监控及超限预警。

②电铲斗齿磨损过限及丢失预警系统。

③电铲外部及机舱内部视频监控系统，外部监控实现 360°监控，内部监控有设备温度检测功能。

④气压监测（主管路、力矩限制器）。

⑤润滑油分配器故障监测，监测到推压大轴、中心轴等部位润滑油分配器异常及时预警。

⑥机棚通风监测，机棚通风电动机停机及时报警。

⑦偏坡回转作业时间统计，可实时统计电铲在各角度的回转作业时间，便于回转系统发生故障时提供基础分析数据。

⑧车斗料堆分析，通过图像识别、三维激光识别料堆轮廓线，判断是否存在撒料风险，判断是否达到装载要求。

⑨检修管理及故障记录。

a) 系统能根据预先设定的保养和大修时间，对已到保养和大修时间的设备关键总成件，通过 PC 端/手机 APP 以设备颜色变化进行提示。

b) 对故障信息及维修结果进行统计与分析，从而建立故障分析模型，统计故障类型、发生次数、时间间隔，进而分析原因，给后期故障处理提供解决方案。

c) 自动建立设备故障库，对故障信息、处理方式等内容进行记录及存储，通过大数据分析，对类似故障给出检修意见或建议。

d) 提取任意时间段内的设备数据信息并生成图表。

第二节　岗　位　责　任　制

一、岗位责任制的概念和作用

岗位责任制，是指员工在某个岗位需要完成的工作内容以及所应承担的责任范围。岗位是由工种、职务、职称和等级内容组成的来完成某项任务的职位；责任制则是由授权范围及相应责任两部分组成的，以达到职务与责任的统一。

岗位责任制充分考虑了企业的自身岗位职责特点，根据企业各个岗位的工作性质和业务特点来设置，明确规定岗位职责、权限，并定期按照规定的工作标准进行相关考核及奖惩。实行岗位责任制，有助于工作的科学化、制度化。

二、岗位责任制的主要内容

（一）交接班岗位责任制

（1）交班人应在交班前打扫设备卫生，清点工器具和安全用品，按设备保养标准及时注油，检查设备状态，填写交接班记录。

（2）交接班双方必须在工作岗位对职交接，当面交接清楚设备运行状态、作业场地情况和设备备品等，特别是存在问题、上级指示和注意事项等内容需要着重说明，做好交接班检查确认工作。

（3）接班人接班时应仔细查看交班记录并检查设备，发现设备有故障或者有新增加碰撞痕迹等特殊情况时，应立即向本班工长汇报。

（4）交班人不得擅自离岗。如发生未当面交接或交代不清，出现问题由交班人负责。如接班人检查不仔细，出现问题由接班人负责。

（5）交接班人员必须对职交接，特殊情况不能实现对职交接或按时接班时，交班人必须向当班工长汇报，等候指令。

（6）接班后发现问题，应由接班司机联系处理。处理不及时，应立即向矿调度室及主管部门汇报，未经允许严禁作业，应将所发现问题、处理故障、更换部件等如实填写在交接班记录上。

（7）交接班具体检查内容。交接班时要检查各种仪表、声、光、信号报警装置是否齐全有效，各种安全装置是否可靠；各部位螺丝是否齐全、紧固；设备的水位、水温、油位、油温、油压是否符合规定；有无异味、异音、杂响、工作不稳等现象；各润滑部位的润滑是否良好；防火装置和消防器具是否齐备、有效；各转动部位、高温部位有无杂物、易燃物；有无漏油、漏水、漏气、漏电等情况；设备是否清洁，各种记录本是否完好且按要求填写；作业环境有无障碍、危险等特殊情况。

（二）设备日常维护保养责任制

设备日常维护保养责任制是岗位责任制的内容之一。该制度主要是按照设备维修保养规程的要求，定期进行设备保养，以保证每台在用设备完好。设备司机接班后，应按设备使用规定做好日常维护保养，具体保养标准见表11-4。

表11-4 司机日常维护注油表

润滑部位	润滑点位置	注油点数	注油周期/d	注油方法	润滑品种
铲斗	均衡轮轴	1	1	油枪	锂基脂
	斗提梁上端	1	1	油枪	锂基脂
	斗提梁两端	2	每班	油枪	锂基脂
	弯刀销轴	2	每班	油枪	锂基脂
斗杆	齿条斗杆表面	4	每班	手动	锂基脂
提升机构	提升减速箱			集中润滑	冬75W90、夏80W90齿轮油
推压开斗机构	斗杆内外侧面	4	7	手动	锂基脂
	齿轮			集中润滑	锂基脂
	轴承			集中润滑	锂基脂

表11-4(续)

润滑部位	润滑点位置	注油点数	注油周期/d	注油方法	润滑品种
起重臂	天轮轴承			集中润滑	锂基脂
	中间轴轴承			集中润滑	锂基脂
	推压轴及鞍座铜套			集中润滑	锂基脂
	推压电机齿轮			集中润滑	锂基脂
	推压减速箱			油浴	冬75W90、夏80W90齿轮油
回转机构及走车	减速机齿轮轴及立轴轴承			集中润滑	锂基脂
	回转减速箱			油浴	冬75W90、夏80W90齿轮油
	大齿圈与小齿轮接触面			集中润滑	锂基脂
	辊盘滚子轴	40	尼龙套	油枪	锂基脂
	上下环轨面			集中润滑	锂基脂
中央枢轴	球面垫及下端轴承			集中润滑	锂基脂
	上端轴套（中心轴铜套）			集中润滑	锂基脂
行走机构及底架梁	减速机内各轴承			集中润滑	锂基脂
	履带架内轴承			集中润滑	锂基脂
	主（驱）动轮轴套			集中润滑	锂基脂
	拖轮轴	4	1	油枪	锂基脂
	支重轮、导向轮	10	1	油枪	锂基脂
	履带架内齿轮箱			油浴	冬75W90、夏80W90齿轮油
	离合器	8	7	油枪	锂基脂

（三）安全生产岗位责任制

安全生产岗位责任制是岗位责任制的重要内容。该制度明确了电铲司机安全生产过程中落实安全生产责任、参加安全生产教育培训、参与应急救援演练、开展本岗位生产安全事故隐患排查等职责，为日常电铲安全生产工作奠定了基础，具体职责要求见表11-5。

表 11-5 电铲司机安全生产岗位责任制

安全生产职责	到位标准	权利与义务
落实安全生产责任	每年签订本岗位安全生产责任书，并严格执行	1. 发现违章指挥、违章作业、违反劳动纪律的行为，有权立即制止 2. 发现危及人身安全的紧急情况时，有权停止作业，并组织人员撤离 3. 对安全生产提出合理建议的权利 4. 对安全生产有批评、检举和控告的权利 5. 有拒绝违章指挥的权利 6. 对危及人身安全的指令，有拒绝执行的权利 7. 发现危及人身安全的隐患有及时告知大家的义务 8. 接受安全培训，掌握安全技能的义务 9. 及时上报不安全事件的义务
	学习掌握本岗位安全生产责任制的安全职责，并考试合格	
	辨识本岗位的安全风险，掌握并落实安全风险管控措施	
参加安全生产教育培训	按时参加班组"三会一活动"	
	参加矿、部两级组织的安全培训，且考试合格取得相应证书，并持证上岗	
参与应急救援演练	每年参加应急预案培训，掌握本岗位现场应急处置卡，熟知处置程序	
	按照要求参加应急救援演练	
开展本岗位生产安全事故隐患排查	每班开展生产安全事故隐患排查，发现问题隐患及时处理、汇报、记录	
制止和纠正违章指挥、强令冒险作业、违反规程的行为	开展本岗位反"三违"检查，有权拒绝违章指挥和强令冒险作业	
及时、如实报告生产安全事故	发生事故事件按照事故流程汇报，并保护现场，按岗位应急处置卡要求科学施救	
	配合部门对发生的安全事故事件进行调查，落实防范措施	
	学习事故事件通报、快报、安全警示卡	

第三节 挖掘机作业风险预控

一、采装作业危险源辨识

从导致事故和伤害的角度，危险源可分为第一类危险源和第二类危险源两大类。

第一类危险源：根据能量意外释放理论，把系统中存在的、可能发生意外释放的能量或危险物质称作第一类危险源。它是系统危险或系统事故的物理本质，也称为固有型危险源。

第二类危险源：导致约束或限制能量措施失效、破坏的各种不安全因素称作第二类危险源。第二类危险源是导致第一类危险源失控，作用于人员、物质和环境的条件，它是系统从安全状态向危险状态转化的条件。

按照《生产过程危险和有害因素分类与代码》（GB/T 13861）规定，将危险因素分为6大类。

（1）物理性危险危害因素：设备、设施缺陷；防护缺陷；电危害；噪声危害；振动危害；电磁辐射；运动物危害；明火；能造成灼伤的高温物质；能造成冻伤的低温物质；粉尘与气溶胶；作业环境不良；信号缺陷；标志缺陷；其他物理性风险和危害因素。

与本工种相关的危害因素有：设备、设施缺陷；防护缺陷；电危害；噪声危害；振动危害；运动物危害；明火；能造成灼伤的高温物质；粉尘；作业环境不良；信号缺陷；标志缺陷；其他物理性风险和危害因素。

（2）化学性危险危害因素：易燃易爆性物质；自燃性物质；有毒物质；腐蚀性物质；其他化学性风险、危害因素。

与本工种相关的危害因素有：易燃易爆性物质；腐蚀性物质；其他化学性风险、危害因素。

（3）生物性危险危害因素：致病微生物；传染病媒介物；致害动物；致害植物；其他生物性风险、危害因素。

与本工种相关的危害因素有：致病微生物；传染病媒介物；其他生物性风险、危害因素。

（4）心理、生理性危险危害因素：负荷超限；健康状况异常；从事禁忌作业；心理异常；辨识功能缺陷；其他心理、生理性风险危害因素。

与本工种相关的危害因素有：负荷超限；健康状况异常；从事禁忌作业；心理异常；辨识功能缺陷；其他心理、生理性风险危害因素。

（5）行为性危险危害因素：指挥错误；操作失误；监护失误；其他错误；其他行为性风险和有害因素。

与本工种相关的危害因素有：操作失误；其他错误；其他行为性风险和有害因素。

（6）其他危险危害因素。按照《企业职工伤亡事故分类》（GB 6441）规定，将危险因素分为20类：物体打击；机械伤害；起重伤害；车辆伤害；触电；淹溺；灼烫；火灾；高处坠落；坍塌；冒顶片帮；透水；爆破；瓦斯爆炸；火药爆炸；锅炉爆炸；容器爆炸；其他爆炸；中毒窒息；其他伤害。

与本工种相关的危害因素有：物体打击；机械伤害；起重伤害；车辆伤害；触电；灼烫；火灾；高处坠落；坍塌；容器爆炸；其他伤害。

二、采装作业风险评价

本书采用作业条件危险性分析法对采装作业各环节进行风险评价，以WK-12C型挖掘机为例，从启机、装车、停机等各环节对挖掘机作业风险进行了辨识并列举了管控措施，具体见表11-6至表11-13。

第十一章 挖掘机采装作业安全技术基础知识

表 11-6 作业风险分析概况

作业任务名称	作业步骤	危害描述	后果	风险等级	直接控制措施	间接控制措施	残余风险等级
电铲作业	启机	呼喊应答未得到允许，私自启机，导致人员伤害	机械伤害	一般风险	1. 通过对讲机进行沟通，双方必须做到相互确认 2. 对讲机无法进行确认时，应通过电话或面对面确认 3. 未做好确认前不要盲目启动设备、动铲	1. 保证对讲机通信质量 2. 对设备司机做好"联合作业规程"培训	低风险
	装车作业	由于作业场地接近或小于最小作业平盘宽度，导致电铲回转装车过程中与自卸车辆发生刮碰，进而造成人员受伤	设备事故	一般风险	1. 适当扩帮，保证最小作业平盘宽度 2. 加强联合作业互换应答，保证设备作业安全间距	加强设备作业位置规划，保证作业地宽度	低风险
		由于装车过程中存在牙尖带块现象，装车过程中大块掉落对自卸车辆造成破坏	其他伤害	一般风险	1. 加强装车作业大块观察 2. 铲斗调整至作业面下方再装车 3. 加强爆破质量，减少大块	1. 编制部门作业标准图册，提高人员对不标准操作存在的隐患的安全意识 2. 学习过往事故案例，分析事故原因，提高人员安全意识	低风险
	处理场地	由于沟通不当及检查不到位，在工程设备未完成作业并撤离电铲作业区域时进行回转动作导致设备发生刮蹭	设备事故	较大风险	做好联合作业互换应答，确认无误后方可进行作业	1. 编制部门作业标准图册，提高人员对不标准操作存在的隐患的安全意识 2. 学习过往事故案例，分析事故原因，提高人员安全意识	一般风险
	停机	未按停放要求将梯子靠外侧停放，导致人员上下设备时被掉落岩块砸伤	设备事故	低风险	各级人员做好设备停放后标准检查	1. 编制部门作业标准图册，提高人员对不标准操作存在的隐患的安全意识 2. 学习过往事故案例，分析事故原因，提高人员安全意识	低风险

表 11-7 启机环节风险分析及预控措施

作业任务名称	作业步骤	危害描述	后果	风险等级	直接控制措施	间接控制措施	残余风险等级
启机	与本机组、工长、维修人员、其他配合设备操作人员呼唤应答	人员未做好呼唤应答	机械伤害	较大风险	1. 通过对讲机进行沟通，双方必须做到相互确认 2. 对讲机无法进行确认时，应该通过电话或面对面确认 3. 未做好确认前不要盲目启动设备、动铲	1. 现场保证通信畅通 2. 对设备司机做好"联合作业"规程"培训	一般风险
	检查并确认可以启机	肢体与设备各部件发生磕碰	机械伤害	低风险	1. 正确佩戴安全帽，衣服拉链和袖口应系好，不得戴围巾领带 2. 应与转动的机械保持足够的安全距离 3. 不准在转动设备附近长时间停留	1. 禁止无关人员进入机械室 2. 现场张贴安全警示标识	低风险
	合闸及关闭柜门	人员触电、电弧灼伤	触电	一般风险	1. 正确佩戴安全帽等劳动保护用品 2. 合闸前检查各线路是否连接可靠 3. 与带电体保证足够的安全距离 4. 禁止无关人员靠近	1. 要求检修人员定期做好设备预检预修 2. 现场张贴安全警示标识	低风险
	按空压机启动按钮	电机或线路损坏	设备事故	较大风险	1. 启机前做好空压机风包、电机等各部检查 2. 启机后观察电机和空压机是否正常，发现异常及时停机检查	1. 按时做好设备维护保养工作 2. 联系电工定期对空压线路进行检查	一般风险

第十一章 挖掘机采装作业安全技术基础知识

表11-7(续)

作业任务名称	作业步骤	危害描述	后果	风险等级	直接控制措施	间接控制措施	残余风险等级
启机	按润滑油泵和风机启动按钮	电机或线路损坏	设备事故	低风险	1. 启机前应检查油量、油泵等各部检查 2. 启机后观察油泵、风机是否正常工作,发现异常及时停机检查	1. 按时做好设备维护保养工作 2. 联系电工定期对润滑油泵和风机线路进行检查	低风险
	按主机启动按钮	电机或线路损坏	设备事故	一般风险	1. 启动主机前做好各部控制线路的检查 2. 启动主机后观察主机启动是否平稳、正常,发现异常及时停机检查	1. 按时做好设备维护保养工作 2. 联系电工定期对各部线路进行检查	低风险
	按总励磁按钮	电机或线路损坏	设备事故	一般风险	1. 按动前做好各部控制线路、各部抱闸的检查 2. 按动后观察各部励磁动作是否正常,发现异常及时停机检查	1. 按时做好设备维护保养工作 2. 联系电工定期对各部线路进行检查	低风险
	观察司机室各显示器或指示灯	设备损坏	设备事故	低风险	1. 启机前做好相应检查工作,发现问题及时汇报处理 2. 启机后观察显示器、指示灯是否正常,发现异常及时停机检查	1. 要求检修人员定期做好设备预检预修 2. 要求司机做好交接班检查工作	低风险

表 11-8 装车环节风险分析及预控措施

作业任务名称	作业步骤	危害描述	后果	风险等级	直接控制措施	间接控制措施	残余风险等级
装车	接受作业安排	作业方式错误	生产事故	低风险	1. 通过对讲机进行沟通，双方必须做到相互确认 2. 对讲机无法进行确认时，应通过电话或面对面确认 3. 司机认真阅读任务书，与现场情况不符时及时汇报 4. 要做好"三讲一落实"工作	1. 及时有效地进行沟通工作 2. 做好巡视工作 3. 做好对司机任务书掌握程度的检查	低风险
		损伤设备	设备事故	低风险	1. 做好瞭望观察工作，发现有浮块掉落及时接住，防止滚落损伤设备 2. 禁止留伞檐	1. 加强对员工的培训教育 2. 加强现场"三违"现象监督惩处	低风险
		损伤设备	设备事故	低风险	1. 轻挖薄片，禁止强行挖掘 2. 及时汇报工长	1. 加强对员工的培训教育 2. 加强现场"三违"现象监督惩处	低风险
	查看物料块度、拉底硬根、有无陷铲、片帮、清落危险	损伤设备	设备事故	低风险	1. 作业时，时刻注意地表有无陷铲趋势，如发现有陷铲危险，及时处理 2. 加强观察工作面有无片帮迹象，如有片帮迹象，提前进行挖掘处理或使用铲斗准备接住片帮货物	1. 加强对员工的培训教育 2. 加强现场"三违"现象监督惩处	低风险
	1. 查看台阶高度、伞檐、浮块 2. 查看警示标志	片帮掉块	设备事故	低风险	1. 禁止超高作业，如遇高情况则将设备治至正常作业高度 2. 顶部禁止留伞檐、浮块，及时发现，及时清理	1. 加强对员工的培训教育 2. 加强现场"三违"现象监督惩处	低风险

第十一章 挖掘机采装作业安全技术基础知识

表11-8（续）

作业任务名称	作业步骤	危害描述	后果	风险等级	直接控制措施	间接控制措施	残余风险等级
	查看相邻台阶和本平盘设备情况	设备坠落	设备事故	低风险	1. 发现平盘、上盘安全挡墙有缺失部位，及时联系工程科工程补全 2. 有安全挡墙缺失情况，汇报调度室暂停作业，直到挡墙补全方可正常作业	1. 加强对员工的培训教育 2. 加强现场"三违"现象监督惩处	低风险
		作业区域交叉	设备事故	低风险	1. 严格遵守作业规程，同一水平区域两台设备作业距离不得小于最大挖掘半径的2.5倍 2. 同一水平区域两台设备作业距离小于50 m时，应进行移设、停设，禁止同时作业	1. 加强对员工的培训教育 2. 加强现场"三违"现象监督惩处	低风险
装车	进入指定作业位置	陷铲	生产事故	低风险	1. 走至工作面装车位置后应试探性挖掘，履带是否有下陷趋势，如有下陷趋势则应及时处理、垫实 2. 如遇出水情况，应及时处理，防止陷铲	1. 暂停作业检查地表情况 2. 工长加强巡视	低风险
	申请调度室批准	指令传达错误	生产事故	低风险	1. 具备作业条件时及时汇报调度室 2. 不具备作业条件时及时汇报调度室 3. 应通知调度室物料情况	1. 对指令进行再次确认 2. 作业与停铲时要及时汇报工长	低风险
	鸣笛通知自卸车司机进入装车位	自卸车司机未做好装车准备	人员伤害	低风险	严格遵守作业规程，第一勺装车时应鸣笛，让自卸车司机做好装车准备，防止人员受伤	1. 加强对员工的培训教育 2. 加强现场"三违"现象监督惩处	低风险

表11-8（续）

作业任务名称	作业步骤	危害描述	后果	风险等级	直接控制措施	间接控制措施	残余风险等级
装车	观察自卸车位置是否符合装车要求	设备刚碰	设备事故	低风险	1. 自卸车在倒车过程中应注意观察，发现过远或过近及时进行沟通 2. 待自卸车停稳后方可鸣笛装车，禁止盲目动铲	1. 加强瞭望观察工作 2. 做到及时有效的沟通	低风险
	操作提升机构、推压机构、回转机构对工作面进行下挖作业	各部动作配合出错	设备事故	低风险	1. 加强操作，防止支大臂、提梁下垂度超限 2. 一名司机作业时，另一名司机做好监护工作，发现问题及时提醒	1. 加强对员工的培训教育 2. 加强现场"三违"现象监督惩处	低风险
	鸣笛通知自卸车司机开始装车	自卸车司机未做好装车准备	人员伤害	低风险	严格遵守作业规程，自卸车司机做好装车准备，让自卸车司机做好装车准备，防止人员受伤	1. 加强对员工的培训教育 2. 加强现场"三违"现象监督惩处	低风险
	铲斗满载回转至装车位对准自卸车厢，打开铲斗底门卸下物料	自卸车司机易受到冲击	人员伤害	低风险	严格遵守作业规程，自卸车车厢部与自卸车厢最高permitted超过1.5 m，最低不得超过0.5 m	1. 加强对员工的培训教育 2. 加强现场"三违"现象监督惩处	低风险
	装车完毕，发出信号允许自卸车开出	易发生刚碰	设备事故	低风险	严格遵守作业规程，装车完毕后鸣笛示意自卸车离开，如喇叭故障，则应通过对讲机告知对方	1. 加强对员工的培训教育 2. 加强现场"三违"现象监督惩处	低风险
	1. 用铲斗清扫、平整工作面 2. 撒料影响装车作业，通知辅助设备进行平整	易发生刚碰	设备事故	低风险	1. 严格电铲作业时必须停止动作，禁止同时运行 2. 做好沟通工作，确认辅助设备撤离回转半径后方可动铲	1. 加强对员工的培训教育 2. 加强现场"三违"现象监督惩处	低风险

第十一章 挖掘机采装作业安全技术基础知识

表11-9 停机环节风险分析及预控措施

作业任务名称	作业步骤	危害描述	后果	风险等级	直接控制措施	间接控制措施	残余风险等级
停机	向调度室申请停机，汇报停机原因	故障汇报错误或不清楚、不准确	其他伤害	一般风险	汇报故障清晰、准确，明确对方收到	每年对司机进行不少于两次"电铲故障识别处理"培训，加强班前会安全教育	低风险
	接受调度室发出的同意停机指令	人员未做好呼唤应答，未明确停机指令	车辆伤害	低风险	1. 通过对讲机进行沟通，双方必须做到相互确认 2. 对讲机无法进行确认时，应通过电话或面对面确认	1. 现场保证通信畅通 2. 每年对司机进行不少于两次"三大规程"培训，加强班前会安全教育	低风险
	电铲停放到安全位置	1. 未按标准距离驶离作业帮易砸铲 2. 驾驶室未按标准停放易伤人	物体打击	低风险	1. 停机时，应将电铲驶离工作面10 m以上；将驾驶室回转到背离工作面位置，铲斗放于地面 2. 在阴雨天作业时，要随时观察天气变化；大暴雨来临之前，设备停放先开到安全地点停放。有并段台阶应距根部15 m以外，有并段台阶应保持40 m以外，同时采取必要的安全措施	1. 停机前设备司机应观察好周围环境，寻找安全位置停放维护时，应听从维修人员指挥停放在安全位置 2. 电铲需要维修时，应听从维修人员指挥从工长指挥、驾驶室应服从停放在高点，防止积水浸铲	低风险
	机械系统处于静止状态	1. 控制器未至零位易造成提升大绳反弹 2. 维修或作业维护设备时，易造成作业人员身体伤害	机械伤害、设备事故	低风险	将主令控制器放置到零位	1. 司机与副司机做好相互保安应答 2. 与维修联合作业时做好呼唤应答 3. 在设备未停稳对禁止人员进入机棚内部作业	低风险

表11-9(续)

作业任务名称	作业步骤	危害描述	后果	风险等级	直接控制措施	间接控制措施	残余风险等级
停机	按提升机构、推压机构、回转机构、行走机构抱闸按钮	1. 提升机构抱闸失效，易造成大绳反缠 2. 推压机构抱闸失效，易造成碰牙 3. 回转机构抱闸失效，联合作业时，易造成设备间刷碰 4. 行走机构抱闸失效，易造成碾压铲尾电缆、爬犁车	设备事故	一般风险	提升机构、推压机构、回转机构、行走机构抱闸闸带磨损是否超限（不少于原厚度的60%）	1. 交接班时检查抱闸是否有效 2. 交接班时排除风泵积水 3. 关闭抱闸后如有异味及时联系维修检查和维修	低风险
	按总响铃按钮	控制柜内接线端子松动或短路造成外壳带电，易造成操作人员触电	触电	低风险	检查电气系统控制柜接线端子是否牢固	1. 检查电气柜外壳有无焦黑现象 2. 检查接线端子有无松动或接触电气柜 3. 检查绝缘有无击穿	低风险
	按主机停止按钮	主机未停稳人员进入机棚内易发生溅射物伤人事故	物体打击	一般风险	1. 检查各发电机、电动机的电刷磨损是否超限，联轴器卡子是否完好 2. 做好与机组人员及现场维修人员的呼唤应答	1. 主机未停稳时禁止进入机棚内部作业 2. 检查电气柜有无带电现象	低风险
	空气压缩机、油泵停止运转	因人员操作失误造成各辅助设备未停止运作，发生维护、维修时伤人事故	物体打击	一般风险	检修工作开始前，先检查设备电、气等动力源是否断开并挂好检修标志。在开关处挂"正在检修禁止开动"的警示牌，设专人监护，以防他人乱动，盲目通电	1. 及时排空压气机罐内积水 2. 维护风棚通风机时切断电源方可作业 3. 及时添加油泵内甘油防止油空转	低风险
	操作开关切断控制电源	控制柜内接线端子松动或短路造成外壳带电，易造成操作人员触电	触电	低风险	检查电气系统控制柜接线端子是否牢固	1. 检查电气柜外壳有无焦黑现象 2. 检查接线端子有无松动或接触电气柜 3. 检查绝缘有无击穿	低风险

第十一章 挖掘机采装作业安全技术基础知识

表 11-10 交接班环节风险分析及预控措施

作业任务名称	作业步骤及检查项目	危害描述	后果	风险等级	直接控制措施	间接控制措施	残余风险等级
交接班	停止装车、刷帮、平整场地等	停止装车作业前应观察回转半径内有无其他联合作业设备防止刮碰,观察有无伞檐大块防止砸到人,地铲碰人,地表出水应退到安全地带后停止作业防止陷铲	设备事故	低风险	1. 其他设备在电铲回转半径内作业时,禁止回转,同时应将铲尾部停在外侧 2. 在挖掘机的作业半径内,禁止无关设备和任何人员停留 3. 工作面不准留伞檐有活动的大块岩石	1. 停止作业前司机与副司机应再三确认回转半径内有无其他设备作业 2. 伞檐大块来临必须停止作业完后停止作业 3. 暴雨来临停止作业时设备按规定停放在低洼处 4. 停止作业时设备应按规定停放在安全位置	低风险
	电铲退至安全、平坦的地面上	铲斗挑爬犁车时司机与副司机配合易伤人、电缆破皮、漏电易造成人员触电	物体打击、触电	低风险	1. 倒电缆时,要按规定穿戴防护用品和绝缘工具,并在全可靠的绝缘防护用品和使用安全可靠情况下,方可进行 2. 电铲长距离(500 m 以上)走铲时,须由工长带领当班司机,查看行走路线,修理工监护下走铲。走铲部分状态无法保证坡道通行困难时,必须采取相应措施	1. 退铲时司机应听从副司机指挥 2. 退铲时司机观察副司机位置,如同司机不在视线内应停止操作 3. 交接班和退铲前观察电缆有无漏电、冒火、破损现象,如有联系调度室停电处理 4. 副司机靠近爬犁车时司机应停止操作,设备处于静止状态	低风险
	回转电铲至停放位置	1. 未按标准距离驾驶作业帮易碰铲 2. 驾驶室未按标准停放易伤人	物体打击	低风险	1. 停机时,应将电铲驾驶离工作面 10 m以上;将驾驶室回转到背向工作面位置,铲斗置放于地面 2. 在阴雨天作业时,要随时观察天气变化;在大暴雨来临之前,设备停放位置预先开到安全地点停放。有并段时要保持距阶段根部 15 m 以外,同时采取必要的安全措施40 m 以外	1. 停机前司机应观察好周围环境,寻找安全位置停放设备 2. 电铲需要修理或维护时,听从维修人员指挥停放在安全位置 3. 特殊天气电铲并帮停放在工长指定高点,防止积水浸铲	低风险

表11-10（续）

作业任务名称	作业步骤及检查项目	危害描述	后果	风险等级	直接控制措施	间接控制措施	残余风险等级
	停止电铲各部系统	主机未停稳人员进入机棚内易发生溅射物伤人事故	物体打击	低风险	1. 检查各发电机、电动机的电刷磨损是否超限，联轴器卡子是否完好 2. 做好与机组维修人员及现场维修人员的呼唤应答	1. 主机未停稳时禁止进入机棚内部作业 2. 检查电气柜有无带电现象	低风险
交接班	1. 检查电缆、爬犁车 2. 对设备外观进行检查 3. 检查提升机构、回转机构、推压机构、行走机构 4. 检查各配电柜、箱、控制柜 5. 检查油水位、油气管路仪表 6. 检查设备绳索、铰链、锁具 7. 检查照明、警示标识等 8. 检查消防、应急、通信、工器具等 9. 其他应检查的项目	肢体与设备备部件发生磕碰受到伤害	机械伤害	低风险	1. 正确佩戴安全帽，衣服拉链和袖口应系好，不得戴围巾领带 2. 必须停机检查设备 3. 不准在转动设备附近长时间停留	1. 禁止无关人员进入机械室 2. 现场张贴安全警示标识 3. 每年对司机进行不少于两次"三大规程"培训，加强班前会安全教育	低风险
交接班注油、交接班清扫、交接班整理	1. 清理设备卫生时故油污滑倒、摔伤 2. 整理工具时发生磕碰受伤		机械伤害、物体打击	低风险	1. 整理设备，正确穿戴劳动保护用品 2. 停放位置安全、平整、无障碍物	1. 工长加强日常巡查，发现未按规定整理设备的人员要对责任人进行批评教育，并责令改正 2. 每年对司机进行不少于两次"三大规程"培训，加强班前会安全教育	低风险

第十一章　挖掘机采装作业安全技术基础知识

表11-10（续）

作业任务名称	作业步骤及检查项目	危害描述	后果	风险等级	直接控制措施	间接控制措施	残余风险等级
	1. 本班设备运转情况、故障情况、点检记录、工程情况等 2. 其他注意事项	运行记录未填写或填写不全面，记录不规范、不清楚	其他伤害	低风险	1. 正确填写运行记录，无漏项、无涂改乱画 2. 对记录进行二次复查	每年对司机进行不少于两次"三大规程"培训，加强班前会安全教育	低风险
交接班	在现场进行对职交接班	1. 未按规定进行安全交底 2. 未认真听取安全交底 3. 安全交底漏项	机械伤害、物体打击、设备事故	低风险	1. 按规定做好安全交底工作 2. 交底工作无漏项 3. 工长加强日常巡查，发现未按规定安全交底的要对责任人进行批评教育，并责令改正	每年对司机进行不少于两次"三大规程"培训，加强班前会安全教育	低风险
	接班人检查设备后，签字确认，上一班情况交代清楚	1. 未按工程各项指标进行技术交底 2. 未认真听取安全交底 3. 技术交底漏项，缺少宽度、深度、坡度、长度、延伸方向等	设备事故、车辆伤害、机械伤害	低风险	1. 工长班前会、工前会进行技术交底 2. 工长加强日常巡查，检查上下班是否按各项指标进行技术交底	每年对司机进行不少于两次"三大规程"培训，加强班前会安全教育	低风险

表 11-11 电铲与推土机联合作业环节风险分析及预控措施

作业任务名称	作业步骤	危害描述	后果	风险等级	直接控制措施	间接控制措施	残余风险等级
与推土机联合作业	接受作业安排	导致设备未按标准作业	生产事故	低风险	1. 通过对讲机进行沟通，双方必须做到相互确认 2. 对讲机无法进行确认时，应通过电话或面对面确认 3. 未做好确认前不要启动设备	1. 定期维护对讲机，保证正常使用 2. 现场人员随身带好通信工具	低风险
	查看物料块度、拉底碴根、有无陷落危险、片帮、滑落危险	人员受伤	物体打击	一般风险	1. 将悬浮的大块处理掉 2. 将作业现场处理平整 3. 现场人员加强观察	1. 人员进入现场按要求穿戴好劳动保护用品 2. 组织现场作业人员做好安全培训，提高安全意识	低风险
			物体打击	一般风险	1. 将悬浮的大块处理掉 2. 将作业现场处理平整 3. 现场人员加强观察	1. 人员进入现场按要求穿戴好劳动保护用品 2. 组织现场作业人员做好安全培训，提高安全意识	低风险
	1. 查看台阶高度、伞檐、浮块 2. 查看警示标志	人员受伤	物体打击	一般风险	1. 将悬浮的大块处理掉 2. 将作业现场处理平整 3. 现场人员加强观察	1. 人员进入现场按要求穿戴好劳动保护用品 2. 组织现场作业人员做好安全培训，提高安全意识	低风险
			物体打击	一般风险	1. 将悬浮的大块处理掉 2. 将作业现场处理平整 3. 现场人员加强观察	1. 人员进入现场按要求穿戴好劳动保护用品 2. 组织现场作业人员做好安全培训，提高安全意识	低风险

第十一章 挖掘机采装作业安全技术基础知识

表11-11（续）

作业任务名称	作业步骤	危害描述	后果	风险等级	直接控制措施	间接控制措施	残余风险等级
与推土机联合作业	查看相邻台阶和本平盘设备情况	人员受伤	物体打击	一般风险	1. 将悬浮的大块处理掉 2. 将作业现场处理平整 3. 现场人员加强观察	1. 人员进入现场按要求穿戴好劳动保护用品 2. 组织现场作业人员做好安全意识	低风险
		人员受伤	物体打击	一般风险	1. 将悬浮的大块处理掉 2. 将作业现场处理平整 3. 现场人员加强观察	1. 人员进入现场按要求穿戴好劳动保护用品 2. 组织现场作业人员做好安全意识培训,提高安全意识	低风险
	进入指定作业位置	人员受伤	机械伤害	一般风险	1. 提前查看走铲路线,场地湿滑及时处理 2. 走铲前检查行走制动器能否正常工作 3. 走铲时人员避免正对履带板	1. 对设备司机进行培训 2. 对设备进行定期维护检修	低风险
	申请调度室批准	导致设备未按标准作业	生产事故	低风险	1. 利用对讲机及时进行沟通 2. 调度室下达准确指令 3. 设备按照调度室下达的指令进行作业,避免沟通不及时发生各类事故	1. 定期维护对讲机,保证正常使用 2. 现场人员随身带好通信工具	低风险

表11-11（续）

作业任务名称	作业步骤	危害描述	后果	风险等级	直接控制措施	间接控制措施	残余风险等级
与推土机联合作业	采装物料并推至倒堆至指定位置，散落到周边的物料利用推土机配合推至指定位置	设备发生刚碰	设备事故	一般风险	1. 倒堆时两设备禁止同时动作，避免发生刚碰 2. 处理场地时利用好对讲机，确定好工程设备位置，禁止盲目转铲 3. 待工程设备退到安全位置后再转铲	1. 对设备司机进行"联合作业规程"培训 2. 保证设备喇叭、灯光正常使用	低风险
	电铲先将本水平物料挖掘后倒至下水平，推土机配合将下水平铲不能倒堆至下水平的剩余物料推至下水平	设备发生刚碰	设备事故	一般风险	1. 倒堆时两设备禁止同时动作，避免发生刚碰 2. 处理场地时利用好对讲机，确定好工程设备位置，禁止盲目转铲 3. 待工程设备退到安全位置后再转铲	1. 对设备司机进行"联合作业规程"培训 2. 保证设备喇叭、灯光正常使用	低风险
	依次停止设备各部件运转	导致设备损坏	设备事故	低风险	1. 停铲之前将设备停到安全可靠位置 2. 按照正确停机顺序进行操作，避免对设备元件造成损坏 3. 各部件完全停止运转后再进入机械室检查设备	1. 对设备司机进行"三大规程"培训 2. 对设备进行定期维护检修	低风险

第十一章 挖掘机采装作业安全技术基础知识

表 11-12 自带电缆走铲作业环节风险分析及预控措施

作业任务名称	作业步骤	危害描述	后果	风险等级	直接控制措施	间接控制措施	残余风险等级
自带电缆走铲	接受作业安排	人员未做好呼唤应答，未明确作业指令	其他伤害	低风险	1. 通过对讲机进行沟通，双方必须做到相互确认 2. 对讲机无法进行确认时，应该通过电话或对面确认	1. 保证现场通信畅通 2. 每年对司机进行不少于两次"三大规程"培训，加强班前会安全教育	低风险
	踏勘现场，结合计划确定电铲走铲位置和走铲路线	雨雪天气坡道电铲行走时易打滑	设备伤害	低风险	1. 上坡和升坡时，必须主动轮在后，拉紧方轴在前；降坡时，主动轮在前，拉紧方轴在后；升降段时，必须有专人指挥，行走中一次扭铲角度不得大于15° 2. 挖掘机在行走中，遇到松软或含水有塌陷危险时，必须采取安全措施	1. 行走前必须勘察路线 2. 雨雪天气遇坡道必须找工程设备处理完后行走	低风险
	向调度室汇报走铲设备编号、走铲路线，申请走铲	通信不及时或交代不清	其他伤害	低风险	1. 作业或行走前需要和调度室沟通得到肯定答复后作业 2. 通知工长是否可以走铲，得到明确答复后作业	1. 保持通信畅通 2. 交代好行走路线是否有其他影响因素或隐患 3. 交代设备情况有无影响	低风险
	接受调度走铲指令	通信不及时或交代不清	其他伤害	低风险	1. 接到明确指令后作业 2. 未接到指令或指令表达不清需再三确认	1. 得到调度室指令后通知工长走铲 2. 如遇通信不良情况需优先处理保持通信畅通	低风险

表11-12（续）

作业任务名称	作业步骤	危害描述	后果	风险等级	直接控制措施	间接控制措施	残余风险等级
自带电缆走铲	由电铲副司机指挥监护尾线并负责电缆盘放工作	1. 监护人未做的监护职责易发生挤压尾部电缆等事故 2. 操作司机与副司机配合不到位易伤人	设备伤害、物体打击	低风险	1. 监护人员要明确监护职责做好指挥工作 2. 长距离走铲应有当班工长指挥 3. 盘电缆时设备要停稳防止爬犁车伤人	1. 与指挥人员做好呼唤应答 2. 指挥人员不在视线范围内要停止操作防止伤人 3. 明确操作者职责与监护人职责	低风险
	佩戴配齐劳动保护用品、用具	未穿戴劳动保护用品或用品破损易发生触电事故	触电	低风险	1. 检查爬犁车上电缆有无破损或松乱，电缆引入箱外观是否良好，接地线是否牢固 2. 检查安全用品、用具工具是否齐全有效，随车工具是否齐全，机棚、驾驶室内物品摆放是否合理	1. 交接班检查到位 2. 如遇电缆破损必须上报工长待处理完毕后作业 3. 劳动保护用品有破损必须更换 4. 必须穿戴劳动保护用品	低风险
	检查电铲尾线电缆	尾部电缆破损未检查到位易发生电缆短路、断路等设备故障	设备伤害	低风险	检查爬犁车上电缆引入箱外观是否良好，电缆有无破损或松乱，接地线是否牢固	1. 交接班必须检查尾部电缆有无破损 2. 走铲退隔前必须检查尾部电缆 3. 电缆有破损必须第一时间上报，瞒报不得迟报、瞒报	低风险
	检查行走各机构（行走抱闸、履板轴等）	1. 行走抱闸闸失灵易发生溜铲事故 2. 履带板销子检查不细易发生履带板断裂设备故障 3. 行走电机有异味易发生电机损坏等设备故障	设备伤害	低风险	1. 检查履带销子是否窜出，定位销子是否缺少，履带张紧度是否适宜（托轮间挠度不大于180 mm左右） 2. 提升机构、推压机构、回转机构行走机构抱闸闸带磨损是否超限（不少于原厚度的60%） 3. 走铲时，副司机负责电缆的看护工作，在处理电缆和走铲时，不许站在履带前方	1. 交接班、走铲前必须检查走铲抱闸是否有效 2. 交接班、走铲和行走中检查履带销子是否窜出 3. 行走中监护人员不准站在履带板前方防止伤人	低风险

第十一章 挖掘机采装作业安全技术基础知识

表11-12（续）

作业任务名称	作业步骤	危害描述	后果	风险等级	直接控制措施	间接控制措施	残余风险等级
自带电缆走铲	检查铲斗内是否有物料	铲斗内有物料在走铲中易砸伤爬犁车上电缆或走铲时的监护人员	设备伤害	低风险	走铲前应放空铲斗内物料，待监护人员检查后走铲	1. 监护人员应履行职责起到监护作用 2. 操作者应听从指挥不可盲目大意，不可存在侥幸心理	低风险
	检查爬犁车引链条	爬犁车链条断裂易发生尾部电缆拉断等风险	设备伤害	低风险	1. 交接班、走铲前和走铲后必须检查到位 2. 如发现链条断裂或即将断裂必须优先处理后走铲 3. 走铲中监护人员不得横跨爬犁车链条防止伤人	1. 走铲监护人员履行职责不得横跨踩踏链条 2. 交接班、作业中时刻监护爬犁车链条有无断裂	低风险
	1. 电铲行走 2. 盘电缆	1. 盘电缆时易发生爬犁车事故 2. 走铲时地软易松发生陷铲事故	物体打击、设备伤害	低风险	1. 电铲行走时，副司机负责电缆看护工作，处理电缆和走铲时，不许站在履带前方 2. 盘电缆时设备要挺稳防止爬犁车伤人	1. 操作者要听从监护人员指挥，若指挥不明应做好呼唤应答 2. 如操作人员不在视线范围内应停止操作确认人员位置 3. 操作者应提示监护人员的安全站位	低风险
	1. 走铲至指定工作面 2. 汇报调度室走铲结束	通信不及时或交代不清	其他伤害	低风险	1. 汇报作业位置并简洁有序 2. 汇报作业平盘有无风险 3. 到达新作业位置观察地表，作业帮有哪些风险汇报调度及工长	1. 汇报调度室后得到明确指令再作业 2. 如通信不良情况需优先处理保持通信畅通	低风险

表 11-13 维护保养作业环节风险分析及预控措施

作业任务名称	作业步骤	危害描述	后果	风险等级	直接控制措施	间接控制措施	残余风险等级
维护保养	班中，电铲司机检查润滑系统油位情况	1. 人员磕碰、卷入 2. 大块掉落损坏设备	机械伤害、设备事故	低风险	1. 向调度室申请班中检查，确认电铲周围设备在安全距离停歇 2. 退出工作面至安全位置 3. 停机，待设备停稳后再进行检查	1. 正副司机做好联保自保工作 2. 与其他设备做好沟通工作，检查期间禁止其他设备进入电铲回转半径内	低风险
	向调度室汇报停机原因，申请停机	人员未做好呼唤应答	机械伤害	低风险	1. 通过对讲机进行沟通，双方必须做到相互确认 2. 对讲机无法进行确认时，应通过电话或面对面确认 3. 未做好确认前不要盲目停机检查	1. 保证现场通信畅通 2. 对设备司机做好相关制度培训	低风险
	接受调度指令，退出工作面并停机	未退至安全位置	设备事故	低风险	1. 收到指令后及时将设备撤离至安全位置 2. 停放时应按操作规程要求停放	1. 挖掘时禁止留伞檐 2. 加强对员工的培训教育 3. 加强现场"三违"现象监督惩处	低风险
	向调度室汇报注油部位	需要注油部位、油类汇报错误	生产事故	低风险	1. 通过对讲机进行沟通，双方必须做到相互确认 2. 对讲机无法进行确认时，应该通过电话或面对面确认 3. 汇报注油部位应准确，汇报后应进行再次确认	设备司机应对缺油部位、缺油油类、缺油油量进行确认	低风险
	对缺油位置加注油脂	人员未做好确认工作	设备事故	低风险	1. 设备司机应对缺油部位、缺油油量进行确认 2. 设备司机应与油脂车司机做好沟通	1. 设备司机应对缺油部位、缺油油类、缺油油量进行确认	低风险
	再次检查注油部位，逐项填写运行记录	检查注油部位时易发生人员磕碰	机械伤害	低风险	1. 正确穿戴好劳动保护用品 2. 高处检查时应系好安全带，防止高空坠落	1. 正副司机做好联保自保工作 2. 与其他设备做好沟通工作，检查期间禁止其他设备进入电铲回转半径内	低风险

第四节 挖掘机作业隐患排查与治理

一、安全检查与隐患排查的区别

安全检查是通过眼看、工具检测等手段对生产装置是否存在问题进行检查，检查范围狭小，涉及的广度和深度较浅。安全检查是个人或某一专业即可完成的工作，是随时和经常性的工作。

隐患排查是用分析法对人、机、料、法、环进行综合分析，将隐性的影响安全生产的管理缺陷、技术缺陷、设备缺陷等因素查找出来。排查可以根据原因分析推论结果，也可以根据结果分析查找原因。

可见，安全检查查的是"表"，隐患排查查的是"根"。安全生产管理中，隐患排查尤为重要，只有把安全检查和隐患排查有机地结合应用，才能真正做到"隐患可控，事故可防"。

二、工作要求

（一）工作机制

（1）建立健全事故隐患排查治理责任体系和工作制度，明确事故隐患排查治理工作职责。

煤矿应当建立健全从主要负责人（包括一些煤矿企业的实际控制人，下同）到每位作业人员，覆盖各部室、各单位、各岗位的事故隐患排查治理责任体系，明确细化职责，确立事故隐患排查治理全员参与的工作模式。明确主要负责人为本煤矿隐患排查治理工作的第一责任人，统一组织领导和协调指挥本煤矿事故隐患排查治理工作；明确本煤矿负责事故隐患排查、治理、记录、上报和督办、验收等工作的责任部门。

①建立以矿长为组长，其他分管负责人为副组长，各副总、专家及各部室、各单位负责人为成员的隐患排查治理领导小组，负责年度隐患排查工作，并制定年度隐患治理措施。

②成立以分管负责人为组长，各部室、各单位负责人为副组长，各部室、各单位其他人员为成员的分管隐患排查治理工作小组，负责分管每月、每旬、每日的隐患排查，并制定每月、每旬、每日隐患治理措施。

③安全质量环保监察部负责煤矿年度隐患排查及矿长和其他各分管负责人每月、每旬、每日隐患汇总、整理、公告，并督查隐患治理措施的落实情况。

（2）对排查出的事故隐患进行分级，按事故隐患等级进行登记、治理、验收、销号。煤矿应当建立事故隐患分级管控机制，根据事故隐患的影响范围、危害程度和治理难度等制定煤矿的事故隐患分级标准，明确负责不同等级事故隐患的治理、督办和验收等工作的责任单位和责任人员。

根据隐患整改、治理和排除的难度及其可能导致事故后果和影响范围，事故隐患分为重大隐患和一般隐患。其中重大隐患是指危害和整改难度大，应全部或局部停产，并经过一定时间治理方能排除的隐患，或因外部因素影响致使本单位（部门）自身难以排除的隐患。一般隐患是指危害和整改难度小，发现后能够立即通过整改排除的隐患。一般隐患按照危害程度、解决难易、工程量大小等可划分为A、B、C三级（也可划分为A、B、C、D四级）。

A级：有可能造成人员伤亡或严重经济损失，治理工程量大，需由煤矿或上级企业或部门协调、煤矿主要负责人组织治理的隐患。

B级：有可能导致人身伤害或较大经济损失，治理工程量较大，需由煤矿分管负责人组织治理的隐患。

C级：治理难度和工程量较小，由煤矿各分管负责人或各部室、各单位负责人组织治理的隐患。

D级：治理难度和工程量很小，由煤矿各部室、各单位负责人或各班组负责人组织治理的隐患。

对排查出的事故隐患，按事故隐患等级，由安全质量环保监察部门进行督办，煤矿组织相关单位进行验收。按照隐患等级分别明确对应的治理、验收和督办责任单位及责任人员，实施分级治理、分级督办、分级验收。

（二）事故隐患排查

1. 隐患判定标准

是否是隐患，应以风险点中危险源的风险是否达到企业"不可承受"的水平，即是否为"不可承受风险"为判定标准。具体判定时应考虑以下6个方面：

（1）违反法律、法规、规章、标准、规程、规范的要求。
（2）不符合针对风险点制定的典型控制措施。
（3）不符合主管部门及各级安全监管部门提出的特定要求。
（4）不符合煤矿制定的管理制度、操作规程的要求。
（5）违反煤矿采取的且证明有效的安全和职业卫生管理措施。
（6）煤矿在安全管理方面的追求。

2. 明确事故隐患排查人员、内容、周期

煤矿应当建立预防事故隐患排查的工作机制，在生产活动开始前以及安全条件、生产系统、设施设备等发生较大变化时，组织安全、生产和机电等职能部门对涉及变化的作业场所、工艺环节、设施设备、岗位人员等可能存在的危险因素

第十一章 挖掘机采装作业安全技术基础知识

进行全面辨识，识别可能导致事故隐患产生的危险因素，并进行汇总分类和危险程度评估，制定针对性的预防措施，分解落实到每个工作岗位和每个作业人员，预防事故隐患产生。

煤矿应依据确定的各类风险的全部控制措施和基础安全管理要求，编制项目清单。隐患排查项目清单包括生产现场类隐患排查清单和基础管理类隐患排查清单。隐患排查项目清单是煤矿内分级排查和日常安全检查的关注点。各级安监部门进行监督检查时，可以参照煤矿上报的排查点清单进行监督检查。

（1）生产现场管理类隐患排查清单。生产现场管理类隐患排查主要是针对特种设备现场管理、生产设备设施、场所环境、从业人员操作行为、消防安全、用电安全、职业卫生现场安全、有限空间作业安全、辅助动力系统、相关方现场管理、其他现场管理等方面存在的缺陷而开展的。应以各类风险点为基本单元，依据风险分级管控体系中各风险点的控制措施和标准、规程要求，编制风险点的排查清单。排查清单至少应包括：

①与风险点对应的设备设施和作业名称。
②排查内容。
③排查标准。
④排查方法。

（2）基础管理类隐患排查清单。基础管理类隐患排查主要是针对生产经营单位资质证照、安全生产管理机构及人员、安全生产责任制、安全生产管理制度、安全操作规程、教育培训、安全生产管理档案、安全生产投入、应急救援、特种设备基础管理、职业卫生基础管理、相关方基础管理、其他基础管理等方面存在的缺陷而开展的。应依据基础管理相关内容要求，逐项编制排查清单。排查清单至少应包括：

①基础管理名称。
②排查内容。
③排查标准。
④排查方法。

3. 隐患排查内容

采装作业隐患排查内容见表11-14。

表11-14 采装作业隐患排查清单

类别	隐患排查内容
人员行为类	作业前未进行风险辨识、落实防范措施
	作业人员未持证或未持证上岗作业

表11-14(续)

类别	隐患排查内容
人员行为类	作业人员劳动保护用品穿戴不规范
	作业人员未参加"三会一活动"
	作业人员违章作业
	管理人员违章指挥
	作业人员带病上岗或酒后上岗
设备类	制动器磨损过限，易发生失控现象
	各部注油点不走油，易发生轴或套磨损
	履带板销子窜出，导致履带板损坏
	走台及梯子扶手护栏开焊
	抱闸闸架子松动
	斗齿勾销别棍丢失，导致斗齿丢失
	履带板销子窜出，导致履带板断裂
	斗底板弯刀裂纹，导致斗底板弯刀断裂
	斗杆或铲斗有裂纹
	走车制动器磨损过限，走铲过程中造成溜铲
	回转立轴托盘螺栓松动，托盘脱落导致回转平台损坏
	中心轴线管子卡子螺栓松动，导致中心轴内部线旋转拧紧，导致接地着火
	中心轴锁键丢失，导致中心轴损坏
	环规压块丢失，导致环规移位
	钢丝绳断丝（超过30%）或断股
	稀油泵对轮滚键，各部无稀油润滑导致减速箱磨损
	驱动轮注油不畅，导致驱动轮铜套轴承磨损
	推压制动器故障
	孔洞盖板、防护栏杆缺失或损坏
环境类	作业场地不平整，电铲带角度作业
	作业场地出水或积水
	作业台阶上部有伞檐
	作业场地较窄
	不良的照明环境
	不良的气象条件
	作业位置油污较多，未及时清理

表11-14(续)

类别	隐患排查内容
管理类	作业前未明确任务目标
	临时性工作交代不明确或不具体
	未明确岗位作业风险及防范措施
	作业安全风险管控措施未落实或落实不到位
	未明确风险管控措施
	消防器材过期或失效
	绝缘工器具损坏或超期未定检
	电缆绝缘层破损，未及时更换或修复
	现场作业环境复杂，多工种联合作业，呼唤应答不到位

4. 隐患排查要求及频次

煤矿应根据组织机构确定不同的排查级别。排查级别一般包括：矿级排查、车间级排查、班组级排查和岗位级排查。专业机构利用检验检测手段实施隐患排查，煤矿可委托外部专业机构实施隐患排查，如避雷系统检测、特种设备检测、仪器校准等。

根据风险点特性及危险源风险确定检查周期（隐患排查的实施时间间隔），检查周期包括：几小时一次、每班一次、每周一次、每月一次和每季度一次等。隐患排查周期可根据安全要求的变化、上级主管部门的要求等情况，增加隐患排查的频次。涉及季节性、节假日、检修、抢修、开停机等间断性出现的风险点、危险源，可针对其实际特点制定专项排查表。

煤矿应组织各级管理人员和从业人员定期开展隐患排查工作，隐患排查工作可与风险管控工作相结合。煤矿应当按照日常排查和定期排查相结合的原则建立事故隐患排查工作制度，及时发现生产建设过程中存在的事故隐患。

（1）煤矿主要负责人每月至少组织分管负责人及安全、生产、技术等业务科室、生产组织单位开展一次覆盖生产各系统和各岗位的全面事故隐患排查工作。排查前制定工作方案，明确排查时间、方式、范围、内容和参加人员。

（2）煤矿各分管负责人每半月组织安全、生产、技术等职能部门和相关的专业部门对分管领域进行一次覆盖生产各系统和各岗位的全面事故隐患排查工作。

（3）煤矿生产期间，每天应安排管理、技术和安监人员进行巡查，对作业区域开展事故隐患排查。

（4）煤矿班组和岗位作业人员应当在开始作业前对本岗位危险因素进行一

次安全确认,并在作业过程中随时排查事故隐患。

煤矿应当建立事故隐患统计分析和汇总建档工作制度,定期对事故隐患和治理情况进行汇总分析,及时发现安全生产和隐患排查治理工作中出现的普遍性、苗头性和倾向性的问题,研究制定预防性措施;并及时将事故隐患排查、治理和督办、验收过程中形成的电子信息、纸质信息归档立卷。

发现重大事故隐患时,要立即停止受威胁区域内所有作业活动,撤出作业人员,并立即向当地煤矿安全监管监察部门书面报告。

5. 事故隐患治理

(1) 分级治理。事故隐患治理应遵循分级治理、分类实施的原则。事故隐患治理主要包括岗位纠正、班组级治理、车间级治理、公司级治理、上级公司治理等。不同等级的事故隐患由相应层级的单位(部门)和人员负责;事故隐患应根据煤矿管理层级,实行分级治理、分级督办、分级验收。治理完成的事故隐患验收合格的予以销号,实现闭环管理。未按规定完成治理的事故隐患,应提高督办层级。

事故隐患治理流程包括通报隐患信息、下发隐患整改通知、实施隐患治理、治理情况反馈和验收等环节。

①一般事故隐患整改。事故隐患排查人员向存在事故隐患的部门、班组下发事故隐患排查治理通知单。由隐患整改责任单位负责人或班组立即组织整改,明确整改责任人、整改要求、整改时限等内容。

②重大事故隐患整改。重大事故隐患治理由煤矿主要负责人组织实施。对于重大事故隐患或难以整改的隐患,按照责任、措施、资金、时限、预案"五落实"的原则,隐患整改责任煤矿、部门应组织制定事故隐患治理方案,经论证后实施。

a) 重大事故隐患评估报告书。经判定或评估属于重大事故隐患的,企业应当及时组织评估,并编制事故隐患评估报告书。其内容包括:

(a) 事故隐患的类别。

(b) 影响范围和风险程度以及对事故隐患的监控措施。

(c) 治理方式。

(d) 治理期限的建议。

b) 重大事故隐患治理方案。对于重大事故隐患,应当由煤矿或煤矿企业主要负责人负责组织制定治理方案。重大隐患和 A 级隐患,必须编制隐患治理方案,应当包括下列主要内容:

(a) 治理的目标和任务。

(b) 治理的方法和措施。

(c) 落实的经费和物资。

(d) 治理的责任单位和责任人员。

(e) 治理的时限、进度安排和停产区域。

(f) 采取的安全防护措施和制定的应急预案。

煤矿应当建立事故隐患排查资金保障机制,根据年度事故隐患排查治理工作安排,每年在安全生产费用提取中留设专项资金,专门用于隐患排查治理。事故隐患排查治理必须做到责任、措施、资金、时限和预案"五落实",具体包括:分级负责、治理的方法和措施、治理的资金和物质、治理的时限和要求、应急处置和应急预案。

事故隐患排查结束后,将事故隐患名称、存在位置、不符合状况、隐患等级、治理期限及治理措施要求等信息向从业人员进行通报。事故隐患排查组织部门应下发隐患整改通知书,隐患整改通知书应明确隐患整改责任单位、措施建议、完成期限等要求。负责隐患整改单位在实施隐患治理前应当对隐患存在的原因进行分析,并制定可靠的治理措施。隐患整改通知书下发部门应当对隐患整改效果进行组织验收。

(2) 安全措施。

①对治理过程中存在危险的事故隐患治理要有安全措施。

②对治理过程中危险性较大的事故隐患,应制定现场处置方案,治理过程中有专人现场指挥和监督,并设置警示标识。

煤矿应当制定事故隐患排查治理过程中的安全保护措施,严防事故发生。事故隐患治理前无法保证安全或事故隐患治理过程中出现险情时,应撤离危险区域内的作业人员,并设置警示标志。对于短期内无法完成治理的事故隐患,应当及时组织人员对其危险程度和影响范围进行评估,根据评估结果采取相应的安全监控和防护措施,以确保安全。对治理过程中危险性较大的事故隐患,治理过程中应有专人现场指挥和监督,并设置警示标识。

6. 监督管理

(1) 煤矿应及时通报事故隐患排查和治理情况,并接受监督。

(2) 事故隐患治理实施分级督办,对未按规定完成治理的事故隐患,及时提高督办层级,加大督办力度;事故隐患治理完成,经验收合格后予以销号,解除督办。

煤矿企业应及时在公示栏或其他显著位置,每月定期向从业人员通报事故隐患分布、治理进展情况。重大事故隐患应当在煤矿显著位置进行公告,一般事故隐患可以在涉及的办公区域公告或在班前会上通报。发现重大事故隐患后,应在露天煤矿生产调度指挥中心或其他显著位置公示,重大事故隐患公告必须包括隐患的现状、产生原因、危害程度、整改难易程度分析、治理方案、治理责任、治理时限和责任人员等内容，重大事故隐患公告还应标明停产停工范围。

煤矿应建立事故隐患举报奖励制度，公布事故隐患举报电话、信箱、电子邮箱等，接受从业人员和社会的监督。

7. 保障措施

（1）煤矿应采用信息化管理手段，实现对事故隐患排查治理记录统计、过程跟踪、逾期报警、信息上报的信息化管理。

煤矿企业应当建设具备事故隐患内容记录、治理过程跟踪、统计分析、逾期警示、信息上报等功能的事故隐患排查治理信息化管理手段，实现对事故隐患从排查发现到治理完成销号全过程的信息化管理。

事故隐患排查治理信息系统应当接入煤矿调度中心（生产信息平台），并确保事故整改记录无法被篡改或删除。

（2）定期组织召开专题会议，对事故隐患排查和治理情况、风险管控措施落实进行汇总分析；各部室、各单位负责人每半月组织召开一次半月隐患排查和治理情况分析会。对半月的隐患排查和治理情况进行总结，确定下半月要重点关注排查的隐患，并提出治理方案措施。

每月由矿长组织各科室、各部门负责人召开一次月度隐患排查和治理情况分析会，对本月的隐患排查和治理情况进行总结，确定下月矿井要排查的隐患，并提出治理方案措施。月度事故隐患统计分析报告应当坚持"问题导向"，对下月及今后隐患排查治理、安全生产管理工作提出针对性、可操作性的意见及建议。

每年底由矿长组织煤矿其他分管负责人及各部室、各单位负责人召开一次年度隐患排查和治理情况分析会，对本年度的隐患排查和治理情况进行总结，确定下一年度矿井要排查的隐患，并提出治理方案措施。

隐患排查治理分析总结可召开专项会议，也可与其他会议合并召开。对重大隐患、共性隐患、反复隐患、新增隐患等应当"追根溯源"，可从技术设计、规程措施、规章制度、安全投入、安全培训、劳动组织、设备设施、现场管理、操作行为等方面进行系统分析并研究制定改进措施。

三、隐患排查治理措施

采装作业隐患主要是指从业人员个体违章行为、消防安全、用电安全、设备管理、场所环境、设备操作、设备点检等方面存在的缺陷。

（一）从业人员个体违章行为

（1）未按规定配备安全工器具和个人劳动防护用品。

（2）在台阶边缘、根部从事与生产无关的工作。

(3) 设备作业前未按规定检查设备。
(4) 作业时玩手机，长时间接打电话、闲聊等。
(5) 设备启动前未鸣笛、不做启动预告。
(6) 未按规定使用安全带。
(7) 设备操作人员在设备上存放易燃、易爆等危险化学物品。
(8) 未按规定进行交接班。
(9) 未按规定动作上下设备。
(10) 进入生产现场未按规定正确佩戴安全帽。
(11) 跨越、移动安全围栏或超越高压带电设备安全警戒线。
(12) 酒后上岗或班中饮酒，擅自离岗。
(13) 运行设备存在重大安全隐患，未及时采取预防措施和消缺处理。
(14) 未按规定执行调度命令或擅自改变调度管辖设备的状态。
(15) 绝缘靴、绝缘手套损坏或失效。

(二) 消防安全
(1) 消防设备未按规定配备或未定期检查。
(2) 将工作区域内的消防器材移作他用。
(3) 私设与使用电炉、明火炉等明令禁止的取暖设备。
(4) 在易燃物品或设备上方进行焊接，下方无人监护，未清除下方的可燃物、易燃物，未采取可靠的隔离和防护措施。

(三) 用电安全
(1) 绝缘用具、器材缺失、损坏，检验标签缺失或过期。
(2) 室外配电盘、电源箱、临时开关箱等配电设施无可靠的防雨措施。

(四) 设备管理
(1) 升降口、大小孔洞、楼梯平台，未加装围栏或围栏不符合规定。
(2) 设备外观磕碰或损坏，梯子变形。
(3) 设备各机构出现裂纹、磨损过限、固定螺栓缺失。
(4) 设备制动系统工作不正常。
(5) 设备运行时出现异音、异味。

(五) 场所环境
(1) 工作区域内地下埋设的设备（如电缆、管线等）在地面无明显标志。
(2) 作业现场照明设施不完善，照度不满足标准要求。
(3) 深沟、深坑四面无安全警戒线、夜间无警告指示灯。

(六) 设备操作
(1) 装入车内的物料不均匀，单侧偏载或超载。

（2）遇到大块物料掉落影响机车运行时，未处理便作业。

（3）装车第一勺和最后一勺装大块且装超过规定 1 m×2 m 的大块。

（4）挖掘机行走前未检查行走机构及制动系统。

（5）人员及设备在有塌落危险的坡顶、坡底行走或逗留。

（6）铲斗前后伸缩时，碰保险牙和缓冲垫。

（7）挖掘机机尾电缆有破损或被大块掩埋。

（8）挖掘机启动或走行前，未按规定发出音响信号。

（9）挖掘机高铲斗装车。

（10）挖掘机铲斗压、碰自翻车车帮或跨越尾车顶部。

（11）挖掘机突然改变装车方向，挖掘机司机不发出警示信号。

（12）安全挡墙不符合要求。

（13）挖掘机超角度作业。

（14）铲后电缆横跨道路没有及时采取措施致使电缆被碾压。

（15）装车时铲斗从汽车驾驶室上方越过。

（16）电铲三支点或局部悬空作业。

（17）发现台阶崩落或有滑动迹象，危及挖掘机安全，未及时检查确认并采取措施。

（18）电铲行走时，无专人看护。

（19）工作面有伞檐或大块物料，可能砸坏挖掘机，未及时检查确认并采取措施。

（20）发现不明地下管线或其他不明障碍物，未及时检查确认并采取措施。

（21）挖掘机在回转或挖掘过程中，铲斗突然变换方向。

（22）挖掘机遇坚硬岩体时，强行挖掘。

（23）未根据工作面物料变化和采掘工艺要求及时调整切削厚度和回转速度，遇有硬夹石层时未另行处理，超负荷工作。

（24）挖掘机作业中铲斗、提梁磕碰天轮。

（25）自卸车未停稳，挖掘机进行装车。

（26）爬犁车未停稳，进行盘电缆作业。

（27）电铲移动作业时，用铲斗挑电缆。

（28）电铲交接班时，司机室未背离掌子面。

（29）采掘设备作业时，人员上下设备。

（30）液压挖掘机行走时，手脚脱离操作装置。

（31）挖掘机运转中维护和注油。

（32）挖掘机爬坡时，超过挖掘机规定的最大允许坡度。

（33）无关人员进入挖掘机作业半径内。
（34）挖掘机用铲斗直接救援任何设备。
（35）暴露出爆炸药包或雷管，未及时检查确认并汇报，未采取措施。
（36）未经批准随意拆除或更改安全防护设施。
（37）挖掘机跨越电缆装车。

（七）设备点检（交接班检查）
（1）斗齿勾销别棍丢失。
（2）履带板销子窜出。
（3）斗底板弯刀有裂纹。
（4）铲斗、斗杆有裂纹。
（5）弯刀销子挡铁丢失。
（6）走车制动器磨损过限。
（7）回转立轴托盘螺栓松动，托盘脱落导致回转平台损坏。
（8）中心轴线管卡子螺栓松动，导致中心轴内部线旋转拧紧，导致电线接地起火。
（9）中心轴锁键丢失。
（10）环轨压块丢失。
（11）拨轮风缸压块丢失。
（12）提升电动机等地脚螺栓松动。
（13）驱动轮注油不畅。
（14）推压平台护栏开焊。
（15）起重臂悬挂点有裂纹。
（16）起重臂外走台连接铁链丢失。
（17）钢丝绳断股。
（18）"当心触电"等安全标识不完整、缺失。
（19）各部注油点不走油，易发生轴或套磨损。
（20）电缆浸泡在水中，易发生漏电短路。
（21）设备作业半径内停放其他设备。
（22）地表软，易发生陷铲。
（23）掌子面大块多。

四、生产安全事故及其预防

（一）生产安全事故的概念及特征
生产安全事故，是指生产经营单位在生产经营活动（包括与生产经营有关的活动)中突然发生的,伤害人身安全和健康(包括急性工业中毒),或者损坏设备设施,或者造成经济损失,导致原生产经营活动(包括与生产经营活动有关的活动)暂时中止或永远终止的意外的突发事件。其中生产经营单位,是指从事生产活动或者经营活动的基本单元,既包括企业法人,也包括不具有企业法人资格的经营单位、个人合伙组织、个体工商户和自然人等其他生产经营主体;既包括合法的基本单元,也包括非法的基本单元。

生产安全事故具有以下5个方面的特征:

(1)事故主体的特定性:仅限于生产经营单位在从事生产经营活动中发生的事故。从事生产经营活动的单位主要包括工矿商贸领域的公司、企业、合伙人、个体户等各类生产经营单元。

(2)事故地域的延展性:生产安全事故发生的地域范围是不固定的,但又是限定在有限范围内的。

(3)事故的破坏性:生产安全事故对人员或生产经营单位造成了一定的损害结果,造成了人员伤亡(包括急性工业中毒)或者给生产经营单位造成了直接经济损失,影响了生产经营活动正常开展,产生了严重影响。

(4)事故的突发性:生产安全事故是短时间内突然发生的,不同于在某种危害因素长期影响下发生的其他损害事件,如职业病。

(5)事故的过失性:生产安全事故主要是人的过失造成的事故,同洪水、泥石流等不可抗力造成的灾害有本质的区别,如因违章作业、冒险作业等发生的生产安全事故;工作环境不良、设备隐患等造成的生产安全事故也应归为过失行为,是生产经营单位各级负责人员在本单位安全生产管理工作中存在过失行为,没有立即纠正、排除不良作业因素,放任不良因素继续存在致使发生事故。

(二)生产安全事故的种类

《企业职工伤亡事故分类》(GB 6441)自1987年2月1日起实施,是劳动安全管理的基础标准,适用于企业职工伤亡事故统计工作。

依据《企业职工伤亡事故分类》(GB 6441)规定,事故类别分为:物体打击、车辆伤害、机械伤害、起重伤害、触电、淹溺、灼烫、火灾、高处坠落、坍塌、冒顶片帮、透水、爆破、火药爆炸、瓦斯爆炸、锅炉爆炸、容器爆炸、其他爆炸、中毒和窒息、其他伤害共计二十大类。

依据事故严重程度可分为:轻伤事故(只有轻伤的事故)、重伤事故(只有重伤无死亡的事故)、死亡事故。其中死亡事故包括重大伤亡事故(指一次事故死亡1~2人的事故)和特大伤亡事故(指一次事故死亡3人及以上的事故)。

根据生产安全事故造成的人员伤亡或者直接经济损失,一般将事故分为以下等级:特别重大事故,是指造成30人以上死亡,或者100人以上重伤(包括急性工业中毒，下同），或者 1 亿元以上直接经济损失的事故；重大事故，是指造成 10 人以上 30 人以下死亡，或者 50 人以上 100 人以下重伤，或者 5000 万元以上 1 亿元以下直接经济损失的事故；较大事故，是指造成 3 人以上 10 人以下死亡，或者 10 人以上 50 人以下重伤，或者 1000 万元以上 5000 万元以下直接经济损失的事故；一般事故，是指造成 3 人以下死亡，或者 10 人以下重伤，或者 1000 万元以下直接经济损失的事故。

上述所称的"以上"包括本数，所称的"以下"不包括本数。

（三）生产安全事故发生原因

从生产安全角度来看，生产安全事故发生原因主要有人的不安全行为、物的不安全状态、管理和环境上的缺陷 4 个方面。

（1）人（操作员工、管理人员、其他有关人员等）的不安全行为是事故发生的重要原因。日常工作中人的不安全行为主要包括以下几个方面：

①操作人员未经培训合格或未持有效证件上岗。

②未经许可进行操作，忽视安全，忽视警告。

③采装过程中冒险作业或违规操作。

④人为原因导致安全装置失效。

⑤使用不安全工器具，用手代替工具进行操作或违章作业。

⑥采取不安全的作业姿势或站位。

⑦在设备运转或移动过程中进行检查，或不停机，边作业边检修。

⑧作业过程中注意力分散、嬉闹、恐吓等。

（2）物的不安全状态。物包括原料、燃料、动力、设备、工具、成品、半成品等。日常工作中物的不安全状态主要包括以下几个方面：

①设备和装置的结构不良，材料强度不够，零部件磨损严重或老化严重。

②作业平盘上部有伞檐或大块。

③工作场所的面积狭小或有其他缺陷。

④安全防护装置失效。

⑤未配备绝缘防护用品或未正确穿戴绝缘防护用品。

⑥电铲尾部电缆浸泡在水中，易发生漏电短路。

⑦工艺过程不合理，作业方式不安全。

物的不安全状态是事故发生的物质基础。没有物的不安全状态，就不可能发生事故，物的不安全状态构成生产过程中的隐患和危险源，当它满足一定条件时，就会转化为事故。

（3）环境的原因。不安全的环境同样是引发事故的物质基础。它是事故发生的直接原因，通常是指：

①自然环境异常,即岩石、地质、水文、气象等的恶劣变异。

②生产环境不良,即照明、温度、湿度、通风、采光、噪声、振动、空气质量、颜色等方面存在的缺陷。

以上人的不安全行为、物的不安全状态以及环境的恶劣状态都是事故发生的直接原因。

(4) 管理上的缺陷主要有:

①技术缺陷,是指工业建构筑物及机械设备、仪器仪表等的设计、选材、安装、布置、维护维修有缺陷,或工艺流程、操作方法等方面存在问题。

②劳动组织不合理。

③对现场工作缺乏检查指导,或检查指导失误。

④未建立操作规程或规程不健全,挪用安全费用,未严格落实事故防范措施,对安全隐患整改不到位。

⑤安全教育培训不到位,工作人员不懂操作技术知识或经验不足,缺乏安全知识和安全意识。

⑥人员选择和使用不当,生理或身体有缺陷,如有疾病,听力、视力不良等。

管理上的缺陷是事故发生的间接原因,是直接原因得以存在的条件。

(四) 生产安全事故的预防

为了有效遏制生产安全事故的发生,依据国家安全生产方针及有关安全生产法律法规、标准、规范要求,结合煤矿实际安全生产情况,全面体现预防为主、综合治理的思想,实现对风险的超前预控,持续排查和消除安全事故隐患。

1. 基本要求

采取事故预防对策时,应能够满足以下要求:

(1) 预防生产过程中产生的危险和危害因素。

(2) 排除工作场所的危险和危害因素。

(3) 处置危险和危害物并降低到国家规定的限值内。

(4) 预防生产装置失灵和操作失误产生的危险和危害因素。

(5) 发生意外事故时能为遇险人员提供自救条件。

2. 选择原则

(1) 设计过程中,当事故预防对策与经济效益发生矛盾时,应优先考虑事故预防对策相关要求,并按照下列事故预防对策等级顺序选择技术措施。

①直接安全技术措施。生产设备本身,应具有本质安全性能,保证不出现任何事故和危害。

②间接安全技术措施。若不能或不完全实现直接安全技术措施时,必须为生

产设备设计一种或多种安全防护装置,最大限度地预防、控制事故或危害的发生。

③指示性安全技术措施。当间接安全技术措施无法实现时,应采用检测报警装置、警示标志等措施,警告、提醒作业人员注意,以便采取相应的对策或紧急撤离危险场所。

④若间接、指示性安全技术措施仍然不能避免事故或危害的发生,则应采用安全操作规程、安全教育培训和个人防护用品等来预防、减弱系统的危险、危害程度。

(2) 按事故预防对策等级顺序要求,设计时应遵循以下具体原则:

①消除:通过合理的设计和科学的管理,尽可能从根本上消除危险、危害因素。

②预防:当消除危险、危害因素有困难时,可采取预防性技术措施,预防危险、危害发生。

③减弱:在无法消除危险、危害因素和难以预防的情况下,可采取减少危险、危害的措施。

④隔离:在无法消除、预防、减弱的情况下,应将人员与危险、危害因素隔开或将不能共存的物质分开。

⑤联锁:当操作者失误或设备运行一旦达到危险状态时,应通过联锁装置终止危险、危害的发生。

⑥警告:在易发生故障和危险性较大的地方,配置醒目的安全色、安全标志;必要时设置声、光或声光组合报警装置。

(3) 控制危险、危害因素的对策措施。为了提高安全生产管理水平,必须充分利用现有技术条件和采用新技术不断改善劳动条件,消除生产过程中的危险、危害因素,严格控制伤亡事故的发生。控制危险、危害因素的对策如下:

①改进生产工艺过程,实行机械化、自动化。机械化、自动化生产不仅是发展生产的重要手段,而且是安全技术措施的根本途径,机械化可减轻劳动强度,自动化可消除人身伤害危险。

②设置安全装置。安全装置包括防护装置、保险装置、信号装置及危险警示标志。

③预防性的机械强度试验。为了安全要求,机械设备、装置及主要部件必须具有一定的机械强度,必须进行预防性的机械强度试验。例如:蒸汽锅炉及其主要附件、承压容器、起重机械及其用具等都应进行预防性的机械强度试验。试验方法为定期使试验对象承受比工作负荷高的试验负荷,如果在试验时间内没有损坏或破损,没有发生变形或其他不符合安全要求的,即为合格。

④电气安全对策。电气安全对策通常包括防触电、防电气火灾爆炸和防静电等，防止电气事故可采用如下对策：

a）安全认证。

b）备用电源。

c）防触电。

d）电气防火防爆。

e）防静电措施。

⑤机械设备维护保养和计划检修。机械设备在运转过程中难免有些零部件逐渐磨损或过早损坏，以致引发设备事故。要使机械设备经常保持良好状态以延长使用期限、充分发挥效用、预防设备事故和人身事故的发生，必须进行经常性的维护保养和计划检修。

⑥工作地点布置与整洁。工作地点是作业人员使用机器设备、工具及其他辅助设备进行生产或检修的地点。完善的组织与合理的布置，不仅能够促进生产，而且能够保证安全生产。工作地点散落的工具、配件等，均可能导致事故的发生，因此，必须保持工作地点整洁。

⑦个人防护用品。采取各类措施后，仍不能保证作业人员安全时，必须根据需要防护的危险、危害因素和危险、危害作业类别配备具有相应防护功能的个人防护用品，作为补充对策。

（五）生产安全事故处理原则

生产安全事故应急处置坚持"以人为本、安全第一、生命至上"的原则和"不抛弃、不放弃"的理念，在确保救援人员安全的前提下实施救援，全力以赴搜救遇险人员，精心救治受伤人员，妥善处理善后，有效防范次生衍生事故。

（1）发生生产安全事故时，必须在确保安全的前提下，科学开展先期处置工作。

①煤矿主要负责人必须坚守事故现场，按照应急预案组织救援力量先期开展处置工作，严防事故扩大或次生事故的发生。

②在开展先期处置的同时，必须按照相关规定及时、如实向上级公司及当地安全生产监管监察部门和负有安全生产监督管理职责的有关部门报告事故情况和事故动态信息，不得瞒报、谎报、迟报、漏报，不得故意破坏事故现场、毁灭证据。

③上级单位接到事故报告后，相关负责人必须根据事故等级及危险性，严格按照有关规定和要求立即赶到事故现场，成立事故现场应急救援工作组，组织实施现场事故应急救援。

（2）事故发生地各级政府及有关部门接到事故报告后，要立即启动相应应急预案，相关人员要立即赶赴事故现场，在确保安全的前提下，指导开展先期事故处置；根据事故应急预案及事故情况及时成立事故应急处置现场指挥部，代表本级人民政府履行事故应急处置职责，组织开展事故应急处置工作。

（3）事故应急处置现场指挥部是事故现场应急处置的最高决策指挥机构，实行总指挥负责制，总指挥应履行指挥职责，下达指挥指令，明确事故救援的责任、任务、纪律。事故现场所有人员要服从命令，对于延误或者拒绝执行命令的，严肃追究责任。当上一级人民政府成立指挥部时，下一级人民政府指挥部要立即移交指挥权，并继续配合做好应急处置工作。事故应急处置现场指挥部主要负责组织查看事故发生现场、传达上级领导对事故处置的有关批示和指示精神、研究制定处置工作方案、搜集并保存救援相关资料等，组织开展各项应急处置工作。事故发生地有关单位、各类安全生产应急救援队伍接到地方人民政府及有关部门的应急救援指令或有关企业的请求后，应当立即出动参加事故救援。参加抢险救援的专业救援队伍指挥员应当参与制定救援方案等重大决策，并根据救援方案和总指挥命令科学组织施救。遇到突发情况可能危及救援人员生命安全的，指挥员有权作出处置决定，迅速带领救援人员撤出危险区域，并及时报告指挥部。

对于继续实施救援直接威胁救援人员生命安全、极易造成次生衍生事故等情况，事故应急处置现场指挥部要组织专家充分论证，作出暂停救援的决定；在事故现场得以控制、导致次生衍生事故隐患消除后，经指挥部组织研究，确认符合继续施救条件时，再行组织施救，直至救援任务完成。因客观条件导致无法实施救援或救援任务完成后，在专家组论证并做好相关工作的基础上，事故应急处置现场指挥部要提出终止救援的意见，报本级人民政府批准。

（六）现场处置要点

为了有效遏制生产安全事故的发生，依据国家安全生产方针及有关安全生产法律法规、标准、规范，全面体现预防为主、综合治理的思想，坚持风险预控、关口前移，实现对风险的超前预控，进一步强化隐患排查治理，推进事故预防工作科学化、信息化、标准化，实现把风险控制在隐患形成之前，把隐患消灭在事故之前，持续排查和消除安全隐患，做到不安全不生产。

近几年各行业生产安全事故依然频发，为有序做好生产安全事故处置，需要重点了解生产安全事故现场处置要点。

1. 高度重视事故应急处置工作

依据《关于进一步加强生产安全事故应急处置工作的通知》（安委〔2013〕8号）相关要求，各单位要始终把人民生命安全放在首位，以对党和人民高度负责的精神，进一步加强事故应急处置工作，最大限度地减少人员伤亡。要牢固树立"以人为本、安全第一、生命至上"和"不抛弃、不放弃"的理念，在确保救援人员安全的前提下实施救援，全力以赴搜救遇险人员，精心救治受伤人员，妥善处理善后，有效防范次生衍生事故。

2. 严格落实事故应急处置责任

必须认真落实安全生产主体责任，严格按照相关法律法规和标准规范要求，建立专兼职救援队伍，做好应急物资储备，完善应急预案和现场处置措施，加强从业人员应急培训，组织开展演练，不断提高应急处置能力。

3. 进一步规范事故现场应急处置

（1）做好先期处置。发生事故或险情后，要立即启动相关应急预案，在确保安全的前提下组织抢救遇险人员，控制危险源，封锁危险场所，杜绝盲目施救，防止事态扩大；要明确并落实生产现场带班人员、班组长和调度人员直接处置权和指挥权，在遇到险情或事故征兆时立即下达停产撤人命令，组织现场人员及时、有序地撤离到安全地点，减少人员伤亡。要依法依规及时、如实地向当地安全生产监管监察部门和负有安全生产监督管理职责的有关部门报告事故情况，不得瞒报、谎报、迟报、漏报，不得故意破坏事故现场、毁灭证据。

（2）强化救援现场管理。应急救援指挥中心要充分发挥专家组、企业现场管理人员和专业技术人员以及救援队伍指挥员的作用，实行科学决策。要根据事故救援需要和现场实际需要划定警戒区域，及时疏散和安置事故可能影响的周边居民和群众，疏导劝离与救援无关的人员，维护现场秩序，确保救援工作高效有序。必要时，要对事故现场实行隔离保护，尤其是危险化学品处置区域、火区灾区入口等重要部位要实行专人值守，未经应急救援指挥中心批准，任何人不准进入。要对现场周边及有关区域实行交通管制，确保应急救援通道畅通。

（3）确保安全有效施救。救援过程中，要严格遵守安全规程，及时排除隐患，确保救援人员安全。救援队伍指挥员应当作为指挥部成员，参与制订救援方案等重大决策，并根据救援方案和总指挥命令组织实施救援；在行动前要了解有关危险因素，明确防范措施，科学组织救援，积极搜救遇险人员。遇到突发情况危及救援人员生命安全时，救援队伍指挥员有权作出处置决定，迅速带领救援人员撤出危险区域，并及时报告指挥部。

4. 加强事故应急处置相关工作

（1）全力强化应急保障。地方人民政府要对应急保障工作总负责，统筹协调，全力保证应急救援工作的需要；要采取财政措施，保障应急处置工作所需经费。政府有关部门要按照国家有关规定和指挥部的需要，在各自职责范围内做好应急保障工作，确保交通、通信、供电、供水、气象服务以及应急救援队伍、装备、物资等救援条件。

（2）及时发布有关信息。应急救援指挥中心应当按照有关规定及时发布事故应急处置工作信息；设立举报电话、举报信箱，登记、核实举报情况，接受社会监督。有关各方要引导各类新闻媒体客观、公正、及时地报道事故信息，不得编造、发布虚假信息。

（3）精心组织医疗卫生服务。事故发生地卫生行政主管部门要按照指挥部的要求，组织做好紧急医疗救护和现场卫生处置工作，协调有关专家、特种药品和特种救治装备，全力救治事故受伤人员，并按照相关规程做好现场防疫工作。必要时，由指挥部向上级卫生行政主管部门提出调配医疗专家和药品及转治伤员等相关请求。

（4）稳妥做好善后处置工作。事故发生单位要妥善安置和慰问受害及受影响人员，组织开展遇难人员善后和赔偿、征用物资补偿、协调应急救援队伍补偿、污染物收集清理与处理等工作，尽快消除事故影响，恢复正常秩序，保证社会稳定。

第五节 《煤矿安全规程》及安全生产标准化相关规定

一、《煤矿安全规程》对挖掘机作业的相关规定

（一）通用规定

（1）挖掘机内必须备有完好的绝缘防护用品和工具，并定期进行电器绝缘性能试验，不合格的及时更换。

（2）挖掘机作业时，严禁检修和维护，严禁人员上下设备；在危及人身安全的作业范围内，严禁人员和设备停留或者通过。

（3）挖掘机走行道路和作业场地坡度不得大于设备允许的最大坡度，转弯半径不得小于设备允许的最小转弯半径。

（4）遇到特殊天气状况时，必须遵守下列规定：

①在大雾、雨雪等能见度低的情况下作业时，必须制定安全技术措施。

②暴雨期间，处在有水淹或者片帮危险区域的设备，必须撤离到安全地带。

（5）露天采场最终边坡的台阶坡面角和边坡角，必须符合最终边坡设计要求。

（6）最小工作平盘宽度，必须保证采掘、运输设备的安全运行和供电通信线路、供排水系统、安全挡墙等的正常布置。台阶参数如图11-40所示。

（二）安全规定

（1）单斗挖掘机行走和升降段应当符合下列要求：

①行走前检查行走机构及制动系统。

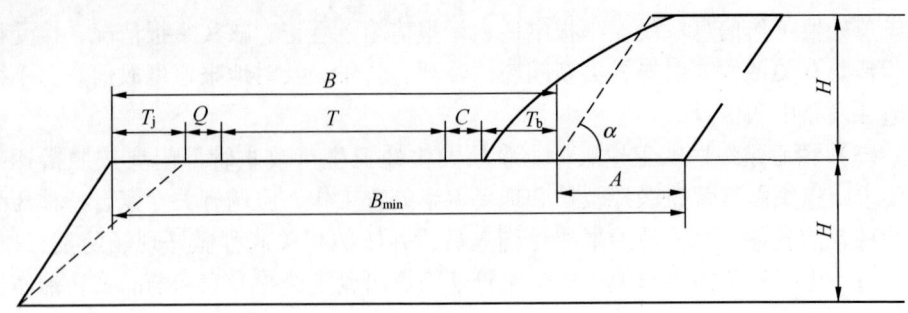

H—台阶高度；A—采掘带宽度；a—台阶坡面角；T_j—坡肩安全距离；T_b—爆堆伸出距离；T—运输通道宽度；C—安全距离；Q—其他设施通道；B—通路平盘宽度；B_{min}—最小工作平盘宽度

图 11-40 台阶参数

②根据不同的台阶高度、坡面角，使挖掘机的行走路线与坡底线和坡顶线保持一定的安全距离。

③挖掘机应当在平整、坚实的台阶上行走，当道路松软或者含水有沉陷危险时，必须采取安全措施。

④挖掘机升降段或者行走距离超过 300 m 时，必须设专人指挥；行走时，主动轴应当在后，悬臂对正行走中心，及时调整方向，严禁原地大角度扭车。

⑤挖掘机行走过高压线等障碍物时，要有相应的安全措施。

⑥挖掘机升降段之前应当预先采取防止下滑的措施；爬坡时，不得超过挖掘机规定的最大允许坡度。

(2) 挖掘机采装的台阶高度应当符合下列要求：

①不需要爆破的岩土台阶高度不得大于最大挖掘高度。

②需要爆破的煤岩台阶，爆破后爆堆高度不得大于最大挖掘高度的 1.1~1.2 倍，台阶顶部不得有悬浮大块。

(3) 单斗挖掘机尾部与台阶坡面、运输设备之间的距离不得小于 1 m；停止作业时，上下设备梯子应当背离台阶。

(4) 单斗挖掘机向矿用卡车装载时，应当遵守下列规定：

①铲斗容积和物料块度与卡车载重相适应。

②单面装车作业时，只有在挖掘机司机发出进车信号，卡车开到装车位置停稳并发出装车信号后，方可装车。双面装车作业时，正面装车卡车可以提前进入装车位置；反面装车时应当由铲斗引导卡车进入装车位置。

③挖掘机不得跨电缆装车。

④装载第一铲斗时，不得装大块；卸料时尽量放低铲斗，其插销距车厢底板

不得超过 0.5 m；严禁高吊铲斗装车。

⑤装入卡车的物料超出车厢外部、影响安全时，必须妥善处理后，才允许发出出车信号。

⑥装车时严禁铲斗从卡车驾驶室上方越过。

⑦装入车内的物料要均匀，严禁单侧偏装、超装。

（5）单斗挖掘机向自移式破碎机装载时，应当遵守下列规定：

①卸载时，铲斗斗底板下缘距受料斗不得超过 0.8 m；严禁高吊铲斗卸载。

②自移式破碎机突出部位距单斗挖掘机机尾回转范围的距离不得小于 1.0 m。

（6）操作单斗挖掘机或者反铲时，必须遵守下列规定：

①严禁用铲斗载人、砸大块和起吊重物。

②铲斗回转时，必须离开采掘工作面。

③在回转或者挖掘过程中，严禁铲斗突然变换方向。

④遇坚硬岩体时，严禁强行挖掘。

⑤反铲上挖作业时，应当采取安全技术措施；反铲下挖作业时，履带不得平行于采掘工作面。

⑥严禁装载铁器等异物和拒爆的火药、雷管等。

（7）两台以上单斗挖掘机在同一台阶或者相邻上下台阶作业时，必须遵守下列规定：

①公路运输时，两者间距不得小于最大挖掘半径的 2.5 倍，并制定安全措施。

②在相邻的上下台阶作业时，两者的相对位置影响上下台阶的设备、设施安全时，必须制定安全措施。

（8）挖掘机在挖掘过程中有下列情况之一时，必须停止作业，撤到安全地点，并报告调度室检查处理：

①发现台阶崩落或者有滑动迹象。

②工作面有伞檐或者大块物料。

③暴露出未爆炸药包或者雷管。

④遇塌陷危险的采空区或者自然发火区。

⑤遇有松软岩层，可能造成挖掘机下沉或者掘沟遇水被淹。

⑥发现不明地下管线或者其他不明障碍物。

单斗挖掘机雨天作业电缆发生故障时，应当及时向矿调度室报告。故障排除后，确认柱上开关无电时，方可停送电。

（三）作业规程

（1）作业前对作业现场开展安全风险辨识，同时确认设备安全部件完好有效,符合作业条件后方可作业。

(2) 在工业广场作业时,必须配有专人进行看护作业,无人看护拒绝作业。

(3) 设备司机必须系好座椅安全带。

(4) 电铲作业规程:

①参加班前"安全戴帽"会议,了解工作任务,掌握作业风险、防范措施并严格落实。

②与上一班司机在作业现场对职交接,按照班检流程和内容对设备进行检查,检查无误后方可作业。

③挖掘机作业半径内,禁止无关设备和人员停留,如有停留,挖掘机司机应及时劝离（WK-10B型挖掘机作业半径18.7 m；WK-12C型挖掘机作业半径18.97 m；WK-27型挖掘机作业半径23 m）。

④其他设备在电铲作业半径内作业时,应进行充分沟通确保安全后,方可动作。

⑤电铲采装信号规定:

a) 电铲在装车前,应向自卸车发出准入信号（鸣一声长笛,长笛标准为2 s）,示意可以进入装车地点。

b) 待自卸车进入装车位置停稳,满足装车要求时,电铲司机应向自卸车发出装车信号（鸣一声长笛,标准为2 s）,示意自卸车司机电铲开始装车。

c) 自卸车驶入装车位置后,如达不到装车要求,需要调整车位时,电铲司机应连续发出调车信号（连续鸣两声短笛,短笛标准为1 s）,示意调整车位。

d) 煤岩分采时需要用对讲机告知调度室分装物料的情况,由调度室通知自卸车司机车辆的去向。

e) 电铲装满车后,应向自卸车发出出车信号（鸣一声长笛）,示意可以驶出装车地点。

f) 电铲作业时,电铲外侧履带板与坡顶线的安全距离不得小于8 m。

g) 电铲作业时,工作帮坡顶与上盘安全挡墙要留有不小于2 m的安全距离。

h) 挖掘机允许在斜度小于5%（3°）的倾斜工作面连续作业,最大斜度不得超过9%（5°）。

i) 电铲清理镐位散料时,观察周围正在作业或停留的其他设备,电铲司机应告知周围设备,确认在安全距离以外后,再进行清理。

j) 电铲在挖掘装车作业时,不得将超限大块装入车内。

k) 操作中应注意采掘工作面的变化,有无陷铲、塌方、滑落等危险。

l) 作业中履带应处于平整地面,各个支重轮受力均衡。

m) 在暴雨来临之前,要将电铲预先移动至较高的安全地点停放。设备停放位置应距台阶根部 15 m 以外，有并段台阶时保持 40 m 以外，同时设备看守人员要加强巡视检查，发现险情及时汇报。

n）电铲在较松软的地表作业时，要试探性地挖掘和移动，保证底架梁下部无积土，当条件无法满足作业要求时，要及时通知工长和调度室，不得盲目操作冒险作业。

o）电铲行走和升降段应遵守下列规定：

（a）行走前认真检查行走机构及制动系统是否正常。

（b）电铲的行走路线与坡底线应不小于 10 m。

（c）电铲跨水平或长距离走铲时，须由工长带领当班司机查看行走路线，确定安全后在工长指挥下行走；夜间禁止跨水平走铲。

（d）冬季走铲移动时，如遇冰雪路面，要提前汇报工长，在采取安全措施确保安全后方可移动。

（e）电铲行走时，地面看护和指挥人员不许站在履带的正前方，遇到松软或含水有塌陷危险时，必须采取安全措施。

（f）停机前应选择安全且相对平坦的地面停置。

（g）停放设备时，距作业台阶的安全距离应为台阶高度的 1.5 倍同时将驾驶室回转到背离工作面位置，铲斗置放于地面。

（5）液压挖掘机（反铲）作业规程：

①参加班前"安全戴帽"会议，了解工作任务，掌握作业风险、防范措施并严格落实。

②与上一班司机在作业现场对职交接，按照班检流程和内容对设备进行检查，检查无误后方可作业。

③检查设备周围有无障碍物及其他危及安全作业的因素，鸣笛示意并让无关人员离开作业区。

④在台阶上作业时，挖掘机距台阶坡顶线要留有一定的安全距离，台阶边缘应设置安全挡墙，同时行走驱动轮在后，垂直于坡顶线作业。

⑤液压挖掘机必须在稳定、牢固的台阶上作业，司机要随时注意周围的变化，发现有裂纹、片帮时，应立即撤离危险区。

⑥在平装车时，挖掘机装车方向应设安全挡墙，有效控制自卸车倒车位置。

⑦遇到较大石块或坚硬物体时，应先清除后再作业，禁止强行挖掘。

⑧在集水坑、陡坡、处理陷铲、火煤、埋设电缆等危险工作面作业时，要有专人监护指挥作业。

⑨冬季作业时，作业场地有冰雪要提前汇报工长，采取安全措施确保安全后方可作业。

⑩在水中和沼泽地面作业，涉水行走前要用铲斗试探水深。水面高于托带轮中心以上时，严禁作业。
⑪有漏油的设备不得处理火煤。
⑫不准铲斗从人员或者设备驾驶室的上方越过，铲斗内不准载人。
⑬严禁一边行走一边用铲斗平地；不准边挖掘边回转；不准横扫作业。
⑭液压挖掘机严禁吊物和打桩等。
⑮挖掘中严禁三支点作业，必要时要垫较硬的物料。
⑯在有埋设地下电缆、管道区域作业时，必须有专人指挥，否则不可强行挖掘。凡遇裸露的导线均按有电来对待。
⑰停机前应选择安全、平坦的地面停置，与坡顶线保持一定的安全距离。

二、露天煤矿安全生产标准化对单斗挖掘机作业的规定

（一）技术管理
（1）有采矿设计并按设计作业，设计中有对安全和质量的要求。
（2）采装作业规格参数符合采矿设计、技术规范。

（二）专业技能及作业规范
（1）严格执行本岗位安全生产责任制。
（2）掌握本岗位操作规程、作业规程。
（3）按操作规程作业，无"三违"行为。
（4）作业前进行岗位安全风险辨识及安全确认。

（三）作业环境
（1）操作室、配电室、行走平台及过道干净整洁无杂物，门窗玻璃干净。
（2）各类物资摆放规整。
（3）各种记录规范，页面整洁。

（四）采装工作面
（1）台阶高度符合采矿设计，不大于挖掘机最大挖掘高度。
（2）台阶坡面角符合设计。
（3）采装最小工作平盘宽度，满足采装、运输、钻孔设备安全运行和供电通信线路、供排水系统、安全挡墙等的正常布置。
（4）作业面及时清理，保持平整、干净。

（五）采装工作平盘
（1）帮面齐整，在 30 m 之内误差不超过 2 m。
（2）底面平整，在 30 m 之内，需要爆破的岩石平盘误差不超过 1 m，其他平盘误差不超过 0.5 m。

（3）工作面坡顶不出现 0.5 m 及以上的伞檐。

（六）采装设备操作管理

（1）联合作业：当挖掘机、前装机、卡车、推土机联合作业时，制定联合作业措施，并有可靠的联络信号。

（2）装车质量：以月末测量验收为准，装车统计量与验收量之间的误差在 5% 之内。

（3）作业标准：挖掘机作业时，履带板不悬空作业；挖掘机扭转方向角满足设备技术要求，不强行扭角调方向。

（4）工作面：采装工作面电缆摆放整齐，平盘无积水。

（七）采装安全管理

（1）特殊条件作业处理：在挖掘过程中发现台阶崩落或有滑动迹象，工作面有伞檐或大块物料，遇有未爆炸药包或雷管、有塌陷危险的采空区或自然发火区、有松软岩层可能造成挖掘机下沉，以及发现不明地下管线或其他不明障碍物等危险时，立即停止作业，撤到安全地点，并报告调度室。

（2）坡度限制：挖掘机不在大于规定的坡度作业。

（3）采掘安全：挖掘机不能挖炮孔和安全挡墙。

露天煤矿安全生产标准化管理体系要求见表 11-15。

表 11-15 露天煤矿安全生产标准化管理体系要求

项目	项目内容	基 本 要 求
技术管理	设计	有采矿设计并按设计作业，设计中有对安全和质量的要求
	规格参数	符合采矿设计、技术规范
采装工作面	台阶高度	符合设计，不大于挖掘机最大挖掘高度
	坡面角	符合设计
	平盘宽度	采装最小工作平盘宽度，满足采装、运输、钻孔设备安全运行和供电通信线路、供排水系统、安全挡墙等的正常布置
	作业面整洁度	及时清理，保持平整、干净
采装平盘工作面	帮面	齐整，在 30 m 之内误差不超过 2 m
	底面	平整，在 30 m 之内，需要爆破的岩石平盘误差不超过 1.0 m，其他平盘误差不超过 0.5 m
	伞檐	工作面坡顶不出现 0.5 m 及以上的伞檐

表11-15(续)

项目	项目内容	基 本 要 求
采装设备操作管理	联合作业	当挖掘机、前装机、卡车、推土机联合作业时,制定联合作业措施,并有可靠的联络信号
	装车质量	以月末测量验收为准,装车统计量与验收量之间的误差在5%之内
	装车标准	采装设备在装车时,不装偏车,不刮、撞、砸设备
	作业标准	挖掘机作业时,履带板不悬空作业。挖掘机扭转方向角满足设备技术要求,不强行扭角调方向
	工作面	采装工作面电缆摆放整齐,平盘无积水
采装安全管理	特殊条件作业处理	在挖掘过程中发现台阶崩落或有滑动迹象,工作面有伞檐或大块物料,遇有未爆炸药包或雷管、有塌陷危险的采空区或自然发火区、有松软岩层可能造成挖掘机下沉,以及发现不明地下管线或其他不明障碍物等危险时,立即停止作业,撤到安全地点,并报告调度室
	坡度限制	挖掘机不在大于规定的坡度作业
	采掘安全	挖掘机不能挖炮孔和安全挡墙
岗位规范	专业技能及作业规范	1. 建立并执行本岗位安全生产责任制 2. 掌握本岗位操作规程、作业规程 3. 按操作规程作业,无"三违"行为 4. 作业前进行安全确认
文明生产	作业环境	1. 驾驶室干净整洁,室内各设施保持完好 2. 各类物资摆放规整 3. 各种记录规范,页面整洁

第十二章　挖掘机采装作业安全操作技能

第一节　挖掘机操作规程

一、机械式单斗挖掘机操作规程

（一）要求

凡是上机操作的人员都必须经过正式培训合格后持证上岗，应了解、熟知机器设备上所有手柄和按钮的功能以及正确的操作方法。未经过正式培训的其他无证人员不得上机随意操作。

在机器设备操作过程中，出现机器设备有异常声响、异常气味、异常振动时，应立即停车进行详细检查。在彻底排除故障或确认机器设备无故障后，才可继续操作，切不可使机器设备在异常情况时作业，以免造成机器设备损坏。

（二）启机前检查

（1）检查铲斗有无裂纹，斗唇有无异常磨损，斗齿是否齐全牢固，斗齿长度是否达到标准斗齿的50%以上。

（2）检查斗栓、斗栓孔磨损是否正常，斗底板有无变形或裂纹，斗底板销子有无窜出或丢失，弯梁销有无磨损超限或窜出。

（3）检查履带板销子和挡销是否窜出和缺失，履带张紧度是否适宜（履带整条的垂度大于100 mm时应予张紧调整）。

（4）检查起重臂根部、A型架、斗杆和鞍座体有无裂纹和开焊，斗杆与上磨道板之间的间隙是否合适（≤4.75 mm，滑板磨损到28.5 mm时更换）。

（5）检查履带架有无裂纹和开焊，履带架挂钩有无开裂和变形。

（6）检查有无渗漏及各机构减速箱油位是否正常，各部位地脚固定螺栓有无松动。

（7）向各注油点注油并检查各油道是否畅通。

（8）检查电缆有无破损或松乱，电缆引入箱外观是否良好，接地线是否牢固。

（9）检查保险牙是否松动或损坏，回转齿圈有无异常，上下环轨和辊盘有无异常。

（10）检查机棚有无漏雨现象。

（11）检查绷绳有无断丝、断股现象，断丝是否过限（绷绳表面断丝超过30%或断股时更换）。

（12）检查电机、减速机的地脚、联轴器、抱闸等有无异常。

（13）检查电气控制柜接线端子是否牢固。

（14）检查主变压器，辅助变压器控制装置有无异常。

（15）检查提升、推压限位器安装是否正常。

（16）检查并排放空压机储气筒中的水分和杂质。

（17）检查提升、推压、回转、行走抱闸闸带磨损是否超限（闸带允许磨损量不低于60%）。

（18）检查提升钢丝绳有无异常磨损、断丝、断股或跳槽。

（19）检查对讲机、监控系统是否正常。

（20）检查主令控制器是否灵活可靠。

（21）检查安全用品、用具是否齐全有效，随机工具是否齐全，机棚、驾驶室内物品摆放是否合理。

（22）检查照明灯具是否齐全有效，喇叭及通信设备是否有效，取暖或空调设施有无安全隐患。

（23）检查驾驶室内各仪表显示是否正常，各转换开关是否齐全、动作是否有效。

（三）启机准备

（1）确认供电相序有无变化，每次换完电缆时，要查看相序指示灯是否正确。

（2）将不使用的工具或暂不使用的物品放到指定地点，保持平台清洁。

（3）确认各控制柜门关好或锁牢，确保登机梯子升起，各指示灯正常。

（4）做好与机组人员及维修人员的呼唤应答。

（5）确认辅助控制柜、PLC 控制柜开关全部处于闭合状态。

（6）确认机棚通风机选择开关处于启动状态。

（7）确认主令控制器处于零位。

（8）电铲动作前必须鸣一声长笛，等待 30 s 后，方可启动设备。

（四）启机操作

（1）合上高压隔离开关。

（2）合上控制回路电源，"控制电源"指示灯亮。

（3）按动"空压机启动"按钮，启动空压机，当气压达到 0.8 MPa 后，空压机气压指示灯亮，此时再启动润滑油泵及各部风机。

第十二章 挖掘机采装作业安全操作技能

（4）待空压机风压达到 0.8~1.2 MPa 时，按动"高压启动"按钮，"高压运行"指示灯亮，再按动"整流启动"按钮，"整流运行"指示灯亮。

（5）进行工作模式选择。选择"挖掘模式"时，打开各部抱闸，操作主令控制器实现采装作业。选择"行走模式"时，应关闭提升、推压抱闸，操作主令控制器实现行走。

（五）运行操作

（1）观察风机、电机、空压机、减速机等运转情况有无异常噪声、振动及异味等。

（2）观察运转部件有无异常磨损和异常发热现象，安全护罩是否齐全有效。

（3）观察滴油、甘油润滑系统、齿圈及斗杆喷射系统工作是否正常。

（4）观察人机界面和操作台指示灯是否正常。

（5）当空压机气压低于 0.6 MPa 或高于 1.2 MPa 时，应停机进行检查。

（6）再次检查主令控制器是否灵活有效，提升、推压、回转及行走各部抱闸是否安全可靠。

（7）用无线电对讲机通知调度员作业信息。

（8）将提升/推压或行走开关切换到工作模式，操作主令控制器进行相应的工作。

（9）严禁在设备或部件运转过程中注油、清扫设备。

（10）操作主令控制器时严禁过急倒顺。

（11）斗杆前后伸缩严禁碰撞保险牙和缓冲垫。

（12）铲斗提升时严禁磕碰天轮，下降时严禁碰撞履带板或起重臂根部。

（13）严禁用铲斗横向扫道或砸大块、冻块。

（14）操作中严禁三支点作业，工作面不平时应预先进行平整。

（15）挖掘机行进中调转方向，应在平地进行。

（16）操作中应时刻注意采掘工作面的变化，注意台阶有无塌方、滑落危险。

（17）调整挖掘机位置和回转时，铲斗必须离开地面，回转与行走切换时，需间隔 10~20 s。

（18）铲斗粘土时应及时清理，严禁用铲斗一侧进行挖掘。

（19）经常排放气包中的积水，及时清理平台和机棚上的积雪。

（20）上坡和升段时，必须主动轮在后，拉紧方轴在前；降段时，必须主动轮在前，拉紧方轴在后；升降段时，必须有专人指挥，行走中履带一次扭转角度不得大于 15°。

（21）走车时，副司机负责电缆看护工作，在处理电缆和走车时，严禁站在履带前方。

（22）挖掘机升降段爬坡时，角度不得超过12°，升降段之间应预先采取防止挖掘机下滑的措施。

（23）根据不同的台阶高度、坡面角，挖掘机的行走路线与坡底线和坡顶线应保持一定的安全距离。

（24）移动前应观察挖掘机的周围及空中有无障碍物或其他设施。副司机必须在地面协助，同时与设备上的司机做好呼唤应答。

（25）挖掘机在行走中，遇到松软或含水有塌陷危险时，必须采取安全措施。

（26）通过高低压架空线路时，天轮距电线的安全距离为：10 kV 以上线路不低于 1 m；6 kV 及以下线路不低于 0.7 m。

（六）停机操作

（1）电铲在交接班、注油、处理故障或检查等需要停放设备时必须远离台阶面，电铲距台阶的安全距离为该台阶高度的 1.5 倍，同时将驾驶室回转到背离工作面位置，铲斗置放于地面。

（2）将铲斗置放于地面，并将主令控制器放置到零位。

（3）关闭各部抱闸。

（4）在各机构停稳后，按动"整流停止"按钮，停止整流供电。

（5）在整流供电停止 20 s 后，按动"高压停止"按钮，停止高压供电。

（6）在"高压运行"指示灯熄灭后，切断控制回路电源。

（7）关闭机棚通风机开关。

（8）排放空压机风包中的水分或杂质。

（9）在交接班记录本上记载当班的各类信息。

二、液压挖掘机操作规程

（一）启机前检查

（1）检查驾驶室内的操作手柄是否在中位，安全锁定操纵杆是否在锁定位置，控制开关、按钮是否灵活有效，各部仪表及指示灯是否正常，电气设施是否良好。

（2）检查发动机机油油位、燃油油位、液压油油位及冷却液液位、蓄电池电解液液位是否正常。

（3）检查制动系统及管路是否正常。

（4）检查各部液压油缸、动臂、斗杆、铲斗、斗齿、销轴、履带架等构件有无裂纹、变形、磨损或开焊现象。

（5）检查液压管路有无破损、泄漏现象。

（6）检查履带张紧情况及行走机构各螺栓是否紧固。

(7) 检查回转轴承润滑是否良好。

(8) 检查各铰接点润滑是否良好。

(9) 检查或清洁空气滤清器。

(10) 检查清理发动机附近和散热器上的灰尘,检查发动机有无渗漏、连接螺栓有无松动丢失,检查进排气管接口处密封是否正常。

(11) 检查发电机皮带、发动机风扇皮带张紧度及皮带有无磨损。

(12) 检查油管、电器线路有无老化、破裂或异常磨损。

(13) 检查照明灯具、喇叭是否齐全有效。

(14) 检查消防器材是否齐全,交接班记录是否准确、无误。

(15) 向工长详细了解施工任务和现场情况。

(16) 按规定对设备进行作业前的保养和清扫。

(二) 启机操作

(1) 检查一切正常并确认周围没有障碍物及人员后,将发动机转速选择开关置于"低速"位置。

(2) 将启动钥匙转到接通位置,鸣笛发出启动信号。将启动钥匙旋转到启动位置,在自检后无故障方可启动。启动发动机,启动时间不得超过 20 s。如需再次启动时,应间隔 2 min 以上,如果连续 3 次不能启动,应通知调度室由维修人员检查发动机。

(3) 发动机启动着火后,立即松开钥匙。

(4) 发动机启动后,应观察电子仪表显示是否正常,如有异常,应立即关闭发动机进行检查或经检修人员排除后方可再启动。

(5) 发动机启动后,需怠速运转 3~5 min,检查发动机有无异音、异味、异常振动或渗漏,并注意观察发动机排气颜色是否正常。

(6) 怠速运转完成后,应将发动机转速选择开关由"低速"向上旋转,逐步增加发动机的转速直至额定转速。

(7) 寒冷季节(气温低于-15 ℃以下时)启动发动机,首先应将发动机预热,在发动机启动后,应保证发动机怠速运转 10~15 min。严禁在发动机启动后高速运转或未经怠速直接进行高强度作业。

(8) 发动机运转中要时刻观察油温、水温等情况,当仪表出现报警时,应将发动机立即熄火,待故障排除后方可运行。

(9) 冷车启动后不准立即行驶或作业。

(10) 起步前必须检查设备前后左右是否有人和障碍物,并鸣笛示意。

(三) 行走和升降操作

(1) 按照要求启动发动机后,将发动机转速调到工作转速,并鸣笛提示。

（2）向上扳动安全锁定操纵杆到打开位置。

（3）调整车身，使驱动轮位于车辆后方，并通过行走操纵手柄或行走踏板实现机器移动。

（4）在平坦地面行走时，应缩回附属装置，并提起附属装置距地面 40~50 cm。

（5）行走或转向时要尽可能直进，绕大弯，尽量选择平坦地面行走。

（6）上坡时，应使用低速挡；下坡时，不得用铲斗撑在地面向下滑行。正常向前行走时，行走马达应位于驾驶室后方。

（7）在斜坡上行走时，大臂与小臂之间的角度应保持在 90°~110°，并提起铲斗距地面 20~30 cm。

（8）在斜坡上下行时不得后退下行。

（9）在不可避免的情况下，斜坡上应堆土填平，尽可能使机械保持水平稳定。

（10）在斜坡上行走时，如果履带板打滑，可将铲斗插入地面并拉动小臂，借助附属装置的力量使机械向上移动。

（11）在斜坡上行走时，如果发动机关闭，应将行走手柄放到中位，并放下铲斗至地面，然后启动发动机。

（12）在结冰、降雪地面行驶时，应注意地面变化情况，防止出现滑动。

（13）行驶时，不准骑越高于底盘的石块等物料。

（14）在大于 15°以上的斜坡向上或向下行驶时，驱动轮应在履带前方，铲斗应离地 20~30 cm，小臂与动臂角度应保持在 90°~110°。

（15）不准在坡道上长时间停车。

（16）行走距离超过 1000 m 时应采用挂车运输。

（四）回转操作

（1）回转前，应按下喇叭开关，鸣笛提示。

（2）通过左手控制手柄控制回转及斗杆的动作，同时与右手控制手柄相配合，完成动臂及铲斗的动作。

（3）严禁铲斗在回转时插入物料中或铲斗仍在物料中就启动回转。

（4）在斜坡上进行挖掘作业时，要均匀操作回转，严禁快速回转。

（5）严禁用相反方向回转动作的抵消方式来制动。

（五）采掘操作

（1）装车时必须与汽车司机互相联系，站好位置方准装车，开始装车或装车完毕后应鸣笛警告，应在自卸车停稳后进行卸料。

（2）在作业中，禁止将小臂缸和铲斗油缸全部伸出，应保持一定距离，严禁油缸过度伸缩。

（3）控制手柄不得过急推拉，寒冷天气作业前，每个动作要单独试运后再正常操作。

（4）铲斗没有离开地面时机器不能作横向行驶或作回转运动。

（5）当用动臂或斗杆将机身顶起后，严禁进入机器下部进行维护保养，要有支撑物垫着方可进行维护保养。

（6）落铲斗时严禁碰撞履带，运转中禁止突然改变方向。

（7）运转中禁止进行清扫、注油及检修等工作。

（8）作业过程中能见度低于 30 m 时不能挖掘或装车。

（9）装载含有明火的物料时，不得将物料撒到车厢以外。

（10）装车时，不允许高吊铲斗，不允许铲斗碰撞车厢。

（11）严禁铲斗从汽车司机室上方经过，不准将物料装到汽车的护板上。

（12）避免偏装、超装或"四角空"现象发生，装完车后如车厢上有浮置或探出车厢外的大块处理后方可发出行车信号。

（13）运转中发现异音、异味、异状应立即停机向工长和调度室汇报，待故障排除后方可作业。

（六）停机操作

（1）停机时应选择平坦地面，将操作手柄置于空位后，给上停车制动并将发动机熄火。

（2）司机离开设备前，要将铲斗落到地面，断开安全操纵杆及蓄电池，拔下启动钥匙。

（3）工作完毕停机前应将各工作油缸活塞杆收到最大限度。

（4）停车时，在发动机未熄火的状态下，司机不准离开司机室。

（5）发动机在熄火前，应将发动机转速选择开关由最高转速旋至低速位置，使发动机怠速运转 3~5 min，然后发动机熄火。

（6）停车后，排放燃油系统中的沉淀物，清理卫生，检查设备有无异常并做好交接班记录。

第二节 挖掘机标准化作业流程

一、机械式单斗挖掘机标准化作业流程

为了规范挖掘机操作者岗位操作流程，结合日常岗位操作者的作业内容、标准及危险源等事项，制定了标准化作业流程。机械式单斗挖掘机接班、交班、装车标准化作业流程见表 12-1 至表 12-3。

表 12-1 接班标准化作业流程

序号	流程步骤	作业内容	作业标准	相关制度	作业人员	可控危险源	不可控危险源	不可控危险源管控措施	直接管理人员
1	参加班前会	劳动保护用品穿戴	规范穿戴劳动保护用品	"三会一活动管理办法"	电铲司机	1. 未穿戴劳动保护用品或劳动保护用品穿戴不规范、不齐全 2. 酒后上岗 3. 未参加班前会			
		签到	必须本人签到						
		酒精检测	酒精检测仪显示未饮酒						
		参加会议	安全学习 接受任务 掌握风险管控措施	"三讲一落实"	电铲司机				
2	到达现场	乘坐通勤车	系好安全带 保持安静，不得嬉戏打闹		电铲司机	1. 员工在车上嬉戏打闹 2. 员工未系安全带 3. 交通协管员未进行乘车前提示和安全确认	车辆行驶中发生事故时易造成人员伤害	1. 设立通勤车安全员，对行驶过程进行监督，发现问题禁止乘车 2. 对安全带使用情况进行检查	工长
3	交班	在现场进行对职交接	接班和交班司机在现场对面交接。汇报内容全面，无遗漏	"操作规程"	电铲司机	1. 交接重点工程和安全注意事项不清 2. 设备存在的故障以及作业中存在的问题未能及时上报			
4	查看记录	查看设备运转情况和故障情况	内容全面、无遗漏；设备状态及注意事项清楚、明了	"操作规程"	电铲司机	未认真查看记录，对上一班故障或安全隐患不清楚			
		查看设备点检记录							
		查看其他注意事项							

第十二章 挖掘机采装作业安全操作技能

表12-1(续)

序号	流程步骤	作业内容	作业标准	相关制度	作业人员	可控危险源	不可控危险源	不可控危险源管控措施	直接管理人员
5	作业环境检查	观察地表情况	帮矛底平；无伞檐、无积水、无涌水情况	《煤矿安全规程》	电铲司机	1. 未穿戴或不规范穿戴劳动防护用品 2. 在靠近台阶根部附近行走检查 3. 未按规定进行作业环境检查 4. 地面行走碰绊			
		观察爆堆台阶高度	台阶爆堆高度不得超过电铲最大挖掘高度的1.1~1.2倍						
		观察各种标识挡墙情况	有无标识和挡墙						
		观察物料块度	无超限大块岩石						
6	设备检查	检查设备外观	外观无变形、刮痕、磕碰	"操作规程"	电铲司机	1. 未穿戴或不规范穿戴劳动防护用品 2. 上下设备动作不规范、危险动作 3. 在靠近台阶根部附近行走检查 4. 未按规定进行设备检查			
		检查油水管路仪表	油水气路完好无渗漏、油水满足作业要求、仪表正常						
		检查安全部件	安全部件完好有效、无缺失						
		检查大结构件	结构件完好、无松动裂纹						
		检查电缆	电缆完好、无破损						
		检查设备绳索	钢丝绳完好、无断股						
		检查消防、应急、通信等设施	设施齐全有效						
7	确认接班完成	接班人检查设备后，签字回确认，上一班情况交代清楚	检查全面、无遗漏	"操作规程"	电铲司机	因未确认交班完成，所发生问题的责任人不明确			

表 12-2 交班标准化作业流程

序号	流程步骤	作业内容	作业标准	相关制度	作业人员	可控危险源	不可控危险源	不可控危险源管控措施	直接管理人员
1	停机	申请停机	向调度室说明停机原因，申请停机	"操作规程"	电铲司机	1. 电铲停放距离不符合要求，易发生片帮砸坏设备或人员 2. 停放位置坡度较大，易发生溜铲事故 3. 停放位置有积水，易发生陷铲事故 4. 电铲司机室/爬梯未背离台阶，易发生片帮砸坏设备或停机人员 5. 未按规定程序停机，易造成设备损坏			
		安全位置停放	停放在距离台阶高度1.5倍位置						
			停放位置平坦，坚实无积水						
			电铲司机室未背离台阶						
		将斗平稳放到地面	斗前壁平稳地放在地面上						
		停止各部系统	各机构主令控制器置于零位						
			按照顺序操作各开关，有序停机						
2	交班检查	检查设备外观	设备外观无变形、刮痕、磕碰	"操作规程"	电铲司机	1. 未穿戴或不规范穿戴劳动防护用品 2. 上下设备动作不规范，危险动作 3. 在靠近台阶根部附近进行行走检查 4. 未按规定进行设备检查			
		检查油水管路仪表	设备油水气路完好无渗漏，油水满足作业要求，仪表正常						
		检查安全部件	设备安全部件完好有效，无缺失						
		检查大结构件	设备结构件完好，无松动裂纹						
		检查电缆	设备电缆完好，无破损						
		检查设备绳索	设备钢丝绳完好，无断股						
		检查消防、通信、应急等设施	设施齐全有效						

第十二章 挖掘机采装作业安全操作技能

表12-2(续)

序号	流程步骤	作业内容	作业标准	相关制度	作业人员	可控危险源	不可控危险源	不可控危险源管控措施	直接管理人员
3	交班维护整理	交班注油	按照维护保养规定每班对各注油点进行注油	"操作规程"	电铲司机	1. 未穿戴或不规范穿戴劳动防护用品 2. 未按规定对注油点进行注油 3. 工器具未整理随意摆放			
		交班清扫	清扫设备室内外卫生,保证干净整洁	"操作规程"	电铲司机				
		交班整理	整理工器具,按照定置定位标准摆放整齐	"操作规程"	电铲司机				
4	记录	记录运转设备故障情况	填写记录完整、清晰无遗漏	"操作规程"	电铲司机	记录缺失或记录填写不完整			
		记录本班设备点检情况							
		记录其他情况							
5	交班	在现场进行对职交接	接班和交班司机在现场面对面交接。汇报清楚,内容全面、无遗漏	"操作规程"	电铲司机	1. 交接重点工程和安全注意事项不清楚 2. 设备存在的故障以及作业中存在的问题未能及时上报			
6	确认交班完成	接班人检查设备后,签字确认,上一班情况交代清楚	检查全面、无遗漏	"操作规程"	电铲司机	因未确认交班完成,所发生问题的责任人不明确			

表12-3 装车标准化作业流程

序号	流程步骤	作业内容	作业标准	相关制度	作业人员	可控危险源	不可控危险源	不可控危险源管控措施	直接管理人员
1	调整作业位置	走铲至作业位置	到达工作位置		电铲司机	行走路线有大块/积水/凹陷，损坏，易造成设备损坏，延误生产			
2	申请作业	申请调度室批准作业	申请调度室批准并确认调度室同意作业		电铲司机				
3	装车	发出信号	鸣笛一长声（大于3 s）	"联合作业"规程	电铲司机				
		挖掘	提升操作机械平稳，准确，挖掘满斗	"操作规程"/《煤矿安全规程》	电铲司机	1. 挖掘带回转，易造成设备斗杆损坏 2. 推压过大，易造成大臂及绷绳损坏 3. 遇坚硬物料强行挖掘，易造成设备损坏 4. 提升用天轮受压大块，易造成天轮损坏 5. 下降过大，易导致履带碾压动臂缓冲垫，造成部件损坏	拒爆炸药	1. 加强员工安全教育培训 2. 加强工作面观察，发现拒爆炸药立即停止作业及时汇报	工长
		回转	向自卸车尾部方向回转，严禁铲斗从司机室上方停留经过	"操作规程"/《煤矿安全规程》	电铲司机	1. 从司机室方向回转，造成人员受伤和设备损坏 2. 铲斗未离开工作带回转，物料掉落司机室， 可能造成碰撞自卸车 3. 提升高度不够，可能造成碰撞自卸车厢斗			
			铲斗离开工作带，回转平稳						
			观察瞭望自卸车待装位置，及时调整提升高度，保证符合卸载高度						

表12-3（续）

序号	流程步骤	作业内容	作业标准	相关制度	作业人员	可控危险源	不可控危险源	不可控危险源管控措施	直接管理人员
3	装车	发出装车信号（第一勺）	鸣笛一长声（大于3 s）	"联合作业"规程	电铲司机	未按规定使用信号对自卸车司机进行装车提示			
			自卸车停稳后，方可装车		电铲司机	1. 自卸车未停稳进行装车，易造成磕碰自卸车			
			第一斗不准装大块，最后一斗不得装大块			2. 卸货第一勺和最后一勺装超限岩石可能造成砸车和不稳定岩石掉落影响安全			
		卸载	卸料时斗离厢斗底板不得超过0.5 m	《煤矿安全规程》		3. 卸货时高吊勺装车，易发生砸车事故			
			装出车内的大块岩石不得支出车厢外			4. 装入卡车厢斗的大块岩石，易发生岩石掉落砸过往车辆，未经妥善处理，砸碰到过往车辆			
			装满卡车厢斗，不超载、欠载，偏载；不得出现装车"四角空"现象						
			向自卸车尾部方向回转						
		返回	铲斗离开工作帮，回转平稳	"操作规程"/《煤矿安全规程》	电铲司机	1. 从司机室方向回转，造成人员受伤和设备损坏			
			观察瞭望自卸车待装位置，及时调整提升高度，保证符合卸载高度			2. 铲斗未离开工作帮回转，可能造成回转杆损坏			
						3. 提升高度不够，可能造成碰撞自卸车厢斗			

表12-3（续）

序号	流程步骤	作业内容	作业标准	相关制度	作业人员	可控危险源	不可控危险源	不可控危险源管控措施	直接管理人员
3	装车	发出行车信号（装车完毕）	鸣笛一短声（大于1s）	"联合作业规程"	电铲司机	未按规定使用信号作业			
4	整理工作面	平整工作面	用铲斗清扫，不影响装车作业		电铲司机	1. 地表平整不符合作业要求，已造成设备损坏 2. 用铲斗横向扫道，易造成斗杆断裂			
5	停机	申请停机	向调度室说明停机原因，申请停机	"操作规程"	电铲司机	1. 电铲停放距离不符合要求，易发生片帮砸坏设备或人员 2. 停放位置坡度较大，易发生溜铲事故 3. 停放位置有积水，易发生陷铲事故 4. 未按规定程序停机，易造成设备损坏			
		安全位置停放	停放在距离台阶高度1.5倍位置						
		停放	停放位置平坦、坚实无积水						
		将铲斗平稳放到地面	斗前壁平稳地放在地面上						
		停止各部系统	按照顺序操作各开关，有序停机						

二、液压挖掘机标准化作业流程

（1）无关人员和设备未经允许不得擅自进入挖掘机作业半径范围内。

（2）挖掘机司机必须时刻注意有无设备和人员进入作业半径内。

（3）挖掘机司机听到相关设备鸣笛，必须停止操作，停机瞭望。

（4）挖掘机要求清理工作面，应将铲斗置于不影响装载机作业的位置，鸣笛示意后装载机方可进入；装载机清理完毕，鸣笛示意，挖掘机司机确认推土机已退出作业半径以外，方可开始作业。

（5）严禁挖掘机铲斗在汽车驾驶室和其他设备上方通过。

（6）挖掘机做好装车准备后，应提起铲斗置于正常装车位置并鸣笛示意，引导汽车倒入装车位置。

（7）当汽车倒入装车位置时，若倒入位置不当，挖掘机鸣笛示意重新调整位置。

（8）汽车开到装车位置停稳后，挖掘机方可装车。

第三节 挖掘机操作注意事项

一、操作者资格

（1）操作者必须身体健康，当班时精神状态良好。

（2）操作者不能是色盲，必须能够辨别各种颜色及其位置。

（3）操作者必须具有足够的能力、耐力、敏捷性、协调性和反应速度，以满足挖掘机操作的各种要求。

（4）操作者必须经过专业医学检查，确定没有突发疾病而失去身体控制的潜在病因，如心脏病、癫痫等疾病。

（5）可能对操作者或者其他人带来危险的各种身体缺陷或情绪不稳方面的疾病，或者可能干扰操作者履行职责的疾病，都不能操作挖掘机。如果出现此类情况，则可能要求进行专业临床诊断与测试或者医学诊断与检查。

（6）操作者受酒精或者药物影响时，不能操作挖掘机。

（7）正在服用医生开具的药物的操作者必须提供该医生出具的书面保证书，保证该药物不会影响操作者以安全的方式操作挖掘机的能力。

（8）操作者必须一直对安全抱有良好态度。

二、操作规范

（1）操作者必须阅读并熟知"设备操作手册"，要熟悉挖掘机上所有指令和标识。

（2）操作前，操作者必须确认挖掘机处于良好状态。

（3）当出现身体不适或者其他不适时，操作者不得从事挖掘机的操作。

（4）实际操作挖掘机时，操作者不得参与任何转移注意力的活动。

（5）操作者应确保人员、其他采矿设备和材料均不在作业区域内。不得使铲斗掠过人头上方。决不允许使用挖掘机铲斗举升或者运送人员。

（6）操作者必须在启动、操作或移动挖掘机之前发出警示信号。

（7）在开始一个新的班次之前，操作者必须测试所有操控装置。如操控装置出现不能正常运行状况时，操作者必须联系专业的维修部门，且操控装置必须在操作挖掘机之前维修完毕。

（8）如果需要进行各项调整或者修理，或者已发现任何缺陷，则操作者必须立即将情况报告给专业的维修部门并及时处理。在换班时，操作者还必须将任何现有的未处理的情况通知下一位操作者。

三、操作前的检查

在每一班次开始工作之前，操作者都必须进行安全检查，务必使挖掘机处于良好的状态。

需要检查的部分事项如下：

（1）检查启动控制装置上的各种警示标牌或者锁定标牌；在该标牌由现场责任人或者有资格的人将其撤除以前，不得操作任何启动控制装置。

（2）在启动挖掘机或者对其通电以前，检查其内部、外部和底部，以确定在此范围内没有任何障碍物。

（3）在启动挖掘机以后，检查所有仪表和指示器，以便正确读数并运行。

（4）在挖掘机操作或者行进之前，对所有操控装置进行测试，包括对各制动器进行全面检查，以便挖掘机正确运行和可控。

（5）在操作期间，警惕异常的噪声或者振动。

四、挖掘作业前的注意事项

（1）检查各个部位的连接螺栓是否松动或丢失，各个结构件上是否有裂纹。

（2）检查提升钢丝绳、绷绳、开斗钢丝绳有无断丝、断股及磨损等情况。

（3）合上电源，检查各个仪表指示的数据是否正常。

(4) 打开通风除尘装置的通风机。

(5) 启动空气压缩机,打开各个制动器,检查气路系统是否能够正常工作。

(6) 启动干油集中润滑系统,检查各个分配器是否正常工作,各个润滑点供油量是否正常。

(7) 冬季作业时,应先合上电热器的开关。等润滑油的油温上升到 40 ℃,流动性能增强后,再关闭电热器,以免发生火灾。

(8) 按规定给各个手动润滑点加注润滑油。

(9) 进行空负荷试运转,经过确认各个机构都能够正常工作时,才可以进行挖掘作业。

五、挖掘作业时的注意事项

(1) 挖掘作业时,作业场地应平整、坚实,履带板与地面的接触应良好。禁止任何一侧履带架在单个支撑轮单轴受力的情况下进行挖掘作业。

(2) 挖掘作业时,应在履带装置的拉紧轮一端进行挖掘。不允许在履带装置的驱动轮一端进行挖掘。

(3) 挖掘作业时,铲斗不允许在缺少斗齿的情况下工作,以避免磨损斗唇和斗齿的配合表面。

(4) 挖掘作业时,不得将行走制动器打开,以避免在挖掘过程中,因机器设备前后晃动,而使得行走机构的零部件提前损坏。

(5) 挖掘作业时,不允许用铲斗经常啃根底,避免机器设备长期超负荷运行而损坏电动机或机械零件。

(6) 挖掘作业时,应合理使用推压力,避免出现起重臂被顶起和落下时给绷绳造成附加的冲击负荷。

(7) 挖掘作业时,铲斗应正对挖掘物进行挖掘,不得使用铲斗一侧强行挖掘。

(8) 挖掘作业时,应合理使用提升力和提升速度。尤其在高位置挖掘时,更应缓慢使用提升速度。避免采掘物突然塌落对机器造成的冲击损坏,也避免机器在提升力、绷绳拉力的共同作用下造成起重臂支起的情况。

(9) 挖掘作业时,当铲斗还未完全离开采掘物之前,不允许进行回转作业,以避免蹩断(或蹩弯)斗杆,损坏回转机构的零部件或其他机械零件。

(10) 下放铲斗时,不得将铲斗砸碰在履带链上,也不能用铲斗作重锤砸打矿岩,避免折断斗杆。

(11) 允许在斜度小于 3° 的倾斜工作面上连续工作。当工作面的斜度在 5°~8° 时,连续工作时间不应超过 2 h。

六、回转过程中的注意事项

(1) 回转前，铲斗必须全部离开挖掘物或地面。

(2) 回转前，铲斗应该和履带板保持一定的安全距离，以避免刚碰到履带板上。

(3) 回转中，禁止用铲斗扫道，更不能以回转惯量作为能量来冲撞采掘物，以避免憋断（或憋弯）斗杆，损坏回转机构的零部件或其他机械零件。

(4) 回转卸载时，应尽量避免出现单边回转，以改善回转大齿圈和辊盘的受力部位以及磨损情况。

七、行走过程中的注意事项

(1) 行走前，应确认制动器已处于打开状态，才可行走。

(2) 行走前，应用推土机将地面清理平整、坚实。机器行走的前方不得有高出地面的较大障碍物，否则，应当绕道行走。

(3) 平地行走时，履带装置的主动轮应在前进方向的后面。原则上不允许作长距离的倒退行走。

(4) 在上下坡道前，应当特别检查行走机构的制动器是否安全、可靠，以免机器在坡道上行走时，因断电而造成机器自动滑坡的事故。

(5) 上坡时，履带装置的主动轮应位于坡道下方，以保证机器在爬坡时有足够的牵引力。

(6) 机器设备行走或爬坡的时间不允许超过 1 h，以免行走电动机长时间发热而损坏电动机。

(7) 倒退行走时，应拖拽开机器设备后面的外部电缆，避免因履带板碾压外部电缆而造成机器设备故障或人员人身安全。

(8) 机器转弯时，应按照每转 15°后，直线行走 10~15 m 的规律循序进行。否则有可能造成机器损坏。

八、其他注意事项

(1) 当挖掘物的坚固（普氏）系数 $f \leqslant 3$ 时，一般可以在不经过爆破的情况下直接挖掘；当 $f > 3$ 时，或挖掘坚硬的冻土层时，必须先进行松碎爆破，然后再挖掘。

(2) 为了保证挖掘机的铲装效率、减少机器损坏和降低设备的使用成本，挖掘物爆破后块度长、宽、高的平均值 d 为

$$d \leqslant (0.15 \sim 0.2) \times E/3$$

式中　d——爆破后矿岩块度的最大长度，m；

　　　E——铲斗的理论容积，m^3。

当使用 12 m^3 的铲斗时，挖掘物爆破后的块度为 0.6~0.8 m；当使用 20 m^3 的铲斗时，挖掘物爆破后的块度为 0.8~1.4 m。

（3）用于登机的伸缩梯在拉下后，不允许开动回转机构，以防电气系统失灵而造成设备损坏。

（4）所有的操作手柄、按钮均不得随意搬动。

（5）夜间工作时必须保证有良好的照明环境。

（6）工作面爆破时，挖掘机必须驶离爆破位置且与爆破位置保持足够的安全距离。

（7）设备上必须具备有效的防火设施和器械。

（8）人工移动电缆时，必须佩戴好绝缘用品。

第四节　挖掘机维护保养、常见故障判断与处理

挖掘机稳定的运行状态与日常的维护保养密不可分，因此维护保养工作也是挖掘机司机和设备修理人员的一项重要工作内容。挖掘机司机接班后，首先应对推压、提升、回转、行走、开斗等机构进行空负荷试运转。通过试运转，观察各个电动机和减速机的传动情况。检查压气操纵系统、自动集中润滑系统、电气操纵控制系统、各个机构的制动装置是否有异常声响、失灵等问题。

挖掘机的维护保养和检查分为挖掘机司机维护保养和检修维护保养两种，维护保养要按规定的时间和项目对设备进行检查，并做好详细记录和向司机长或有关部门汇报。

一、维护保养内容

（一）挖掘机司机维护保养

检查、清扫、注油、排水是司机日常维护的主要工作内容。

1. 检查

检查是指电铲在运行前、运转中和停机后的检查。此项工作质量的好坏，与电铲设备的状态和后期的运行关系较大。例如，在运转前应对某个部位的运转情况仔细检查，因为个人因素造成的漏检或者因为其他原因没有仔细检查，造成挖掘机在运转过程中发生了机械故障或者机械事故，对挖掘机整机影响是非常严重的。因此，对挖掘机司机来说，保证挖掘机安全稳定运行的基本条件就是做好检查工作。

2. 清扫

清扫是指对挖掘机部件或者电气柜内的灰尘通过气管进行清理，对挖掘机外部部件的油垢、积土进行清理。清理电气柜内的灰尘时，必须停机处理，防止发生触电事故。另外清理配电柜的灰尘既是挖掘机司机的维护保养项目，也是检修人员必要的维护保养项目。对于变频设备的电器元件，若灰尘较大可能会导致直流母线短路、光纤信号传播不好、通信故障等情况，所以对于变频设备，定期吹灰是设备稳定运行最主要的因素之一。

需要注意的是，在利用气管吹灰时要保证管路内不能有水或者其他异物，气压不能太高，防止损坏电器配件。

3. 注油

注油是指用手动油枪或者自动注油装置对挖掘机的销轴、轴套、履带装置的各部轮等部位进行的润滑，其目的是降低挖掘机运行中转动部件的异常磨损。在挖掘机运行过程中注油工作十分重要，在以往的生产作业过程中也发生过由于润滑不到位而发生的"大故障"，其中既有人为的原因也有设备零件本身装配的原因。转动部位注油是通过油泵或者手动注油的方式将锂基脂压入相关部件，用新油（锂基脂）将旧油（锂基脂）顶出，实现冷却、分散载荷、清洗杂质、降低磨损的目的。

4. 排水

排水是指排储气罐和汽水分离器的水，在设备运行过程中，特别是在冬季，空压机运行产生压缩空气，在气体进入储气罐、汽水分离器和管路的过程中由于温度的变化产生水分，经常导致气路冻坏、电磁阀失灵等故障。电磁阀是控制电铲制动器最直接的原件，若电磁阀失灵将导致制动器不能及时闭合，会产生严重的后果。挖掘机储气罐已经安装有自动排水装置，时间继电器控制自动排水时间和排水间隔时间，自动排水装置根据季节的不同排水时间和排水间隔时间也需要及时调整。自动给排水效果很好，同时需要挖掘机司机对挖掘机的储气罐和汽水分离器进行手动排水，效果将更加明显。

（二）检修人员维护保养

在日常的检修过程中，检修工根据设备情况、运行状态和生产需要，对设备进行班检和点检，小故障及时处理，大故障及时反馈，安排检修计划，对设备进行项修处理。在班检和点检时维修人员要对设备进行吹灰、对储气罐进行防水等，与电铲司机共同完成电铲的维护保养工作。

1. 换季保养

换季保养是根据不同时期的气温变化，进行更换油品的工作，润滑脂使用情况见表12-4。

第十二章　挖掘机采装作业安全操作技能

表12-4　润滑脂使用情况

月份	油脂类型	备注（环境气温）/℃
3—5月	0号锂基脂	-30~0
5—6月	1号锂基脂	-10~20
6—9月	2号锂基脂	10~40
9—10月	1号锂基脂	-10~20
10—11月	0号锂基脂	-30~0
11月—次年3月	合成0号锂基脂	-40~0

每年5月和10月分别对设备的集中润滑以及各部减速机进行齿轮油换季工作，齿轮油使用情况见表12-5。

表12-5　齿轮油使用情况

夏季（5—10月）	冬季（10月—次年5月）
齿轮油 GL-5　80W/90	齿轮油 GL-5　75W/90

2. 设备班检

设备班检是指按照挖掘机运行周期结合挖掘机运行状态进行的设备检查和维修的一种零故障检修方式。设备班检通常按照表12-6、表12-7中的项目进行逐一检查（以 WK-12C 型挖掘机为例），班检结束后需要挖掘机司机进行签字确认。

表12-6　WK-12C型挖掘机机械部分班检表

班检日期：　　　　点检人员签字：　　　　司机签字：

机构	项目	点检内容	确认√	存在问题
行走机构	行走一轴	检查走车一轴有无异常，检查蛇形弹簧联轴器是否完好	是□ 否□	
	电机	检查电机底部楔铁是否完好，检查电机地脚螺栓是否紧固	是□ 否□	
	履带架	检查主动轮、拉紧轮、支轮有无裂纹及润滑状况、注油器是否完好，检查拉紧轴垫铁和挡铁是否完好	是□ 否□	
	履带板	检查履带板的松紧程度，检查履带板是否有裂纹，检查履带板销轴是否齐全	是□ 否□	
	行走减速机	检查减速机各部螺栓是否紧固牢靠，检查减速机的油量是否充足	是□ 否□	

表12-6(续)

机构	项目	点检内容	确认√	存在问题
回转机构	润滑	检查润滑油存量、给油指示器是否完好，检查辊盘、环轨、齿圈润滑、中央枢轴润滑、回转立轴承润滑情况	是□ 否□	
	辊盘、环轨	检查辊子磨损情况，检查环轨、护圈损坏情况及固定螺丝固定情况	是□ 否□	
	回转立轴部位	检查回转小齿轮有无裂纹、压紧螺丝是否完好并固定牢固，检查托盘螺丝是否紧固	是□ 否□	
	中央枢轴	检查中央枢轴挡铁是否完好，检查线管子拉筋固定是否良好，检查气管接头小板凳是否固定牢靠，检查中心轴间隙是否符合标准	是□ 否□	
	回转减速机	检查回转减速机螺栓是否紧固、挡铁是否完好	是□ 否□	
	A型架	检查A型架是否有裂纹，检查A型架销轴是否固定牢固，检查A型架防雨罩是否完好	是□ 否□	
推压机构	推压部位螺栓、螺母	检查气囊固定螺母是否松动	是□ 否□	
	调压阀	检查调压阀是否完好，检查压力是否调整至标准压力	是□ 否□	
	推压中间轴附件	检查气管接头是否固定牢靠，检查气管是否固定无破损，检查推压中间轴大帽是否松动	是□ 否□	
	推压电动机附件	检查推压电动机地脚螺栓是否紧固牢靠，检查风筒布是否固定牢靠，检查爬梯是否固定牢靠	是□ 否□	
	推压轴附件	检查推压轴间隙，检查卡兰螺栓是否固定，检查磨道板及螺栓情况	是□ 否□	
	润滑	检查推压轴轴套润滑情况，检查推压中间轴润滑情况，检查天轮轴轴承润滑情况	是□ 否□	
斗杆、铲斗附件	斗栓、横拉板	检查焊补斗栓孔及斗栓，检查横拉板及螺丝/开底固定器是否完好	是□ 否□	
	铲斗销轴、挡铁	检查铲斗各部销轴、销轴挡铁及别棍是否完好	是□ 否□	
	阻尼装置	检查阻尼装置能否起到缓冲效果，检查销轴及别销是否完好	是□ 否□	
	斗齿	检查斗齿是否磨损过限，检查斗齿别棍是否完好，检查护套及卡板楔子是否齐全	是□ 否□	
	齿条、后挡板	检查齿条、后挡板磨损情况及裂纹情况，检查后挡板固定螺栓是否齐全紧固	是□ 否□	

表12-6(续)

机构	项目	点检内容	确认√	存在问题
提升机构	提升电动机	检查提升电动机与提升一轴的联轴器是否同轴度,检查提升电动机地脚螺栓是否紧固	是□ 否□	
	润滑	检查提升部位给油指示器是否完好、走油是否顺畅,督促挖掘机司机给提升三轴轴承注油	是□ 否□	
	减速机	检查提升减速机螺栓是否松动	是□ 否□	
制动器	提升/回转/推压/行走	检查气缸有无漏气、销轴是否牢固,是否能够实现有效制动	是□ 否□	
其他机构	绷绳	检查绷绳断股情况和销轴、拉板损伤情况	是□ 否□	
	油泵	检查甘油集中润滑油泵是否完好,检查稀油润滑油泵是否完好	是□ 否□	
	机棚	检查各部房皮子螺栓是否缺失、房皮子有无变形、横梁有无裂纹	是□ 否□	
	空压机滤芯、机油	检查空压机进风是否通畅、滤芯是否堵塞、机油是否缺失,以油尺刻线为标准,记录运行小时数	是□ 否□	
	空压机皮带	检查风泵皮带是否有断股、裂纹并调整松紧度	是□ 否□	
	油箱	检查干油箱和稀油箱内的油是否满足需要	是□ 否□	
	走台护栏	检查走台护栏是否完好、螺栓是否齐全	是□ 否□	

表12-7 WK-12C型挖掘机电气部分点检表

点检日期: 　　　　点检人员签字: 　　　　司机签字:

项目	点检内容	确认√	存在问题
线路绝缘、虚接	检查高压启动柜、操作台、集电环等,保证护罩齐全,固定牢固;检查电器元件、接线端子有无损坏、虚接现象,过热老化的进行维修更换	是□ 否□	
电器柜吹灰	对电器柜进行吹灰、清理	是□ 否□	

表12-7(续)

项目	点检内容	确认√	存在问题
照明灯	检查各部照明是否正常,维修损坏灯具,补全缺失灯具	是□ 否□	
各部动作	检查并调整电机参数,检查电铲是否工作正常	是□ 否□	
主令控制器	检查主令机构、主令弹簧是否损坏,检查碳刷是否磨损过限	是□ 否□	
操作台	检查操作台按钮、开关是否损坏	是□ 否□	
碳刷、罩子	检查电机碳刷磨损情况,更换碳刷后补全各电机护罩并保证护罩螺栓齐全	是□ 否□	
电机部分	检查各部扇风、油泵、卷扬电机地角螺栓是否松动,检查罩子、螺栓是否齐全,检查风筒是否开裂	是□ 否□	
变频器	检查变频器内电器元件是否正常,是否有接触不良和老化损坏	是□ 否□	
开斗电机和电阻箱	检查开斗电机碳刷是否磨损超限,检查电阻箱电阻是否损坏	是□ 否□	
电气柜	检查高压启动柜、MCC辅助柜、操作台、集电环罩子是否齐全,检查元件是否损坏、连线是否松动或过热变色	是□ 否□	
各部电机	检查各部电机轴承润滑情况,保证电机轴承润滑良好	是□ 否□	

二、常见故障判断与处理

(一)机械类

机械式单斗挖掘机机械部分常见故障见表12-8。

表12-8 机械式单斗挖掘机机械部分常见故障

故障现象	发生原因	处理方法
斗底板关不住	斗栓与斗前壁上的斗栓孔横向错位	在斗底横梁销孔两端加垫圈调整斗底板的位置,使斗栓对正斗前壁的方孔
	斗底板太大	用电弧气刨切割斗底板多余部分
	斗栓孔被淤泥塞住	消除淤泥
	斗栓太长	调整斗栓长度
	斗栓太短	更换斗栓

表12-8(续)

故障现象	发生原因	处理方法
打开斗底板时困难	斗栓插入斗栓孔太长或斗栓变形弯曲	用调整垫调整斗栓行程并在斗栓摩擦部位加润滑油
	斗栓打开时不灵活	用调整垫调整斗栓行程并在斗栓摩擦部位加润滑油
	电气故障	检修电气设备
自动打开斗底板	斗栓磨损过限或斗栓插入长度太短	更换斗栓或调整斗栓插入长度
	斗前壁上的斗栓孔磨损过薄或变形,卡不住斗栓	更换斗体
	开斗钢丝绳太短	更换钢丝绳
	润滑油加得太多	减少加油量
开斗时斗底板不摆动或摆动次数太多	斗底缓冲器的压紧螺栓拧得太紧	旋松螺栓,减少弹簧对摩擦片的压力
	弹簧断裂或疲劳失效	更换弹簧
	摩擦片磨损过限	更换摩擦片
斗杆和绷绳距离太近,摩擦相碰,且两边距离也不均匀	三脚支架位置不正	找正三脚支架
	斗杆在使用中变弯曲	更换斗臂
	推压轴两端间隙不等,窜动太大	轴端加垫,回复原位
推压失灵,斗杆不能够伸缩	滑板处间隙过小	增加滑板处的间隙
	推压机构的气囊破裂漏气	更换气囊
	推压机构气囊的摩擦片磨损过限、损坏	更换摩擦片或力矩限制器的零件
	推压电机齿轮滚键、掉键	更换电机齿轮或更换键
	推压电机轴折断	更换电动机
	推压齿轮掉牙被挤住	更换推压齿轮
	推压制动器打不开	检修制动器
	推压电动机地脚螺栓太松,推压电机小齿轮啮合不上大齿轮	将电动机恢复原位,拧紧地脚螺栓
推压机构的齿轮啮合时声音不正常	推压电动机地脚螺栓松动,电动机下沉	将电动机恢复原位,拧紧地脚螺栓,打紧并焊好楔铁
	推压机构的齿轮磨损超限	更换齿轮
	摩擦轮轴端挡板松动,齿轮窜动碰齿轮罩	更换摩擦轮
	衬套磨损过限	更换衬套

表12-8(续)

故障现象	发生原因	处理方法
斗杆齿条突然错齿	推压小齿轮掉两个齿或磨损超过极限	更换齿轮
	上滑板处间隙过大	调整滑板间隙
	推压大轴折断(有时断在轴承座里面)	更换推压大轴
斗杆左右摆动太严重	推压轴承座衬套或鞍座衬套磨损超过极限	更换衬套
	推压大轴折断	更换推压大轴
	起重臂两侧滑道磨损超限	修复起重臂两侧的滑道
	起重臂跟脚销轴磨损超限	更换跟脚销轴
提升减速机响声太大,正反换向时更严重	输入轴或中间轴大齿轮的键滚了	更换零件
	轴承磨损超过极限	更换轴承
	联轴器对中不好	调整联轴节
提升钢丝绳乱绳	主令控制器的换向接点接触不良	修理接点
	操作中提升钢丝绳没有绷紧	抽回铲斗应保持钢丝绳绷紧
	更换钢丝绳时,钢丝绳拧劲太大	换绳时应尽量放松钢丝绳,避免拧劲太大
运转中起重臂跟脚有响声,跟脚销轴窜动	起重臂跟脚销轴磨损超限	更换跟脚销轴
	起重臂跟脚销轴固定不牢固	修复起重臂跟脚销轴的固定环节
起重臂绷绳在挖掘时跳动得厉害	挖掘中推压力使劲太大,起重臂被顶起	在操作中注意
	起重臂角度过大	调整起重臂保持在45°的倾角
	三脚支架顶部的平滑架轴孔尼龙套磨损超限	更换尼龙套
提升卷筒大齿轮打齿	减速机的轴承盖螺栓松动	更换大齿轮并紧固螺栓
	操作提升时给劲太猛	更换大齿轮并在操作中注意
回转减速机声音异常	齿轮啮合不好或齿轮掉齿	更换齿轮
	减速机中有的滚动轴承已损坏或磨损超限	更换轴承、调整轴承间隙
中央枢轴在回转时有异常声响	中央枢轴螺帽太紧,间隙太小	调整螺帽间隙
	中央枢轴挡铁与轴之间间隙太大	重焊挡铁
	中央枢轴衬套处缺油	检查润滑油
回转小齿轮下沉	齿轮下面的防松螺栓松动	紧固防松螺栓
	环轨或辊轮磨损超过极限	更换环轨或辊轮

表12-8(续)

故障现象	发生原因	处理方法
回转大齿圈掉齿	大齿圈齿厚磨损超过极限	更换大齿圈
	中央枢轴衬套磨损超过极限,间隙太大	更换衬套
回转时有其他异常声响	环形轨道缺油	补充充足的润滑油
	辊盘辊轮轴磨损超过极限	更换辊轮轴
	辊盘与环轨不同心,辊子凸缘啃环轨	调整辊盘与环轨的同心度或更换辊子与环轨
挖掘时平台尾部翘起太大	中央枢轴螺帽太松,间隙过大	拧紧螺帽,重新调整间隙
	配重不够	调整增加配重
	地面太软	硬化或改善工作场所地面条件
行走时机器设备不动	行走机构的制动器未打开	打开行走制动器
	行走机构中联轴器的键被剪断	更换键
	减速机内齿轮断齿或花键轴上的花键被全部剪断	更换齿轮或花键轴
	电磁阀失灵或气路不通	检修气路或更换电磁阀
	电气故障	检修电气设备
驱动轮和履带板的侧面发生干涉	驱动轮、支承轮、拉紧轮不在一条直线上	更换主动轮、支承轮、拉紧轮两侧的垫片
	拉紧轮轴座后面的垫片厚度不同	调整拉紧轮轴座后面的垫片厚度
支承轮脱链	履带链太松	调整履带链,使其松紧适度
	履带链下分支上被碾压住的物料太多	清除履带链下分支上被碾压住的物料
	地面凸凹不平	平整地面
支承轮摆动或左右窜动	支承轮内衬套磨损超限	更换衬套
	支承轮两侧垫圈磨损超限	更换垫圈
拉紧轮摆动或左右窜动	拉紧轮内衬套磨损超限	更换衬套
	拉紧轮两侧垫圈磨损超限	更换垫圈
空气压缩机不能够正常工作	过滤器堵塞	疏通堵塞
	吸气阀接反	接正
	活塞涨圈磨损过限	换涨圈
	阀片脏了	清洗阀片
空气压缩机压力不够	过滤器堵塞	疏通堵塞处
	吸气阀与座接触不好	调整吸气阀与座
	管路跑气	检修管路
	高低压气缸窜风	更换气缸

表12-8(续)

故障现象	发生原因	处理方法
制动器打不开	电磁阀或接触器的线圈被烧毁	更换线圈或电磁阀、接触器
	盘式制动器的动、静摩擦盘研死	更换动、静摩擦盘
	制动气缸的皮碗磨损过限,间隙过大,严重漏气	更换皮碗
	气路被堵塞或者漏气严重	检修气路、更换元件
	电磁阀吸不上	检修或更换电磁阀
	气阀、气缸管路中的水结冰	消除结冰
各部件的制动器动作失灵	电磁阀动作不灵活,通电时吸合不上	修理或者更换电磁阀
	制动盘磨损过限	更换制动盘
	制动盘之间有油垢	清理油垢
	制动器弹簧的压力小或断裂	更换弹簧
	制动盘与固定盘的间隙大于弹簧的有效行程	更换制动盘
	制动器的摩擦盘上有油垢	清理油垢

(二) 电气类

WK-12C型矿用机械正铲式挖掘机是根据《矿用机械正铲式挖掘机》(GB/T 10604)标准,由WK-10系列矿用挖掘机优化和创新的产品。PLC选用西门子S7-1500系列产品,变频器采用S120变频调速系统,此系统故障率较低,常见故障判断及处理方法见表12-9。

表12-9 常见故障判断及处理方法

故障名称	原因	预防措施/解决方法
回转逆变器故障	故障代码F30022(回转逆变柜内IGBT炸裂损坏)	更换IGBT及其他损坏的配件
	逆变器报警	定期检查功率模块内母线电容使用状态,发现有漏液和鼓胀及时更换。新功率模块上机使用时做好时间记录,在电容达到使用寿命后,不论其是否损坏都更换下机,避免过度老化后,电容内部短路,结果造成母线短路,间接将IGBT和其他附属配件损坏,导致功率模块损坏,造成更严重的损失
	功率模块内部汇流排相间短路或者接地	定期对逆变柜功率模块进行除尘,避免长时间未除尘导致汇流排上面积聚灰尘太多,导致相间短路或者接地故障
	触发板损坏,导致逆变柜本身触发脉冲紊乱,造成相间短路,进而损坏功率模块	功率模块上机使用时做好时间记录,在功率模块达到使用寿命后,不论其是否损坏都更换下机,避免功率模块触发板损坏导致IGBT炸裂将功率模块损坏,造成更严重的损失

表12-9(续)

故障名称	原因	预防措施/解决方法
高压不起	高压真空接触器辅助触点接触不良	在处理故障之前首先进行停电、验电、放电,然后打开高压柜检修门确认隔离开关触点已经拉开,隔离开关拉开后有明显断开距离。经检测为真空接触器辅助触点接触不良故障,检查故障辅助触点的一对触点损坏程度,如果损坏严重则直接更换辅助触点。如果电弧灼烧不严重,则将辅助触点动触点拆下,然后用砂纸打磨动触点和静触点上面的积炭,处理后安装辅助触点,用万用表检测辅助触点各个触点的接触电阻
	操作台上面和高压柜上面控制高压启动部分的按钮或者行程开关损坏,导致高压不启动	用万用表检测操作台和高压柜上面各个按钮和行程开关通断电阻,检测出损坏的电气配件后,直接更换电气配件
	高压柜内高压启动电路控制时间继电器损坏,导致高压不启动	高压柜内高压启动电路控制时间继电器损坏后导致高压不启动,确认该配件损坏后直接更换相同型号时间继电器,然后按照原来时间继电器调节好延时时间排除故障
推压、回转、提升顶励磁	提升顶总励磁	总励磁接触器控制回路上面串联接入提升发电机、推压发电机、回转发电机,三台发电机的过电流继电器常闭触点,任何一台发电机输出过电流,都会导致总励磁接触器断开,进而导致电铲工作时顶总励磁故障
	回转顶励磁	检测出发电机输出电流过大,则需要重新调节发电机回转部分输出数据,将发电机输出电流调节到 800 A
	推压顶励磁	检查推压机构工作时,推压发电机输出电流,如果电流超出标准输出值,则需要重新调节推压发电机输出数据,保证推压发电机在标准输出功率状态下工作

(三)空压机常见故障及处理方法

空压机常见故障及处理方法见表12-10。

表12-10 空压机常见故障及处理方法

故障名称	原因	处理方法
空压机不能启动	没有主电源或控制电压	1. 检查供电,检查控制电路保险丝 2. 检查变压器次级线圈的控制电压
	星形/三角形接法计时器损坏	更换星形/三角形接法计时器
定期停机	主机排气温度高	加满冷却剂
	电机超载	将过载设置为正确值并切换为手动复位
	线压波动超出范围	确保启动时电压下降不超过10%,运转时电压下降不超过6%

表12-10(续)

故障名称	原因	处理方法
电流过高	空压机超出额定压力运转	将机器的压力设置为正确的额定值
	分离器芯受到污染	更换空气过滤器和分离器芯
	低电压	确保启动时电压下降不超过10%，运转时电压下降不超过6%
	电压不稳	校正供电电压
	主机受损	更换主机
	压缩空气过滤器受到污染	更换空气过滤器
电流过低	压缩空气过滤器受到污染	更换空气过滤器
	空压机在无负载状态下运转	将机器的压力设置为正确的额定值
	高电压	将现场电压降到正确的工作电压
	进气阀功能失灵	更换进气阀
排放压力高	压力开关有故障或压力开关设置有误	更换压力开关或将机器的压力设置为正确的额定值
	吹气阀功能失灵	更换吹气阀
	进气阀功能失灵	更换进气阀
系统压力低	分离器芯受到污染	装上新的分离器芯
	压力开关设置有误	将机器的压力设置为正确的额定值
	最小压力阀功能失灵	更换最小压力阀
	吹气阀功能失灵	装上新的皮带
	传动皮带打滑	修补泄漏处
	空气系统泄漏	修补泄漏处
	进气阀功能失灵	更换进气阀
	系统用气要求量超出空压机供应量	降低用气要求量或加装空压机
	压缩空气过滤器受到污染	更换空气过滤器芯
空压机因温度过高而停机	空压机超出额定压力运转	将机器的压力设置为正确的额定值
	机组预滤器阻塞	清洁或更换机组预滤器
	冷却器阻塞	清洁冷却器
	机身护板误装或缺失	确保机身护板安装正确
	冷却剂不够	添加冷却剂并检查有无泄漏
	环境温度高	将空压机移到其他地方
	冷却气流受阻	确保空压机有正确的气流

表12-10(续)

故障名称	原因	处理方法
冷却剂消耗过度	分离器芯泄漏	装上新的分离器芯
	分离器芯排放受阻	拆卸部件并擦拭干净
	空压机低于额定压力运转	将机器的压力设置为正确的额定值
	冷却剂系统泄漏	修补泄漏处
噪声过高	空气系统泄漏	修补泄漏处
	主机有故障	更换主机
	电机有故障	更换电机
	部件松动	将松动部件重新拧紧
轴封泄漏	轴封有缺陷	安装主机轴封盒
卸压安全阀开启	压力开关有故障或压力传感设置有误	更换压力开关或将机器的压力设置为正确的额定值
	最小压力阀功能失灵	更换最小压力阀
	吹气阀功能失灵	更换吹气阀
	进气阀功能失灵	更换进气阀
	减压安全阀失灵	检查减压安全阀的设置和额定压力
皮带挡板/冷却器箱上有黑色残存物	传动皮带打滑	更换皮带和张紧轮
	滑轮未对准	重新对准滑轮
	滑轮磨损	更换滑轮和皮带
当空压机开始负载时安全阀吹气	最小压力阀被卡住,处于关闭状态	卸下最小压力阀进行检查,如有必要请予送修
	安全阀故障	检查安全阀的设置和额定压力

第十三章 挖掘机采装作业典型事故案例

一、电铲司机高处坠落事故

(一) 事故经过

2019年5月2日10时40分,某矿20号电铲处于倒电缆待作业状态,因前一天下雨电铲司机室前方玻璃积尘影响视线,司机赵某在擦拭司机室前方玻璃时从前走台观察孔(作业时打开便于观察地表情况)踏空坠落至地面,造成腰部多处受到伤害。

(二) 事故原因

(1) 司机赵某安全意识淡薄,未注意脚下位置情况。
(2) 司机赵某在设备上行走时未扶稳站牢,导致坠落受伤。
(3) 正副司机未做好相互保安,相互安全提醒。

(三) 防范措施

(1) 做好安全生产教育培训,提高员工安全意识。
(2) 上下设备做好三支点,上下设备或在设备上行走时扶稳站牢。
(3) 正副司机做好相互保安,相互监督提醒。

二、电铲刮推土机事故

(一) 事故经过

2020年1月3日20时30分,某矿10号胶轮推土机在给8号电铲处理场地时,与电铲左侧尾部相剐,造成胶轮推土机液压油箱变形。

(二) 事故原因

(1) 员工安全意识淡薄。
(2) 设备作业时未做好呼唤应答。

(三) 防范措施

(1) 提高员工安全生产意识。
(2) 工程设备配合电铲作业时应做好呼唤应答,待工程设备撤出到安全位置时电铲司机再操作电铲作业。

三、电铲"溜铲"事故

（一）事故经过

2019年10月11日9时50分，某矿16号电铲因生产组织需要，与18号电铲互换作业位置。16号电铲行驶至某平盘间连接坡道，在向下行驶约12 m时突然发现铲内总励磁顶主机，电铲瞬间断电，在无法操控的情况下受自重作用向前行驶了约60 m后自行停止，经检查确认两台行走电机损坏。

（二）事故原因

（1）员工安全意识淡薄，长距离走镐前或在坡道上行走时未提前检查走车系统及走车抱闸是否完好有效。

（2）长距离走镐时工长未到现场指挥监督。

（3）对走镐路线不熟悉，未对长下坡提前做好安全措施。

（三）防范措施

（1）长距离走镐时应提前检查走车系统及抱闸是否完好有效。

（2）走镐时工长指挥监督。

（3）提前了解走镐线路，做好安全保障措施。

四、电铲掉块砸自卸车事故

（一）事故经过

2020年4月6日13时43分，某矿9号电铲司机李某在给1号自卸车装车作业，装第三勺时发现冻顶。由于反向装车视线不好，加上此型号自卸车车斗护栏较低，司机李某用勺头挤压后装车，电铲铲斗左侧有一岩块（0.5 m×1 m）越过护栏，掉落在自卸车发动机盖板上，致使发动机盖板凹陷，水箱接头漏水。

（二）事故原因

（1）司机李某安全意识淡薄，未注意到勺尖带有大块。

（2）司机李某操作电铲回转过快，导致大块惯性掉落。

（三）防范措施

（1）提高安全意识，反装车时应注意勺头是否带有大块。

（2）反装车时视线受阻应慢回转装车。

（3）装有大块时应做好呼唤应答。

五、电铲铲斗前臂被大块砸掉事故

（一）事故经过

2011年1月2日4时40分，某矿1号电铲装车后回转处理左侧工作面大块，当铲斗提升距离地面约4 m时，工作面上部一块约6 m×2 m×1.5 m的冻顶突然滑落，电铲司机吴某操作电铲躲闪不及，电铲铲斗前壁被大块砸掉。

（二）事故原因

（1）发生事故工作面属于二次剥离，土质较为松散，地表上有夏季挖掘的排水沟，造成工作面含水量较大，冬季在地表形成1 m厚的冻顶并且比正常工作面冻顶更为坚硬。

（2）事故是在1号电铲挖掘第二副时发生的，由于排水沟此时距离工作面边缘较近，对地表形成切面。受电铲挖掘和排水沟双重影响，地表冻顶出现不规则断裂，由于冻顶以下土质较软，承受不住压力，造成6 m×2 m×1.5 m的冻顶大块整体滑落。

（三）防范措施

（1）交接班和检修设备时严格执行相关要求，防止人身伤害事故和砸铲事故的发生。

（2）电铲作业时，如有冻帮、冻顶情况不能爆破，要采取用链轨推土机构十字花的方式将冻顶破坏成小块后进行挖掘。

（3）电铲司机在类似地点作业时要采取最大挖掘半径和薄采方式作业，严禁将冻顶下部挖空。

六、电铲休息室被砸事故

（一）事故经过

2006年4月18日，某矿11号电铲司机在操作设备挖掘时，发现司机室正前方台阶顶部冻块滑落，在用勺头拦截时，冻块的上半部断裂滑下砸在休息室右下角。

（二）事故原因

（1）司机安全意识淡薄，对冬季作业存在的季节性危险源辨识不足，重视程度不够。

（2）司机、副司机在作业过程中瞭望不到位，对台阶顶部冻块发现、处理不及时，副司机监护不到位。

（三）防范措施

（1）加强季节性作业安全教育，让员工重视季节性作业安全，认真做好危险源辨识，并采取相应的防范措施。

（2）电铲司机在作业前要认真观察掌子面，尤其是冬季作业，发现掌子面有伞檐、冻块或者塌方迹象时要提前采取预防措施，消除隐患。

（3）作业过程中副司机要加强监护，认真观察作业环境是否存在安全隐患，及时提示司机安全作业。

七、电铲触碰高压线致环线停电事故

（一）事故经过

2010年8月19日18时56分，某矿8号电铲按照任务书要求更换作业地点，退铲时由于地表松软，司机刘某将注意力集中在地面上，副司机高某忙于盘电缆，二人均忽视了退铲方向的高压线，由于地表松软，退铲到位后比任务书要求的多退出8 m。司机刘某在没有认真观察瞭望的情况下进行回转操作，造成电铲天轮与高压线接触，导致环线停电。

（二）事故原因

（1）司机按任务书要求作业时忽略了现场的危险因素，没有进一步观察作业环境。

（2）司机、副司机安全思想麻痹，瞭望不够，副司机监护不到位。

（3）任务书对作业现场安全注意事项交代不细致，缺乏针对性。

（三）防范措施

（1）任务书要突出重点，能让司机看懂，在指导生产的同时必须有针对现场实际的安全注意事项。

（2）作业现场存在安全隐患时工长必须及时到位进行指挥。

（3）加强涉电方面的安全检查和隐患整改，保证安全用电。

八、电铲剐碰梯子事故

（一）事故经过

2020年5月27日（白班），某矿12号电铲在某平盘作业，10时45分，电铲退铲到位后，电铲助手杨某将液压梯子放下等待郭某上铲。杨某回到驾驶室发现电铲铲斗影响推土机处理场地，随即将电铲回转抱闸打开，在取水杯喝水时，误碰操作手柄主令开关，导致电铲回转动作，此时郭某正准备收起升降梯子，发现电铲回转动作后急忙跑到驾驶室通知杨某，同时杨某发现限位器报警，立即下铲查看，发现液压梯子被剐碰变形，事故发生后杨某立即上报工长。

（二）事故原因

（1）电铲助手杨某违章操作，在无法判断副司机具体位置且梯子未收起前，擅自打开电铲回转抱闸，是事故发生的直接原因。

（2）副司机郭某未落实呼唤应答要求，在地面指挥未配备对讲机，未起到监督检查的义务，是事故发生的间接原因。

（3）工长刘某未落实联合作业要求，对存在的违章行为未及时制止，联合

作业现场监督存在漏洞，是事故发生的间接原因。

（4）工长赵某未落实岗位要求，班前会未对联合作业进行技术交底，是事故发生的间接原因。

（5）带班领导夏某未落实带班领导职责，是事故发生的间接原因。

（6）安全员孙某安全培训教育不到位，现场反违章工作管理失效，是事故发生的间接原因。

（三）防范措施

（1）各班组要严格落实安全生产责任制，重新排查本岗位存在的安全隐患，做到不安全不生产。

（2）零点班、开工前和工作结束后是事故的高发期，班组长、值班领导要加强巡视，及时纠正员工的不安全行为，告知现场存在的风险，确保生产现场风险可控。

（3）严格执行作业流程，每一步、每一个节点都不能提前打开或滞后关闭，作业时禁止从事与工作无关的事项。班组长加强现场过程管控，严抓习惯性违章行为，排除安全隐患，避免同类事故再次发生。

九、水淹电铲事故

（一）事故经过

2021年7月25日8时10分，某矿值班主任联系7号电铲司机蒋某向某煤层东侧退铲。蒋某通过手机向值班主任说明近期天气情况不好，建议在原位置继续按原作业任务书作业，值班主任了解情况后决定按原计划进行。13时17分，生产现场忽然降雨且雨量较大，此时电铲已退至指定位置，且电缆已被拆装至转载机上。16时1分，四点班工长刘某接班，现场巡视未发现电铲异常情况。23时30分零点班接班，因为持续降雨，坑下道路湿滑，工长马某没有巡视现场，而是组织班组员工开展了"防洪防汛安全知识培训"。7月26日4时47分，马某接到值班主任丁某（替班）通知，电铲履带板已被水淹，马某随即赶往现场并向部门汇报。

（二）事故原因

（1）零点班工长马某雨天未将设备停放在高处，没有采取必要的安全措施。安全意识淡薄，是事故发生的直接原因。

（2）安全员孙某责任心不强，未落实防洪防汛相关要求，未对现场及重点部位、关键环节巡视检查，未全面掌握班组当班作业的安全生产状况，是事故发生的间接原因。

（3）副主任任某安全管理不到位，防洪防汛部署落实不到位，是事故发生的次要原因。

（三）防范措施

（1）班组长以上管理人员要认清形势，提高站位，把防洪防汛工作作为当前重点工作来抓，坚决防范和遏制同类事故发生。

（2）提前谋划，精心部署，对部门所属设备进行一次全面防洪防汛排查，对存在的问题立即整改，整改不了的向公司汇报协助整改。

（3）层层传递防洪防汛责任，每月开展一次应急演练，管理人员要靠前指挥。

（4）值班管理要加强生产现场重点部位和薄弱环节的隐患排查，对存在的隐患要责成班组长及时整改，并对整改情况进行复查。值班人员要坚持在岗，手机 24 h 开机，严禁在岗人员饮酒。

（5）落实上级防洪防汛文件精神，在突发情况时务必保证人员生命安全。

十、液压挖掘机倾倒事故

（一）事故经过

2011 年 3 月 23 日，某矿 6 号液压挖掘机在 15 号电铲东侧处理夹矸煤时，由于作业场地狭窄，挖掘机距掌子边缘安全距离较小，而且两侧履带板所在地面一侧较硬、一侧较软。司机曹某在作业时瞭望不够，向前提车时造成挖掘机侧滑倾倒，掉下高约 1.5 m 的掌子。

（二）事故原因

（1）司机曹某安全意识淡薄，在特殊环境下作业，到快交班时放松了警惕，麻痹大意，忽视了作业环境的危险因素。

（2）当班工长对本班在特殊环境、特殊条件下作业的人员没有给予特殊关注，没有尽到及时提示和现场监护的责任。

（3）事故单位对特殊条件下的作业没有做到"一工程一措施"，在安排生产时没有先安排好安全工作。

（三）防范措施

（1）加强员工安全意识教育，反复、强制灌输，防止出现安全意识疲劳现象。

（2）工长、班组长等一线生产管理人员要尽职尽责，要把人员监护和安全提示工作做好、做牢固。

（3）在安排生产时要有全局性，要统筹考虑，尽量避免出现类似的作业环境。

破碎机采装作业部分

第十四章 破碎机采装作业安全技术基础知识

第一节 破碎机专业技术基础知识

一、概述

当代露天煤矿的主要运输形式是单斗汽车—破碎站—带式输送机运输工艺，可移设的大型半固定式破碎站是露天煤矿半连续工艺的关键设备。在露天煤矿生产系统中的破碎站和带式输送机的布置，必须在时间和空间上与露天煤矿的发展和采剥程序相协调。因此，可移设的大型破碎站成为露天煤矿半连续开采工艺的关键设备。这种破碎站相当于一个复杂的大型破碎车间，主要由受料仓、刮板（链板）给料机、破碎机、带式输送机、安全保护装置和润滑系统等组成。破碎流程如图14-1所示。

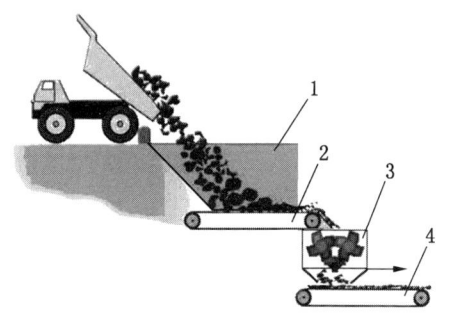

1—料仓；2—刮板输送机；3—破碎机；4—输送带

图14-1 破碎流程

二、破碎机种类及主要参数

（一）破碎机种类

破碎机是指一种粉碎机械，破碎作业常按给料和排料粒度的大小分为一级破碎（粗碎）、二级破碎（中碎）和三级破碎（细碎）。本章主要介绍矿用破碎机，矿用破碎机主要用于矿山、化工冶炼、水利等行业。破碎机的种类主要有辊式破碎机、锤式破碎机、颚式破碎机、冲击式破碎机、反击式破碎机等。

1. 辊式破碎机（MMD1500型）

MMD1500型筛分破碎机首先应用于加拿大北部的油砂矿，用于减少物料在卡车和电铲作业中的转换和运输。实践证明电铲加卡车的作业系统更加经济和高效。MMD1500型破碎机是目前处理能力最大的筛分破碎机。高可靠性、低损耗性和低维护成本的MMD筛分破碎机在矿物开采系统中扮演着重要角色，并可在恶劣的条件下每天24 h连续作业。MMD筛分破碎机通过改变破碎腔体的长度来适应各种不同的需求和生产能力。典型的MMD1500型3齿齿环筛分破碎机配备400 kW双驱动电机，总质量约160 t。MMD1500型筛分破碎机结构如图14-2所示。

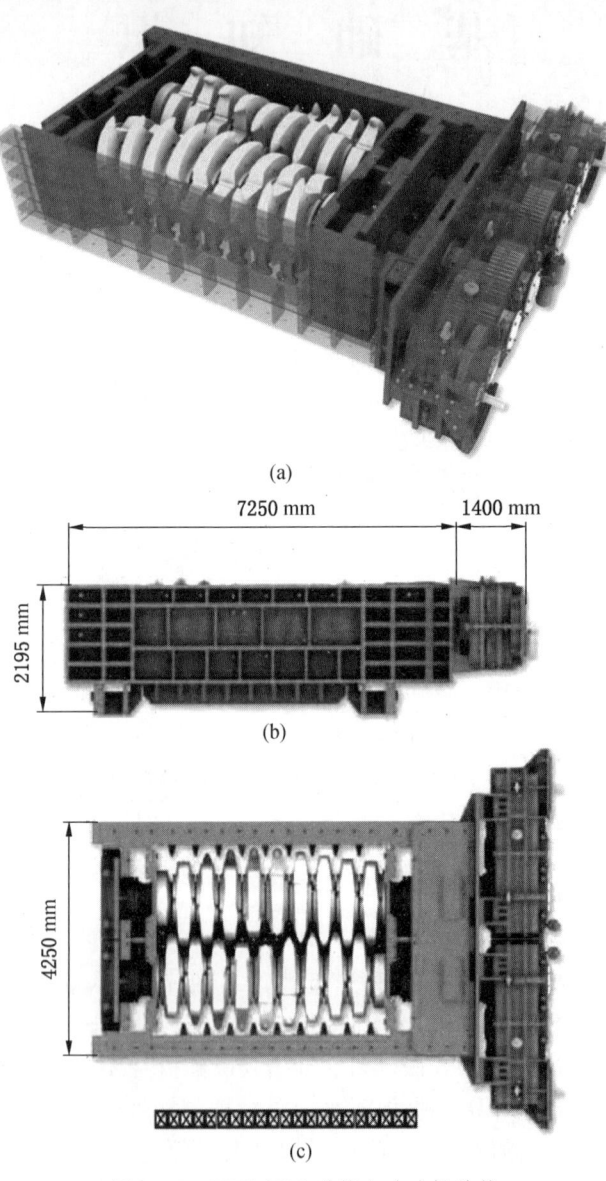

图14-2 MMD1500型筛分破碎机结构

2. 环锤式破碎机（KRC1529Ⅲ型）

环锤式破碎机是利用高速旋转环锤的冲击，物料间、物料与破碎板间的碰撞，环锤和筛板的挤压等综合作用，将破碎物料破碎到所需粒度。

待破碎物料从破碎机上部料斗进入破碎腔后，即被交错分布高速旋转的环锤冲击破碎，获得动能的物料飞向破碎板再次被破碎，粒度合格的物料从侧面筛板上的栅孔排出，不合格的物料受到环锤冲击后，并在环锤和筛板间被挤压破碎，最终达到所需粒度，从下部筛板排出，完成破碎作业。非破碎异物（如铁块、木块等）被拨进除铁室内。环锤式破碎机结构如图14-3所示。

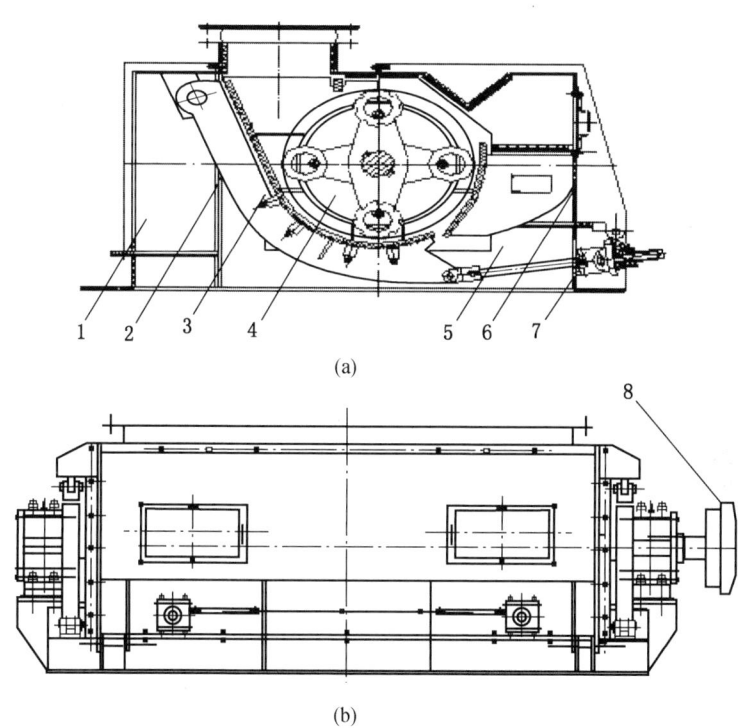

1—前部体；2—中部体；3—筛板装置；4—转子；5—底部体；6—后部体；7—调整装置；8—传动部

图14-3 环锤式破碎机结构

3. 颚式破碎机

颚式破碎机工作时，活动颚板对固定颚板做周期性的往复运动，时而靠近，时而离开。当靠近时，物料在两颚板间受到挤压、劈裂、冲击而被破碎；当离开时，已被破碎的物料靠重力作用从排料口排出。

在巨大石块破碎成小石块的过程中，第一道破碎机通常为"主"破碎机。物料从颚式破碎机顶部入口倒入含有颚齿的破碎室，颚齿以巨大力量将物料顶向室壁，将其破碎成更小的石块。支持颚齿运动的是一根偏心轴，此偏心轴贯穿机身构架。偏心运动通常由固定在轴两端的飞轮所产生。飞轮和偏心支持轴承经常采用球面滚子轴承，轴承必须承受巨大的冲击载荷、磨蚀性污水和高温。颚式破碎机外形如图14-4所示。

4. 冲击式破碎机

冲击式破碎机的工作原理：让石子在自然下落的过程中与经过叶轮加速甩出来的石子相互碰撞，从而达到破碎的目的。而被加速甩出的石子与自然下落的石子冲撞时又形成一个涡流，返回过程中又进行2次破碎，所以在运行过程中对机器反击板的磨损很少。

石料由机器上部直接落入高速旋转的转盘，在高速离心力的作用下，与另一部分以伞形方式分流在转盘四周的靶石产生高速度的撞击与高密度的粉碎；石料在互相打击后，又会在转盘和机壳之间形成涡流运动而造成多次的互相打击、摩擦、粉碎，从下部直通排出；形成闭路多次循环，由筛分设备控制达到所要求的粒度。冲击式破碎机外形如图14-5所示。

图14-4　颚式破碎机外形

图14-5　冲击式破碎机外形

5. 反击式破碎机

反击式破碎机是一种利用冲击能来破碎物料的破碎机械。机器工作时，在电动机的带动下，转子高速旋转，物料进入板锤作用区时，与转子上的板锤撞击破碎，后又被抛向反击装置上再次破碎，然后又从反击衬板上弹回到板锤作用区重新破碎。此过程重复进行，物料由大到小进入一、二、三反击腔重复破碎，直到物料被破碎至所需粒度，由出料口排出。反击式破碎机外形如

图14-6所示。

石料由机器上部直接落入高速旋转的转盘，在高速离心力的作用下，与另一部分以伞形方式分流在转盘四周的飞石产生高速度的碰撞与高密度的粉碎，石料在互相打击后，又会在转盘和机壳之间形成涡流运动而造成多次的互相打击、粉碎。

（二）破碎机特点及用途

煤炭系统原煤的破碎与金属矿山不同，大型露天煤矿原煤开采后粒度很大，生产量大，原煤破碎的目的主要是为了装运方便，提高运输效率，降低运输费用。以MMD破碎机为例，

图14-6 反击式破碎机外形

由于MMD型双齿辊破碎机具有高处理能力、大的给料口和不过度破碎的特点，因此产品粒度均整。北露天矿、南露天矿、扎矿、白音华露天矿普遍使用MMD型双齿辊高效破碎机。MMD型双齿辊破碎机不仅破碎能力大、配套安装成本低、电能消耗低、粉尘少、环保性较强，而且传动装置可靠，具有良好的过载保护能力、检修方便、效率高。

MMD破碎机具有独特的工作原理，它有三级破碎过程，具备旋转筛分功能。MMD系列筛分破碎机根据破碎齿结构的不同，分为齿帽式结构（初碎）、齿套式结构（初碎）、整体式结构（初碎）、截齿式结构（中碎）、齿板式结构（中碎、细碎）；根据破碎箱长的不同，分为短箱、标准箱、长箱，箱体越长，破碎能力越大；根据安装形式的不同，分为固定式、半固定式、半移动式、全移动式，霍林河地区主要使用半固定式破碎机。

MMD破碎机的基本原理是通过高扭矩、低转速的传动系统，驱动两根小直径大轮齿破碎轴破碎物料，应用筛分破碎技术，实现了物料破碎过程的三级破碎、旋转筛分，以及深度螺旋布齿等三个筛分破碎的互相作用。三级破碎过程第一级：物料由相对应的破碎齿头咬合住，使岩石在破碎齿头的集中载荷作用下产生应力集中，这种应力使岩石沿其自然纹理破碎；第二级：通过一根破碎轴上的头和另一根破碎轴上的齿背的三点支撑作用，对物料施加拉伸载荷而实现物料破碎；第三级：对于还未充分破碎的物料，通过破碎轴上的破碎齿和固定在破碎梁上的破碎齿进一步破碎，保证出料的三维尺寸要求。MMD破碎机三级破碎过程如图14-7所示。MMD破碎机主要技术参数见表14-1。

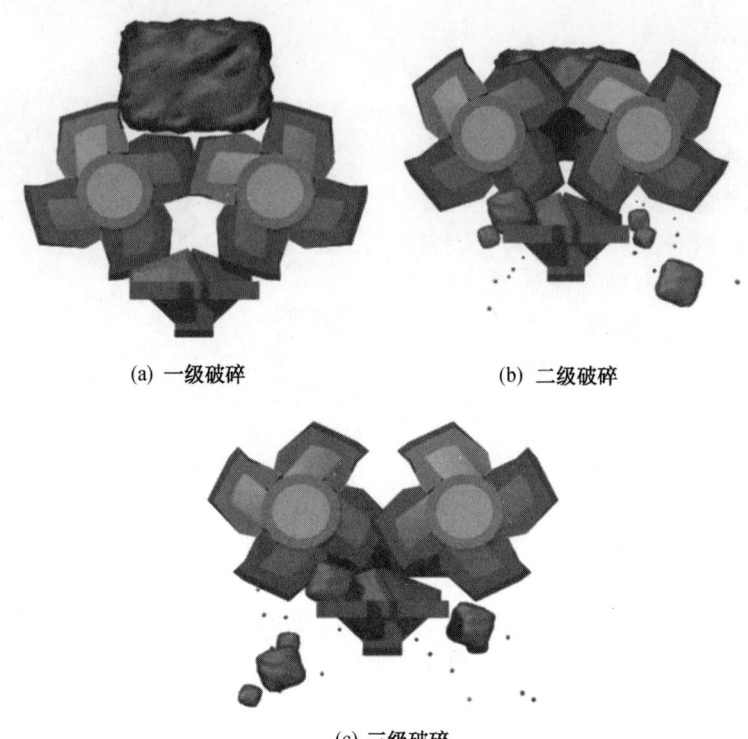

(a) 一级破碎　　(b) 二级破碎

(c) 三级破碎

图 14-7　MMD 破碎机三级破碎过程

表 14-1　MMD 破碎机主要技术参数

型号	MMD1300 系列	MMD1000 系列	MMD625 系列	MMD500 系列	环锤式碎煤机	MMD1000 系列	MMD625 系列	VMB6000 系列破碎机
破碎能力/(t·h^{-1})	7500	2000	2000	800	1500	2500	2500	6000
入料粒度/mm	≤3000	≤1000	≤300	≤100	≤300	≤1000	≤300	≤3000
破碎粒度/mm	≤400	≤300	≤100	≤30	≤50	≤300	≤100	≤400
料仓容积/m^3	450	150	—	—	—	220	—	—
刮板输送机输送宽度（刮板有效宽度）/mm	2000	2000	—	—	—	2000	—	2000

南露天矿拥有 MMD1300 型破碎机 1 台、MMD1000 型破碎机 2 台、环锤式碎煤机 1 台；北露天矿拥有 MMD1000 型破碎机 2 台、MMD625 型破碎机 1 台、MMD500 型破碎机 2 台、环锤式碎煤机 1 台；扎矿拥有 MMD1300 型破碎机 1 台、

MMD1000型破碎机2台。

（三）环锤式碎煤机（KRC1529Ⅲ型）

KRC1529Ⅲ型环锤式碎煤机在原KRC1529型环锤式破碎机设计的基础上进行了改进，主要增强了摇臂强度，改进了轴承座密封结构，优化了主轴结构尺寸。该碎煤机适用于破碎脆性、含水分不大，中等硬度以下的矿石或原煤等物料。KRC1529Ⅲ型环锤式碎煤机主要技术参数见表14-2。

表14-2 KRC1529Ⅲ型环锤式碎煤机主要技术参数

项目		数据
转子直径/mm		1500
转子有效长度/mm		2900
入料粒度/mm		≤300
出料粒度/mm		≤50
电动机	型号	YXKK560-10
	功率/kW	800
	转数/(r·min^{-1})	595
	电压/V	6000
	防护等级（IP）	54
额定生产能力/(t·h^{-1})		1500

三、破碎机（MMD）的主要结构与工作原理

MMD破碎机主要由破碎机箱体、减速机、液力偶合器、联轴器、电动机、润滑系统和失速保护装置等组成。破碎机驱动部分由电动机、耦合器、减速机组成。减速机输出轴通过联轴器与1个破碎辊连接，带动破碎辊旋转。2个破碎辊之间通过同步齿轮啮合传动。MMD破碎机箱体结构如图14-8所示。

（一）电动机

破碎机采用的HXR系列高性能铸铁电动机可以满足各种特殊应用环境。与传统标准产品相比，这种全新的、全封闭风冷式电动机完全可以应用于高可靠性且高效率的环境。HXR400LG型破碎机电动机外形如图14-9所示。

（二）液力偶合器

液力偶合器是一种液力传动装置，又称为液力联轴器。限矩型液力偶合器结构如图14-10所示。在不考虑机械损失的情况下，输出力矩与输入力矩相等。液力偶合器主要功能有两个方面：一是防止发动机过载；二是调节工作机构的转

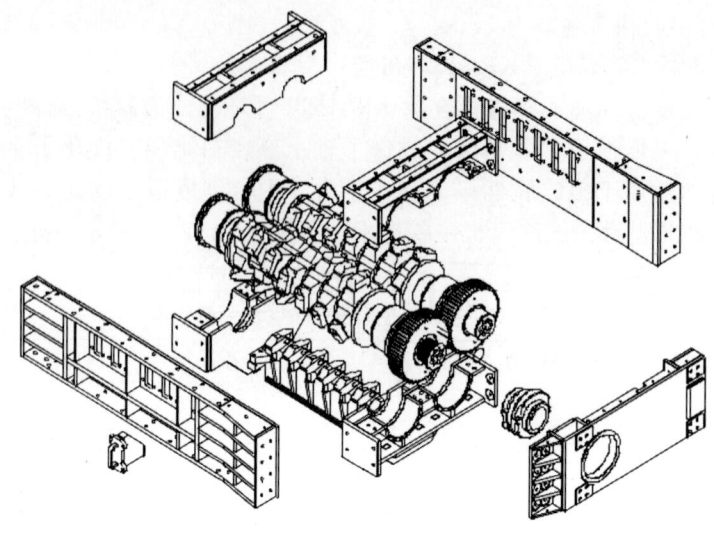

图 14-8 MMD 破碎机箱体结构

图 14-9 HXR400LG 型破碎机电动机外形

速。液力偶合器主要由壳体、泵轮、涡轮三部分组成，液力偶合器的壳体安装在发动机飞轮上，泵轮与壳体焊接在一起，随发动机曲轴的转动而转动，是液力偶合器的主动部分；涡轮和输出轴连接在一起，是液力偶合器的从动部分。泵轮和涡轮相对安装，统称为工作轮。在泵轮和涡轮上有径向排列的平直叶片，泵轮和涡轮互不接触。两者之间有一定的间隙（3~4 mm）；泵轮与涡轮合成一个整体后，其轴线断面一般为圆形，在其内腔中充满液压油。

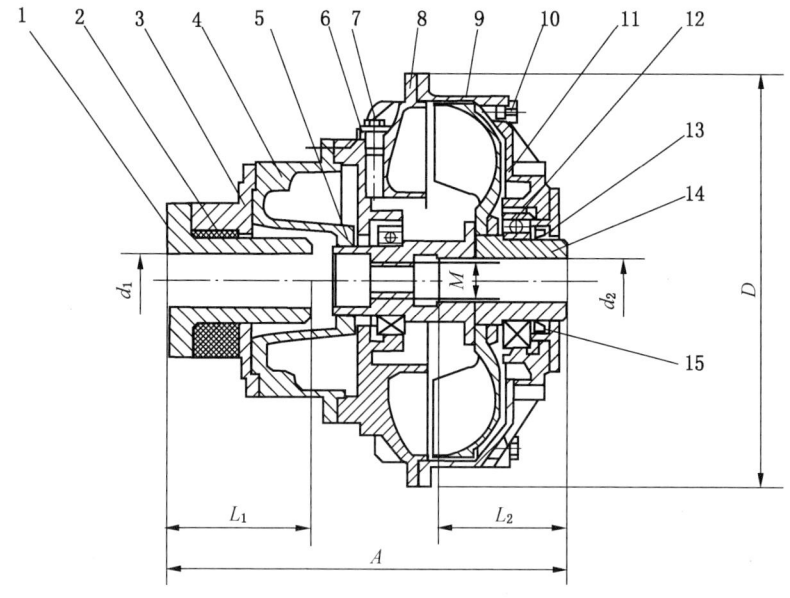

1—主动半联轴节；2—弹性块；3—从动半联轴节；4—后辅腔；5—油封；6—轴承；7—注油塞；
8—泵轮；9—外壳；10—易熔塞；11—涡轮；12—轴承；13—压盖；14—轴；15—油封

图 14-10　限矩型液力偶合器结构

液力偶合器的工作原理：当发动机运转时，曲轴带动液力偶合器的壳体和泵轮一同转动，泵轮叶片内的液压油在泵轮的带动下随之一同旋转，在离心力的作用下，液压油被甩向泵轮叶片外缘处，并在外缘处冲向涡轮叶片，使涡轮在液压冲击力的作用下旋转。冲向涡轮叶片的液压油沿涡轮叶片向内缘流动，返回到泵轮内缘的液压油，又被泵轮再次甩向外缘。液压油就这样从泵轮流向涡轮，又从涡轮返回到泵轮从而形成循环的液流。

液力偶合器中的循环液压油，在从泵轮叶片内缘流向外缘的过程中，泵轮对其做功，其速度和动能逐渐增大；而在从涡轮叶片外缘流向内缘的过程中，液压油对涡轮做功，其速度和动能逐渐减小。液力偶合器要实现传动，必须在泵轮和涡轮之间有油液循环流动，而油液循环流动的产生，是由于泵轮和涡轮之间存在转速差，使两轮叶片外缘处产生压力差所致的。如果泵轮和涡轮的转速相等，则液力偶合器不起传动作用。因此，液力偶合器工作时，发动机的动能通过泵轮传给液压油，液压油在循环流动的过程中又将动能传给涡轮输出。由于在液力偶合器内只有泵轮和涡轮两个工作轮，液压油在循环流动的过程中，除了受泵轮和涡轮之间的作用力之外，没有受到其他任何附加的外力。根据作用力与反作用力相等的原理，液压油作用在涡轮上的扭矩应等于泵轮作用在液压油上的扭矩，即发动机传给泵轮的扭矩与涡轮上输出的扭矩相等，这就是液力偶合器的传动特点。

（三）减速机

MMD1000型破碎机减速机结构如图14-11所示，组成见表14-3。

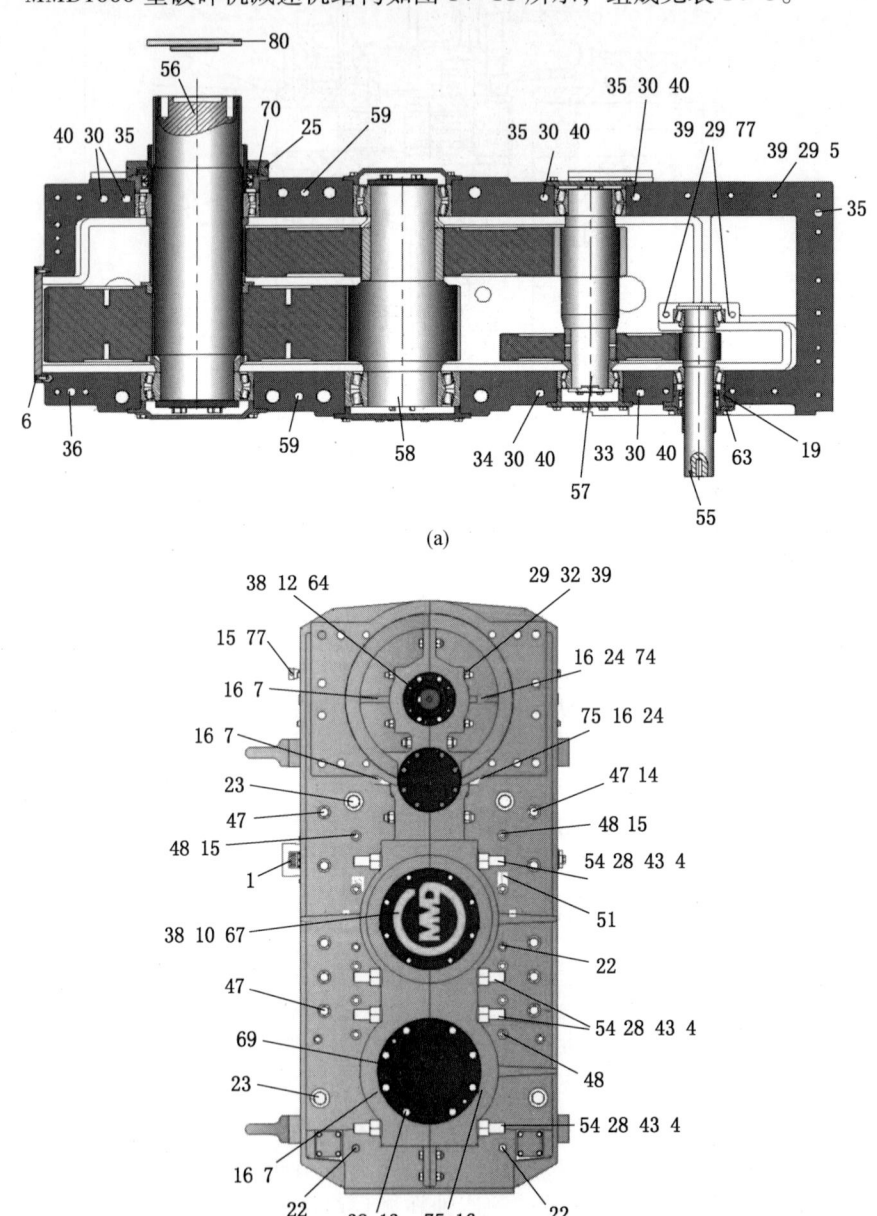

第十四章 破碎机采装作业安全技术基础知识

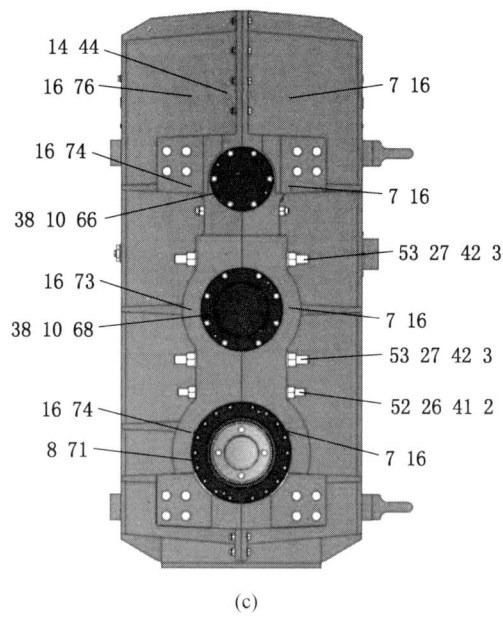

(c)

说明：图中数字解释见表 14-3。

图 14-11 MMD1000 型破碎机减速机结构

表 14-3 MMD1000 型破碎机减速机组成

序号	零件号	零件名称	单重/g	使用数量/个
1	23301600	注油/透气塞	1.00	1
2	23308802	M36 螺栓帽	0.01	2
3	23308803	M42 螺栓帽	0.01	4
4	23308804	M48 螺栓帽	0.01	8
5	30324100	M24×100 螺栓	0.49	16
6	30512030	螺钉 M12×30	0.04	32
7	30516015	螺钉 M16×15	0.07	8
8	30516085	螺钉 M16×85	0.15	18
9	31312030	M12×30 螺栓	0.04	4
10	31316040	M16×40 螺栓	0.10	32
11	31316055	M16×55 螺栓	0.13	6
12	31316070	M16×70 螺栓	0.15	4
13	31324050	M24×50 螺栓	0.31	8

表14-3(续)

序号	零件号	零件名称	单重/g	使用数量/个
14	32000090	复合垫圈	0.01	8
15	32000140	复合垫圈	0.01	10
16	32000150	复合垫圈	0.01	16
17	32000410	复合垫圈	0.01	5
18	32000451	复合垫圈	0.01	10
19	32000592	"O"形垫圈	0.01	1
20	32000648	复合垫圈	0.10	4
21	32000691	复合垫圈	0.02	1
22	32000728	堵	0.12	4
23	32000729	堵	0.50	4
24	32000783	"O"形垫圈	0.01	1
25	32000850	"O"形垫圈	0.01	1
26	32736000	M36 螺母	0.40	2
27	32742000	M42 螺母	0.80	4
28	32748000	M48 螺母	1.00	8
29	33424000	M24 螺母	0.10	24
30	33430000	M30 螺母	0.27	12
31	33656000	吊耳螺栓	10.30	2
32	34224420	M24×420 堵	1.49	2
33	34230240	M30×240 堵	1.33	1
34	34230410	M30×410 堵	2.27	1
35	34230470	M30×470 堵	2.60	4
36	34330060	M30×60 销	0.30	2
37	35612000	M12 垫圈	0.01	4
38	35616000	M16 垫圈	0.01	42
39	35624000	M24 垫圈	0.04	48
40	35630000	M30 垫圈	0.06	12
41	35636000	M36 垫圈	0.10	2
42	35642000	M42 垫圈	0.16	4
43	35648000	M48 垫圈	0.28	8
44	36000007	堵	0.85	2

表14-3(续)

序号	零件号	零件名称	单重/g	使用数量/个
45	36000009	堵	0.06	1
46	36000027	堵	0.13	6
47	36000026	堵	0.06	8
48	36000031	管子	0.01	8
49	36001014	堵	0.00	2
50	36536650	M36×650 堵	5.24	1
51	36542680	M42×680 堵	7.39	2
52	36548720	M48×720 堵	10.22	4
53	141794003	输入轴组件	64.00	1
54	141794009	输出轴组件	2458.00	1
55	141794201	二轴组件	384.00	1
56	141794202	三轴组件	1674.00	1
57	1786043-01	销	2.00	2
58	1786057-01	呼气帽	4.00	1
59	1794001-06	齿轮箱	1855.00	1
60	1497002-06	齿轮箱	1855.00	1
61	1794012-01	输入轴密封盖	8.10	1
62	1794013-01	输入轴支撑板	4.45	1
63	1794015-01	盖板	11.92	1
64	1794016-01	盖板	10.44	1
65	1794018-06	盖板	31.03	1
66	1794019-01	盖板	19.34	1
67	1794020-01	盖板	27.86	1
68	1794022-01	输出轴密封盖	21.35	1
69	1794026-01	盖板	27.49	1
70	1794027-01	齿轮箱端板	66.85	1
71	1794032-01	M16 堵	0.09	1
72	1794033-01	M16 堵	0.13	3
73	1794034-01	M16 堵	0.10	3
74	1794036-01	M16 堵	0.45	1
75	1794037-01	薄垫片—输入轴组件	0.01	1

表14-3(续)

序号	零件号	零件名称	单重/g	使用数量/个
76	1794042-01	M24×1250 堵	4.44	2
77	1794044-01	油尺	1.10	1
78	1794047-01	输入轴保护管	12.77	1
79	1794048-01	端盖	0.00	1
80	7070432-01	堵	1.30	1
81	32000776	"O"形垫圈	0.01	8

减速机一般由箱体、附件和轴系部件组成。

1. 箱体

箱体是减速机所有零件的基座，是支撑和固定轴系部件、保证传动零件正确位置并承受作用在减速机上的荷载的重要零件。箱体一般还兼作润滑油的油箱，具有充分润滑和很好的密封箱体零件的作用。箱体大多为剖分式，由箱座和箱盖组成（取轴的中心线为剖分面）。

2. 附件

为了保证减速机正常工作和具有完善的性能，减速机箱体上常设置某些必要的装置和零件，这些装置和零件及箱体上相应的局部结构统称为附件。附件包括：①窥视孔和视孔盖。窥视孔用于检查传动件的啮合情况和润滑情况等，并由该孔向箱内注入润滑油；②通气器。减速机工作时，箱体内的温度和气压都很高，通气器能使热膨胀气体及时排出，保证箱体内外压平衡，以免润滑油沿箱体接合面、轴外伸处及其他缝隙渗漏出来；③轴承端盖。用以固定轴承外圈及调整轴承间隙、承受轴向力；④定位销。箱盖和箱座需要两个圆锥销定位；⑤油面指示装置。指示减速机内油面的高度是否符合要求；⑥油塞。排油孔，更换减速机箱体内油污；⑦启盖螺钉。为了方便开启箱盖，对抗密封胶或水玻璃的黏结作用；⑧起吊装置。起吊装置方便搬运。

3. 轴系部件

轴系部件分为阶梯轴和齿轮轴两种。

（四）联轴器

联轴器是机械传动中常用的部件，主要用来连接轴与轴（有时也连接轴与其他回转组件），以传递运动和转矩；有时也可以用作安全装置。联轴器的类型多，根据内部是否包含弹性组件，可以分为弹性联轴器与刚性联轴器两类。弹性联轴器装有弹性组件，故可以起到缓冲、减震作用，也可以在不同程度上补偿两轴间的偏移，此类联轴器应用很广，品种很多。刚性联轴器根据其结构特点分为固定式和可移式两类。可移式刚性联轴器对两轴之间的偏移量具有一定的补偿能力。

(五) 自动润滑装置

自动润滑装置是双齿辊破碎机的重要组成部分，对破碎机的所有润滑点进行自动润滑，确保破碎机正常运行。要每班检查润滑油的油位，应始终使油位保持在半桶以上，否则会使油泵吸空，自动润滑装置安全阀的出口是一节 10 mm 的细管，如果润滑脂从出口冒出，说明该管路堵塞。安全阀出口只能使用塑料盖，不能用其他金属堵塞。当设备运转时，润滑泵需要始终运转，以使迷宫密封处保持清洁。使用自动润滑装置时，破碎机每次停机后继续运行 2 h 润滑装置，保证润滑效果。

要每班检查自动润滑装置是否正常工作，检查油脂桶内油位，一定要确保要求的油位，不足时及时补加，并检查是否有泄漏。每次启机前对所有部位的润滑油、润滑脂进行检查。工作 1 h 后对润滑泵的出口三通阀、轴承迷宫进行检查。检查标准是不能有润滑脂溢流，轴承迷宫处可见润滑脂排出。如果发现润滑存在问题，应予停机检查。

(六) 电动葫芦

电动葫芦是一种特种起重设备，分为钢丝绳电动葫芦和链轮电动葫芦两种。电动葫芦质量小、体积小，结构紧凑，运行平稳，操作简单，使用方便。电动葫芦可以在同一平面上的架空轨道上使用，也可以在以工字钢为轨道的电动单梁上使用，是最理想的起重设备。煤炭系统使用钢丝绳电动葫芦，主要组成部分包括：电动机、减速机、运行机构、卷筒装置、吊钩装置、联轴器、软缆电流引入器、限位器及操作手柄等。它的提升速度是 8 m/min，提升质量为 0.5~10 t，钢丝绳长度可以根据现场实际情况进行制作。

电动葫芦一般具备多向防护装置，保证人员和工作的安全。电动葫芦的防护装置主要包括轨道两端设置的弹性缓冲器，主要作用是电动葫芦运行至轨道两端时不脱轨或防止碰撞破坏机体；固定钢丝绳用的塞块，主要作用是防止钢丝绳乱槽；轨道或其连接的构架上设置截面积不小于 25 mm^2 的金属导线接地线，防止漏电，电气装置所有电力回路，控制回路的对地电阻不得小于每伏工作电压 10000 Ω；钢丝绳和行走限位器，主要作用是防止升降和行走超限。

电动葫芦的防护装置也应具备以下基本要求：

(1) 具有防止危险的功能，适合电动葫芦操作条件，不妨碍生产和操作。
(2) 安装牢固，性能可靠，并有足够的强度和刚度，动作准确，性能稳定。
(3) 经久耐用，不影响葫芦调整、修理、润滑和检查等。
(4) 防护装置本身不应对操作者造成危害。

电动葫芦在使用之前，简单的安全检查很有必要，避免一些零部件异常，提前做好危险预防工作，主要检查项目包括：

（1）操作手柄的按钮控制方向和制动器、限位器均灵敏准确。

（2）钢丝绳没有缺陷，润滑良好，排列整齐。

（3）电动机和减速机转动没有异常声响。

（4）电动葫芦轨道和人员行走区域没有障碍物。

（5）吊钩和滑轮灵活转动。

电动葫芦使用注意事项主要包括以下内容：

（1）电动葫芦操作人员必须持证上岗。

（2）在操作者步行范围内、视线范围内、重物通过的路线上应无障碍物和漂浮物。

（3）手控按钮上下左右方向应动作准确灵敏，电动机和减速机应无异常声响。

（4）制动器应灵敏可靠。

（5）电动葫芦运行轨道上应无异物。

（6）上下限位器动作应准确灵敏。

（7）吊钩止动螺母应紧固牢靠。

（8）吊钩在水平和垂直方向转动应灵活。

（9）吊钩滑轮转动应灵活。

（10）钢丝绳应无明显裂痕，在卷筒上排列整齐，无脱开滑轮槽、乱扭、叠扣等迹象，润滑良好。

（11）吊辅具无异常现象。

（12）在使用过程中，操作人员应随时检查钢丝绳是否有乱扣、打结、掉槽、磨损等现象，如果出现应及时排除，并要经常检查导绳器和限位开关是否安全可靠。

（13）在日常工作中不得人为地使用限位器来停止重物提升或停止设备运行。

（14）当吊钩升至上极限位置时，吊钩外壳到卷筒外壳的距离必须大于 50 mm（10 t、16 t、20 t 的必须大于 120 mm）。当吊钩降至下极限位置时，应保证卷筒上钢丝绳安全圈，有效安全圈必须在 2 圈以上。

（15）不允许同时按下两个使电动葫芦按相反方向运动的手电门按钮。

（16）工作完毕后必须把电源的总闸拉开，切断电源。

（17）电动葫芦应由专人操纵，操纵者应充分掌握安全操作规程，严禁歪拉斜吊，超负荷使用。

(18) 在使用中必须由专门人员定期对电动葫芦进行检查，发现故障及时采取措施，并仔细记录。

(19) 钢丝绳的报废标准：钢丝绳的检验和报废标准按《起重机械用钢丝绳检验和报废实用规范》(CB/T 5972) 执行。

(20) 在使用过程中必须保持足够的润滑油，并保持润滑油干净，不应含有杂质和污垢。

(21) 电动葫芦不工作时，不允许把重物悬于空中，防止零件产生永久变形。

(22) 在使用过程中，如果发现故障，应立即切断主电源。

(23) 在使用过程中应特别注意易损件情况。

(24) 10~20 t 电动葫芦在长时间连续运转后，可能出现自动断电现象，属于电机的过热保护功能，此时可以下降，过一段时间，待电机冷却后即可继续工作。

四、一次破碎站无人值守设备

(一) 组成

一次破碎站无人值守设备由监控中心系统、自动控制系统、运行监测系统、设备故障监测系统、视频监控与图像识别分析系统、智能化应用平台等组成。

(二) 设备结构和工作原理

1. 自动控制系统

对原一次破碎站进行全面升级改造，对部分老旧系统进行替换改造（MMD破碎自动化系统），将 MMD 破碎自动化系统采用的 GE 系列 PLC，更换为罗克韦尔 PLC，使破碎站控制系统种类减少为两种，方便备件管理和系统维护。MMD 破碎自动化系统升级后运行稳定可靠，完成了与原中煤系统、破碎站自动化数据的集成管理，并进行了系统间的联锁运行控制。

2. 机器视觉平台

常规的检测设备不能全面涵盖生产过程中所需要的设备和工艺细节，生产过程仍需要人工进行观察。通过配置多个试验点位 AI 摄像头，利用 AI 技术模仿人类思维对生产过程中的视频进行分析，将依靠常规手段无法检测的托辊掉落、带式输送机跑偏、带式输送机人员安全防护等场景进行实时分析。通过对破碎站多个场景的识别分析和可靠性试验，最终选定 15 个点位安装视频监控装置，完成了初步的带式输送机托辊掉落、带式输送机沿线跑偏、带式输送机尾部辊筒跑偏、带式输送机安全区域入侵、驱动站火电检测等功能。

3. PHM 设备健康管理系统

在一次破碎站全线安装37个温度和振动传感器，通过对关键设备的轴承、减速机等易损部件振动温度信号的在线监测，利用云平台远程诊断系统完成数据的分析处理，实时智能诊断设备的故障情况，并通过手机APP，实时了解沿线驱动站设备运转情况。

4. 三维数字化平台

为一次破碎站配置了三维数字化平台软件，并采用全地形、全流程的三维建模，相当于建立了一个数字化的孪生工厂。管理人员与技术人员可以从多角度、多细节查看数据，也可以完成对设备的控制和对工艺的调节。系统同时具备数据分析功能，可以通过丰富的可视化手段将分析结果呈现至操作人员和管理人员的设备中。

第二节　岗位责任制

岗位责任制是充分考虑了企业自身的岗位职责特点，根据企业各个工作岗位的工作性质和业务特点来设置的，明确规定了岗位职责、权限，并会定期按照规定的工作标准来进行相关考核及奖惩。建立健全岗位责任制，必须明确任务和人员编制，然后才有可能以任务定岗位，以岗位定人员，责任落实到人，各尽其职。岗位责任制的建立有助于各项工作的科学化、制度化、流程化和规范化，达到事事有人负责的目标，改变以往有人没事干，有事又没人干的局面。

安全生产责任制是企业岗位责任制的一个组成部分，是企业最基本的一项安全制度，也是企业安全生产、劳动保护管理制度的核心。安全生产责任制是根据我国"安全第一，预防为主，综合治理"的安全生产方针和安全生产法律法规建立的各级领导、职能部门、工程技术人员、岗位操作人员在劳动生产过程中对安全生产层层负责的制度。安全生产责任制有助于改善劳动条件，减少工伤事故和职业性疾病。

一、破碎机作业人员岗位责任制

（一）作业人员岗位职责

破碎机作业人员专业技能要求：熟悉本岗位专业知识，掌握一般电工、钳工、各类油脂润滑等相关知识，了解相关岗位的一般知识；熟练掌握设备操作技能和日常保养，能正确判断设备常见故障。破碎机作业人员主要职责如下：

（1）负责破碎物料质量控制，破碎效率严格按照生产计划执行，不得超过限制效率生产，提升破碎机设备实动率。

（2）做好自主保安和相互保安工作，保证自身安全和设备安全，不出事故。

(3) 做好本机组的成本控制，润滑保养用油及其他材料消耗达到对标指标。

(4) 根据调度室指令操作设备，完成生产作业任务。

(5) 做好设备运行前的对职交接检查、班中（运行）检查、故障汇报、交班检查及清扫工作。

(6) 配合检修部门做好各类故障的检修工作，随时向队长和集控调度室汇报设备运行状态和检修进度。

(7) 如实填写交接班记录和运行记录等各项报单，做到对职交接。

(8) 每班进行设备保养，并做好保养记录。

（二）交接班岗位责任制

(1) 接班人员提前 15 min 进车间参加班前会，提前 5~10 min 到岗位与当班人交接班。

(2) 当班人员应该在下班前处理完毕当班事务，原则上严禁无故将本班应该完成的事务拖留给接班人员。

(3) 当班人员在当班期间应该尽职尽责恪尽职守，对本岗位的安全消防、设备运转等方面经常巡检，随时保持现场卫生。

(4) 当班人员在当班期间应该如实详尽地记录本班生产实际情况以及设备检修情况，并在岗位交接班记录本交班人一栏签上自己的名字。生产记录字迹要工整，严禁涂改和撕毁。

(5) 当班人员有责任和义务为接班人员讲解说明本班生产记录。对设备维修情况、公司重要通知以及领导交办的事务要着重说明。

(6) 当班人员在下班前由于种种原因仍未完成本班事务者应向接班人员解释未完成的理由，如果理由正当合理，得到接班人员认可同意签名确认后方可下班。如果生产紧急需要或者交接班期间出现设备故障，交班人员有责任留下和接班人员团结协作共同完成，尽快恢复正常生产秩序。

(7) 当班人员在下班前必须清扫现场卫生，为接班人员创造一个安全、整洁、有序、稳定的工作环境。

(8) 接班人员接班时必须了解上一班的生产情况，对不清楚的情况及时向交班人员询问，对本班的事务和设备有一个整体认识，安排好本班事务，提前领物料用品，备好工具。

(9) 接班人员不得无故拖延接班时间，如遇特殊情况没有及时赶到岗位接班应提前通知交班人员，交班人员严禁在无人交接班情况下离岗，如确实联系不上通知接班班长安排人员接班后方可离岗。

(10) 接班人员不得无故不接班，不得无故拒绝在交接班记录本接班人一栏签名。

（11）制定目的是规范岗位交接班的注意事项，创造一个安全、文明、团结、稳定的生产秩序。

（三）日常巡检岗位责任制

破碎机巡检主要通过巡点检和电视监控的现代化管理手段，采用无人值守、流动巡点检的管理模式，改善员工工作条件，降低管理成本、运行风险及安全管理风险，及时发现、上报隐患，提高设备管控水平及维护及时性，保证生产正常进行。

1. 巡检前工作准备

（1）巡检人员应参加班前会，接受本队"安全戴帽"教育，了解当班的生产任务，按照岗位要求和队长任务分配并配合主控开始本岗位工作。

（2）与上一班巡检人员做到对职交接，严禁信誉交接，要详细了解生产情况及上一班设备的运行情况，如有不明确问题不能在交接班记录上签字，要仔细核查后方可正常交接班。

（3）巡点检工具、日常用具、安全用具及其他附属用具交接班时要认真检查，发现问题及时记录并汇报当班队长解决。

（4）劳动保护用品要穿戴齐全，通信设施要保持畅通无阻、熟悉巡检现场的周边环境，防止视线不清时发生意外。

（5）对巡检区域进行设备检查前必须通知主控，并做好必要的安全措施。

2. 巡检工作流程

（1）按照规定时间和内容沿规定路线进入现场进行巡检工作。开始检查前必须通知主控，检查时安全措施要做到位。设备转换开关打到"零"位，停控制电源，按下急停按钮。

（2）检查设备时必须同时通知队长及监屏人员。

（3）巡检人员应在到达相应位置时通知监屏人员，由监屏人员对巡检工的位置、到达指定监控位置时间进行确认，并在监屏记录上做好记录。

（4）巡检人员到达相应位置后，需要由智能巡检卡记录到达位置和到达时间。

（5）静态、动态设备检查时要随时携带好巡点检工具，进行检查和测量，检查内容和完好标准执行公司规定，静态、动态检查时长按规定执行。检查结果要及时记录，发现问题要及时汇报主控和当班队长，重要问题当班队长需要到现场确认，不能安全作业的设备要及时通知主控、停机待修。

（6）设备静态检查时要特别关注溜槽衬板、挡料板、正料板、导料槽、机头护罩是否变形、开裂，螺栓是否松动或缺失，焊缝是否磨损严重或开裂；溜槽内是否有异物，清扫器是否变形，输送带是否破损，减速机、耦合器油位是否正常；集中润滑点是否堵塞，油管是否开裂、脱落，双驱动设备耦合器油位是否一致；挡料皮子磨损情况及压板固定方式；缓冲床磨损情况及固定情况；托辊缺失情况；配重钢丝绳破损情况；安全部件是否可靠尤其是制动器是否好用；电缆积尘是否清理。

（7）设备动态检查时要特别关注设备温度、温升；是否严重漏油；设备运行时是否有异音及异常振动、异味；溜槽是否漏料；输送带是否跑偏严重，输送带是否损伤；缓冲床底板、固定螺栓、固定底座是否松动；托辊及托辊架是否脱落、缺失或松动；清扫器固定情况、轴承温度及间隙是否正常；滚筒表面是否开裂；配重机构是否安全可靠；安全保护器件是否正常工作。

（8）监屏人员要特别关注设备运行时，输送带是否跑偏；溜槽是否堵料、返料；输送带是否破损严重、输送带是否撕裂；是否有铁器、利器或异物进入；监控照明是否正常，是否逆光；巡点检人员是否到位。

（9）发现异音、异味、异常振动、冒烟、漏料、漏油、温度异常、异物、堵料、返料、输送带破损等异常情况要果断采取措施，包括紧急停机。监屏人员发现异常或感到异常必须立即停机，及时向主控室和队长汇报，巡点检人员现场确定或排除隐情。

（10）除设备外，巡检区域的其他所有设施均需要检查，如门窗封闭情况、设备卫生、工业卫生、积尘、巡检道路、摄像头、消防设施、供暖设施、供水设施、走台、梯子、护栏、滑道等。

（11）每个单机巡检完毕后，都需要通知主控室。

（12）设备检查完毕后，为启机做好准备，按照主控命令进行启机生产。

（13）首次巡检完毕后，巡检人员必须对巡检质量负责，不得出现因检查不认真，故障不及时发现导致生产计划受到较大影响。

（14）主控根据实际情况安排设备检修时，检修人员到达现场需要联系岗位人员，检修作业完毕后通知主控和巡点检人员，同时主控需要再次通知巡点检人员、维修人员现场作业完毕。设备维修过程中和维修完毕后，巡点检人员或定点看护人员要重点进行跟踪和巡视检查，确保无安全隐患。

3. 巡检工作岗位责任制

（1）破碎机司机必须按照规定的时间、检查时长、巡检周期和内容沿规定的路线进入现场，及时进行巡检工作。

（2）必须执行公司制定的设备检查标准、检查内容、检查周期及检查要求。

（3）巡检工要对上一班遗留的问题有针对性地进行重点检查，交班时对存在的问题进行重点交接。

（4）进入相关区域检查时通知相关人员，撤离时通知相关人员。

（5）每次按流程启机时巡点检人员都需要到巡视区域进行检查，确认现场无闲杂人员、外委施工人员及其他人员，没有影响设备正常运行的其他因素，方可通知主控启机，启机时监护运行，启机正常后方可撤离现场。

（6）巡视时要和旋转部件等保持适当的安全距离，每次检查必须进行温度测量，设备的温度测量一定要用测温工具，测温距离符合规定，严禁用手触摸。

（7）发现突然停机或有异常情况需要立即停机时，要及时和主控室、队长联系，进行隐患确认和排除。再次启机时要求主控室按流程逐条启机，以保证每启一条带式输送机时都有巡点检人员到现场及时监护。

（8）流程运行时，维修人员继续处理故障，需要得到主控室的同意和确认，维修人员需要及时告知巡检人员。巡检人员如发现维修人员没有采取或安全措施采取不到位，有权制止其作业。同时通知当班队长和主控室。

（9）检查发现设备带病作业，容易造成隐患扩大，要及时通知主控，是否可以继续作业，由维修部门进行鉴定确认，由主控室发出指令，如需继续作业，维修部门也要派人监护运行。

（10）启动较长时间闲置的流程时，巡检工有权和主控室联系、让维修部门提前对该流程进行细致的检查，设备启机正常后维修人员方可撤离现场。巡点检人员需要对长时间不运行的设备进行检查，确保现场安全。

（11）需要自行清理的积尘部位、摄像头、廊前屋后及休息室卫生，巡点检人员要及时自行清理，及时通知、联系队长和主控室。

（12）发现清扫人员设备卫生、工业卫生打扫不合格以及未及时关闭门窗，维修人员未及时清理电缆桥架积尘，维修人员处理完故障后隐患未及时消除，需要及时汇报当班队长和主控室。

（13）设备需要加油或补油时，必须由队长或技术员告知油品牌号，按照设备保养五定、三清洁要求进行油品加注。

（14）有权检查外委施工单位，发现不遵守公司和部门规章制度，不及时通知巡检人员进入现场或已在现场作业，发现没有采取或安全措施采取不到位，现场作业时不听从建议、劝阻，隐患未立即整改，没有外委作业审批单，存在三违现象，有权立即制止和停止外委施工作业活动，同时通知当班队长和主控室。

（15）巡检工汇报时语言表达要清楚、描述要准确。

4. 巡检周期规定

（1）巡检区域范围的设备检查时长按规定执行，动态和静态检查时检查时长不能低于规定。

（2）设备性能良好，每次巡检间隔时间为 45 min。其中遇到饭点巡检间隔时间可以为 60 min。

（3）本班当班时，对未启动的流程设备执行检查次数要求，要求接班、交班及班中各检查一次。有维修人员作业的部位,按照正常运转设备的巡检要求进行巡检。

(4) 如果需要巡点检人员处理堵料等情况,当班队长要合理安排人员,杜绝巡检区域出现无人巡检现象。

(5) 本班当班时破碎机(包括二次破碎机)未作业,要求接班、交班及班中各检查一次。有维修人员作业的部位,要进行现场过程跟踪。

(6) 一次破碎机作业时,要对设备进行全面检查,检查次数夏季不低于4次,冬季及雨雪季节不低于5次。刮板输送机每2 h检查一次,但遇到堵料、偷停、异常振动等异常情况时,刮板输送机及其驱动装置每次都需要检查,确保刮板输送机没有问题才能继续作业,本班有维修人员作业的部位,要进行现场过程跟踪。

(7) 二次破碎机作业时每1 h检查一次。本班有维修人员作业的部位,要进行现场过程跟踪。

(8) 要求监屏人员每隔1 h进行一次轮换。

(四) 日常维护保养责任制度

破碎机日常检查、润滑保养规范和要求如下:

(1) 集中润滑系统加注油脂时,不能有粉尘进入,并将集中润滑泵的流量调整到最大,设备操作人员每周检查一次出油情况。

(2) 集中润滑系统在设备运行前30 min开始工作,并在设备停机后继续工作2 h。

(3) 设备操作人员每班对破碎机驱动设备的异常杂音、异常振动、设备渗漏情况进行检查,发现异常及时上报处理。

(4) 设备操作人员每班检查一次液力偶合器和减速机的油位是否正常,油量不足及时补充。

(5) 检修人员每月检查一次液力偶合器联轴节胶块磨损情况,并检查联轴节间隙和电动机轴承间隙及轴承润滑情况,如超过允许范围及时调整。

(6) 检修人员每月检查一次减速机密封情况,并检查减速机输入、输出轴间隙,如超过允许范围及时调整或处理。

(7) 设备操作人员要在设备运行前、中、后对破碎机的电动机、减速机、破碎辊等部位轴承温度进行测量和记录,发现温度异常及时上报处理。

(8) 对没有设置检查孔的破碎机,使用单位制作可拆装的检查孔,设备操作人员每班对破碎辊、给料机轴承座排油情况和排油腔存料情况进行检查,轴承座迷宫处需整圈挤出润滑脂,发现异常情况及时上报处理。

(9) 设备操作人员使用电动注油泵每月对破碎辊轴承座进行一次人工注油,

保证轴承座迷宫处整圈挤出润滑脂。

（10）设备检修人员每月对集中润滑系统出油情况进行检查，打开每个出油点查看出油情况，发现异常情况及时处理。

（11）设备检修人员每月利用塞尺和百分表等测量工具，对破碎辊轴承间隙和齿轮联轴器间隙进行测量并做好专项记录，发现异常情况及时处理。

（12）当发现异常情况时，立即停机检查，确定原因后及时处理。

（13）设备检修人员对破碎辊进行焊接作业前，必须将搭铁线固定在破碎辊上，不允许焊接电流通过轴承。

（14）设备检修人员每年对破碎主电机进行春秋两季注油保养。对有特殊要求的电机可视运行情况进行加注。

（15）使用单位每年进行两次减速机油质化验分析，对不合格的润滑油进行更换。

（16）清除屏幕灰尘时必须关闭电源。如果触摸屏按钮无法操作设备时，首先确定通信是否正常，通信中断时，触摸屏会出现相关提示：PLC NOT CONNECT。若触摸屏无显示，请检查供电是否正常，触摸屏输入电压为直流24 V，切勿将触摸屏供电电源正负接反，否则有烧毁危险。在对破碎机及其附件进行维护和检修之前必须切断电源，并将电缆与破碎机驱动电机脱开。否则，任何人都不得站在设备上或进行维护，设备运转时，任何人都不得违反安全警示，不得超越防护栏。在MMD破碎机上进行任何维护和检查之前必须切断电源。

（五）破碎机保养

破碎机保养情况见表14-4。

表14-4 破碎机保养情况

保养项目	保养位置	保养内容	保养标准	保养周期	备注
破碎机	齿尖	补焊	补焊至130 mm	60天	
	齿冠	补焊	补焊至260 mm	60天	
	圆盘	补焊	补焊至760 mm	60天	
	破碎梁齿帽	更换	更换新齿帽	24个月	
	破碎机两侧耐磨板	更换两侧耐磨板	更换新耐磨板	24个月	
	液力偶合器	胶块	更换新胶块	1年	
	减速机	清洗呼吸阀	呼吸阀透气性良好	6个月	
	破碎辊	更换轴承	更换新固定轴承组件和浮动轴承组件	6年	强制更换

表14-4(续)

保养项目	保养位置	保养内容	保养标准	保养周期	备注
刮板输送机	刮板链总成	刮板链	更换新总成件（S2004-HP）	12个月	
	联轴器尼龙棒	尼龙棒	更换新尼龙棒	3个月	
	减速机	清洗呼吸阀	呼吸阀透气性良好	6个月	
	刮板输送机驱动轮	补焊驱动齿	补焊到原尺寸	12个月	
	刮板输送机衬板	衬板	更换新衬板	5年	
	驱动轮和从动轮轴承	更换	更换新轴承	6年	强制更换
	滑道衬板	更换	更换新滑道衬板	3年	
破碎机	电机	紧固接线端子	接线端子紧固无松动	6个月	
		测量电机绝缘	大于10 MΩ	6个月	
高压间	高压柜	固定螺丝	紧固牢靠	6个月	
		同步测试	三相同步	6个月	
		绝缘电阻	相间绝缘电阻和对地绝缘电阻大于或等于7.2 MΩ	6个月	
		接触电阻测试			供电部年检
低压间	低压柜	所有紧固及联结螺丝、螺帽必须紧固，防止松脱	接线牢固	6个月	
		熔断器、电磁铁电动气阀、电阻箱、变阻器等处于良好状态	灵活可靠	6个月	
变压器	变压器	检查和清扫外壳	清洁	6个月	
		放油孔	无渗漏	6个月	
		检查呼吸器	清洁	6个月	
		检查及清扫油位指示装置	清洁	6个月	
		采集油样	进行绝缘油电气试验和化学试验	1年	
		检查、校验测量仪表、保护装置、在线监测装置及控制信号回路	灵活可靠	6个月	
		接地电阻测试	防雷接地：阻值小于4 Ω 工作接地：阻值小于0.2 Ω	6个月	

二、破碎机作业人员安全生产岗位责任制

破碎机作业人员是本岗位安全生产直接责任人，对本岗位安全生产负责，完成本岗位安全生产工作。破碎机作业人员安全生产岗位责任制具体内容见表14-5。

表14-5 破碎机作业人员安全生产岗位责任制具体内容

安全职责	到位标准	权利与义务
负责对现场作业环境进行安全风险辨识	了解本岗位作业环境、生产过程和设施设备运行等方面存在的安全风险，掌握安全风险预防措施，严格落实班前会制定的安全风险控制措施	1. 有关安全生产的知情权 2. 有获得符合国家标准的劳动保护用品的权利 3. 有对安全生产提出批评、建议的权利 4. 有对违章指挥的拒绝权 5. 有采取紧急避险措施的权利 6. 在发生生产安全事故后，有获得及时抢救和医疗救护的权利，有获得工伤保险赔付的权利 7. 在作业过程中遵守本单位的安全生产规章制度和操作规程，服从管理，不得违章作业 8. 接受安全生产教育和培训，掌握本职工作需要和安全生产知识 9. 发现事故隐患应当及时向本单位安全生产管理人员或主要负责人报告 10. 正确使用和佩戴劳动保护用品
负责按照本岗位作业规程和操作规程进行作业	1. 严格按照操作规程、作业规程要求进行作业，严格按照相关要求进行设备巡检 2. 不发生违章操作、违反劳动纪律的行为	
负责煤质情况监督，防止煤泥、外来异物进入输煤系统	1. 作业时做好煤质、煤量监督工作，并做好记录 2. 遇到矸石、铁结核或外来铁器时，需要立即停机采取安全措施后将其取出，并检查破碎齿的完好情况	
负责对联合作业现场进行监督	1. 严格执行运行部"电厂输煤系统联合作业规程"要求，记录维修、清扫人员作业地点、作业项目及作业时间，并汇报主控室 2. 监督安全防护措施落实到位，严格落实安全保护（拉绳、急停）"谁挂谁解除"原则 3. 维修作业完成后进行现场验收，检查无遗留火源或杂物；检查、确认人员全部撤离、现场设备启动保护措施已解除后方可进行试机操作	
负责配合维修、供电部门完成检修和停送电工作	1. 检查维修人员工作票所列安全措施正确完备，符合现场条件，正确执行工作票所列的安全措施 2. 配合维修人员进行试机操作	

第三节 破碎机作业风险预控

实施作业风险预控对减少事故的发生具有十分重要的意义。风险预控管理，是指通过生产作业危险辨识、运用风险评估方法（LEC）将作业风险进行评估定

第十四章 破碎机采装作业安全技术基础知识

级、并根据作业过程的危险源制定和实施相关风险管理标准，控制或降低作业风险，进而实现作业安全。通过对破碎机作业进行危险辨识、风险评估、制定管控措施等，建立破碎机作业风险数据库。

根据《企业职工伤亡事故分类》（GB 6441）事故分类标准进行破碎机风险辨识，破碎机主要存在物体打击、机械伤害、高处坠落、触电、火灾、灼烫、其他伤害等。根据辨识出的风险项按风险类型从人、机、环、管4个方面制定管控措施，分类标准为：作业人员类、作业场所类、设备设施类、管理类，具体内容见表14-6。

表14-6 破碎机作业风险数据库

风险等级	风险类型	风险内容	管控措施
低风险	作业场所类	破碎机：正常运行 1. 作业过程中，有物料、工具掉落砸伤下方工作人员的风险 2. 设备行走、回转有挤压碰撞的风险 3. 护栏开焊、缺失易造成人员跌落 4. 平台有杂物，平台栅格板有缺损有跌落风险 5. 雨雪天气易造成输送带打滑、撕裂及着火等设备损伤 6. 破碎机遇大风天气易造成设备损伤 7. 作业场地物品摆放杂乱易造成巡检人员绊倒、摔伤或扭伤 8. 作业环境有风沙、粉尘有造成职业病的风险	破碎机：正常运行 1. 穿戴齐全劳动保护用品，注意周围环境；严禁抛投工器具和作业材料 2. 严格执行操作规程，回转半径、走行区域严禁人员进入，加强联系，重复指令，明确指挥信号，遵守各项安全操作规程，严禁违章指挥、违章操作 3. 强化"安全戴帽"教育，发现开焊或变形及时维修处理，悬挂警示牌，有针对性地进行安全教育 4. 强化"安全戴帽"教育，一人手持物品时，需一人监护安全，悬挂警示牌，有针对性地进行安全教育 5. 联系调度室确保安全停机，停机后加强巡视 6. 联系调度室确保安全停机，降低卸料臂并顺风停放，把防风锚定锁死 7. 作业场地物品摆放规整，作业时观察作业环境、脚下环境，防止摔伤 8. 做好职业病防治宣传教育工作，戴好口罩、防风镜等劳动保护用品，做好驾驶室密封
	设备设施类	破碎机：正常运行 1. 运行中损坏的托辊长时间运转有损伤输送带和伤人的风险 2. 停机拉绳缺失或者紧急停机装置失效后，巡检工不能对系统检修紧急停机，可能造成输送带撕裂和事故扩大	破碎机：正常运行 1. 加强巡视，发现托辊损坏时及时停机处理 2. 定期检查急停拉绳、紧急停机按钮，保证发生紧急状况时急停拉绳安全可靠

破碎机采装作业部分

表14-6(续)

风险等级	风险类型	风险内容	管控措施
低风险	作业人员类	破碎机：正常运行 1. 使用电气设备时，电气设备电源线绝缘外皮破损可能导致人员触电 2. 停送电操作不当有人员触电的风险 3. 操作不当引起的碰撞易发生设备损伤 4. 操作不当引起的突然停机有造成设备损伤的风险 5. 司机未取得上岗资格证，技术能力不强导致操作不当造成设备损伤或人员伤害 6. 与调度室联系不清，不清楚启停机指令和启停机地点，误启机造成设备损伤或人员伤害 7. 违章作业或未遵守操作规程、违章指挥或指挥信号不明确易造成设备事故或人员伤亡	破碎机：正常运行 1. 电器修复接电时，联系电工操作，严禁私自接线 2. 在专人监护下作业，严格执行审批制度，停送电时加强沟通，并有专人监护 3. 加强司机专业技术培训，加强沟通，指令不明确不执行操作 4. 定期对司机进行职业培训，加强职业技能能力 5. 司机必须经过培训，考试合格取得上岗证后，方可上机操作，并持证上岗。见习司机必须在司机指导下进行操作，司机严禁班中饮酒及酒后上岗，考勤时做好酒精测试工作，加强安全培训 6. 严格执行操作规程；加强联系，重复指令，指令不明确不进行操作 7. 加强对安全规程、作业规程的学习和教育，严禁违章指挥、违章作业、违反劳动纪律。操作司机有权对违章指挥、违章作业、违反劳动纪律的行为进行制止
	作业场所类	破碎机：静态巡检 1. 作业过程中，有物料、工具掉落砸伤下方工作人员的风险 2. 设备行走、回转有挤压碰撞的风险 3. 护栏开焊、缺失易造成人员跌落 4. 平台有杂物，平台栅格板有缺损有跌落的风险 5. 雨雪天气易造成输送带打滑、撕裂及着火等设备损伤 6. 破碎机遇大风天气易造成设备损伤 7. 作业场地物品摆放杂乱易造成巡检人员绊倒、摔伤或扭伤 8. 作业环境有风沙、粉尘有造成职业病的风险	破碎机：静态巡检 1. 穿戴齐全劳动保护用品，严禁抛投工器具和作业材料 2. 严格执行操作规程，回转半径、走行区域严禁人员进入，加强联系，重复指令，明确指挥信号，遵守各项安全操作规程，严禁违章指挥、违章操作 3. 强化"安全戴帽"教育，发现开焊或变形及时维修处理，悬挂警示牌，有针对性地进行安全教育 4. 强化"安全戴帽"教育，一人手持物品时，需一人监护安全，悬挂警示牌，有针对性地进行安全教育 5. 联系调度室确保安全停机，停机后加强巡视 6. 联系调度室确保安全停机，降低卸料臂并顺风停放，把防风锚定锁死 7. 作业场地物品摆放规整，作业时观察作业环境、脚下环境，防止摔伤 8. 做好职业病防治宣传教育工作，戴好口罩、防风镜等劳动保护用品，做好驾驶室密封

表14-6(续)

风险等级	风险类型	风险内容	管控措施
低风险	设备设施类	破碎机：静态巡检 1. 梯子上下设备，系统各设备梯子多而且较陡导致人员摔伤、跌落 2. 巡检过程中有被设备电路电缆电伤的风险 3. 减速机、液力偶合器漏油飞溅，油温过高导致人员烫伤 4. 滚筒托辊异常磨损产生高温导致烫伤 5. 照明不足，巡检人员夜间检查设备时，容易发生人员受伤的情况	破碎机：静态巡检 1. 上下梯子时抓稳扶好，注意脚下环境 2. 巡检时与带电设备保持安全距离，并做好安全隔离措施，发现用电设施或者电线漏电及时停机，联系调度室找电工立刻处理 3. 穿戴齐全劳动保护用品，检查减速机、液力偶合器时保持在上风口，并在安全位置进行检查。如需观察温度用手持型测温枪进行检查 4. 检查异常滚筒，托辊严禁用手直接触摸，如需观察温度用手持型测温枪进行检查 5. 加装照明，随身携带移动照明设备
	作业人员类	破碎机：静态巡检 1. 使用电气设备时，电气设备电源线绝缘外皮破损可能导致人员触电 2. 操作不当引起的碰撞易发生设备损伤 3. 操作不当引起的突然停机有造成设备损伤的风险 4. 司机未取得上岗资格证，技术能力不强导致操作不当造成设备损伤或人员伤害 5. 与调度室联系不清，不清楚启停机指令和启停机地点，误启机造成设备损伤或人员伤害 6. 违章作业或未遵守操作规程、违章指挥或指挥信号不明确易造成设备事故或人员伤亡	破碎机：静态巡检 1. 电器修复接电时，联系电工操作，严禁私自接线 2. 加强司机专业技术培训，加强沟通，指令不明确不执行操作 3. 定期对司机进行职业培训，加强职业技能能力 4. 司机必须经过培训，考试合格取得上岗证后，方可上机操作，并持证上岗。见习司机必须在司机指导下进行操作，司机严禁班中饮酒及酒后上岗，考勤时做好酒精测试工作，加强安全培训 5. 严格执行操作规程，加强联系，重复指令，指令不明确不进行操作 6. 加强对安全规程、作业规程的学习和教育，严禁违章指挥、违章作业、违反劳动纪律。操作司机有权对违章指挥、违章作业、违反劳动纪律的行为进行制止

表14-6（续）

风险等级	风险类型	风险内容	管控措施
低风险	作业人员类	破碎机：动态巡检 1. 使用电气设备时，电气设备电源线绝缘外皮破损可能导致人员触电 2. 设备行走、回转有挤压碰撞的风险 3. 操作不当引起的碰撞易发生设备损伤 4. 操作不当引起的突然停机有造成设备损伤的风险 5. 司机未取得上岗资格证，技术能力不强导致操作不当造成设备损伤或人员伤害 6. 与调度室联系不清，不清楚启停机指令和启停机地点，误启机造成设备损伤或人员伤害 7. 违章作业或未遵守操作规程、违章指挥或指挥信号不明确，易造成设备事故或人员伤亡	破碎机：动态巡检 1. 电器修复接电时，联系电工操作，严禁私自接线 2. 加强司机专业技术培训，加强沟通，指令不明确不执行操作 3. 定期对司机进行职业培训，加强职业技能能力 4. 司机必须经过培训，考试合格取得上岗证后，方可上机操作，并持证上岗。见习司机必须在司机指导下进行操作，司机严禁班中饮酒及酒后上岗，考勤时做好酒精测试工作，加强安全培训 5. 严格执行操作规程，加强联系，重复指令，指令不明确不进行操作 6. 加强对安全规程、作业规程的学习和教育，严禁违章指挥、违章作业、违反劳动纪律。操作司机有权对违章指挥、违章作业、违反劳动纪律的行为进行制止
	作业场所类	破碎机：动态巡检 1. 作业过程中，有物料、工具掉落砸伤下方工作人员的风险 2. 设备行走、回转有挤压碰撞的风险 3. 护栏开焊、缺失易造成人员跌落 4. 平台有杂物，平台栅格板有缺损有跌落的风险 5. 雨雪天气易造成输送带打滑、撕裂及着火等设备损伤 6. 破碎机遇大风天气易造成设备损伤 7. 作业场地物品摆放杂乱，易造成巡检人员绊倒、摔伤或扭伤 8. 作业环境有风沙、粉尘，有造成职业病的风险 9. 雨雪天气乘坐车辆，有涉水熄火、侧滑、碰撞等风险	破碎机：动态巡检 1. 穿戴齐全劳动保护用品，严禁抛投工器具和作业材料 2. 严格执行操作规程，回转半径、走行区域严禁人员进入，加强联系，重复指令，明确指挥信号，遵守各项安全操作规程，严禁违章指挥、违章操作 3. 强化"安全戴帽"教育，发现开焊或变形及时维修处理，悬挂警示牌，有针对性地进行安全教育 4. 强化"安全戴帽"教育，一人手持物品时，需一人监护安全，悬挂警示牌，有针对性地进行安全教育 5. 联系调度室确保安全停机，停机后加强巡视 6. 联系调度室确保安全停机，降低卸料臂并顺风停放，把防风锚定锁死 7. 作业场地物品摆放规整，作业时观察作业环境、脚下环境，防止摔伤 8. 做好职业病防治宣传教育工作，戴好口罩、防风镜等劳动保护用品，做好驾驶室密封 9. 雨雪天气尽量避免下坑，如必须下坑时要检查好车辆性能，提醒司机减速慢行，注意瞭望

表14-6(续)

风险等级	风险类型	风险内容	管控措施
低风险	设备设施类	破碎机：动态巡检 1. 运行中损坏的托辊长时间运转有损伤输送带和伤人的风险 2. 巡检过程中有被设备电路电缆电伤的风险 3. 减速机、液力偶合器漏油飞溅，油温过高导致人员烫伤 4. 滚筒托辊异常磨损产生高温导致烫伤 5. 照明不足，巡检人员夜间检查设备时，容易发生人员受伤的情况 6. 梯子上下设备，系统各设备梯子多而且较陡导致人员摔伤、跌落	破碎机：动态巡检 1. 加强巡视，发现托辊损坏时及时停机处理 2. 巡检时与带电设备保持安全距离，并做好安全隔离措施，发现用电设施或者电线漏电及时停机，联系调度室找电工立刻处理 3. 穿戴齐全劳动保护用品，检查减速机、液力偶合器时保持在上风口，并在安全位置进行检查，如需观察温度用手持型测温枪进行检查 4. 检查异常滚筒，托辊严禁用手直接触摸，如需观察温度用手持型测温枪进行检查 5. 加装照明，随身携带移动照明设备 6. 上下梯子时抓稳扶好，注意脚下环境
	作业场所类	破碎机：运行中故障恢复 1. 作业过程中，有物料掉落砸伤下方工作人员的风险 2. 设备运转时或某设备解锁运转时，造成人员触碰打击或绞入设备内受伤	破碎机：运行中故障恢复 1. 穿戴齐全劳动保护用品。注意周围环境。禁止在运行的输送带下方逗留 2. 穿戴齐全劳动保护用品。恢复故障必须停机作业。如须观察设备运转，要保证与设备的安全距离。禁止在倾斜处恢复故障和观察设备状态
	设备设施类	破碎机：运行中故障恢复 1. 设备行走回转有挤压碰撞的风险 2. 护栏开焊、缺失易造成人员跌落 3. 平台有杂物，平台栅格板有缺损有跌落风险 4. 触碰无明显标记的电气设备，误断其他间隔断路器或者隔离开关 5. 操作失误，碰触到其他带电体 6. 断路器停电错误可能导致被恢复设备带电，使故障恢复人员触电	破碎机：运行中故障恢复 1. 注意周围环境，注意设备各系统动向。佩戴对讲机，保持通信通畅。与设备回转、行走等运行系统保持安全距离 2. 定期检查护栏，如有开焊、缺失及时维修、更换 3. 观察作业环境、脚下环境，防止摔倒。作业时需专人负责监护，相互保安 4. 由电工进行作业，并确保在专人监护下作业 5. 确定在无电的情况下再开始作业 6. 在无法准确判断面临的危险时，禁止作业
	作业人员类	破碎机：运行中故障恢复 1. 作业过程中搬运物品、工具掉落有砸伤人员的风险 2. 设备误启动有绞伤的风险	破碎机：运行中故障恢复 1. 搬运物品时合理安排搬运量，严禁抛投工器具和作业材料 2. 进入检修现场前，确保设备停机，告知调度室、工长和设备司机，得到许可后方可进入作业现场

表14-6(续)

风险等级	风险类型	风险内容	管控措施
低风险	作业场所类	破碎机：配合钳工维修处理故障操作及监护工作 1. 作业过程中，搬运物体掉落有砸伤人员的风险 2. 作业过程中，有物料、工具掉落砸伤下方工作人员的风险 3. 平台有杂物、平台栅格板有缺损有跌落的风险 4. 作业环境有风沙、粉尘有造成职业病的风险	破碎机：配合钳工维修处理故障操作及监护工作 1. 加强安全教育，搬运物体站好抓牢 2. 穿戴齐全劳动保护用品，严禁抛投工器具和作业材料 3. 强化"安全戴帽"教育，一人手持物品时，需一人监护安全，悬挂警示牌，有针对性地进行安全教育 4. 做好职业病防治宣传教育工作，戴好口罩、防风镜等劳动保护用品，做好驾驶室密封
	设备设施类	破碎机：配合钳工维修处理故障操作及监护工作 1. 电动工具（扭矩扳手、切割机）操作不当有伤人的风险 2. 设备误启动有绞伤的风险 3. 钢丝绳起刺、断股有扎伤的风险 4. 更换减速机、液力偶合器等油温过高易造成人员烫伤	破碎机：配合钳工维修处理故障操作及监护工作 1. 加强安全教育，使用电动工具时严格按照使用手册使用 2. 进入检修现场前，开具工作票，告知调度室和工长，得到许可后方可进入作业现场。进入作业现场后，先拉拉绳，再拍急停，防止设备误启动 3. 检查钢丝绳是否完好，有毛刺或起丝现象，立即更换 4. 穿戴齐全劳动保护用品，检查减速机、液力偶合器时保持在上风口，并在安全位置进行检查。如需观察温度用手持型测温枪进行检查
	作业人员类	破碎机：配合钳工维修处理故障操作及监护工作 1. 使用吊车吊运油品时捆绑方法与要领不当，造成偏载或吊装重心不稳，重物倾斜、脱落、晃动有伤人的风险 2. 因指挥失误或司机误操作，作业人员躲闪不及时被挤压在吊具和障碍物之间，造成挤伤 3. 吊车机体回转时配重部分将指挥或其他作业人员撞伤、挤伤 4. 钢丝绳检查不到位、使用不当有发生断裂、回弹伤人的风险 5. 站位不当、失去重心有坠落伤人的风险	破碎机：配合钳工维修处理故障操作及监护工作 1. 起重时必须有专人捆绑，专人进行沟通指挥，并保持安全作业距离。吊装作业前对吊装工具进行检查，如有破损立即更换 2. 严格遵守"十不吊"准则，杜绝违章作业 3. 吊装作业时，起重臂下严禁站人，作业人员必须在吊装半径以外 4. 吊装器件时，必须检查确认捆绑牢固后再进行吊装 5. 高处作业时系好安全带，挂好安全绳，安全带高挂低用，特殊天气时，严禁高空作业 6. 高处作业间隙较大时，搭设踏板后，捆绑牢固后再进行作业

表14-6(续)

风险等级	风险类型	风险内容	管控措施
低风险	作业人员类	6. 高处作业未做防护措施或防护措施不当有坠落伤人的风险 7. 进行动火作业时未配备防护用具，火星飞溅有烫伤的风险 8. 气焊作业使用氧气和乙炔气瓶安全距离不足，可能引起自燃或者爆炸导致人员伤亡 9. 气焊切割作业时能够产生大量的火星，现场有易燃物品时可能引起火灾 10. 气焊切割作业气带使用期限过长或者保养不好，气带可能产生的裂纹未及时发现，在作业时可能造成气带漏气引起火灾或爆炸 11. 电焊焊接作业时，焊接产生的高温火星、焊渣接触到易燃易爆物品可能导致火灾或者爆炸 12. 车辆性能不佳造成车辆失控，可能有撞伤人员和设备的风险 13. 运送人员及物资时机动车司机有接打手机等不安全行为，可能导致注意力不集中；剐碰到人员及设备造成伤害 14. 车辆行驶超载、超速，可能造成剐碰及车祸导致人员伤残 15. 机动车进入作业现场未插高杆旗，在设备附近停放不易被其他设备司机发现，可能发生碾压或者碰撞事故 16. 在作业现场随意调头、倒车，易使附近设备或车辆司机处置不及时，发生碰撞 17. 使用电动工具时，电动工具电源线绝缘外皮破损可能导致人员发生触电 18. 接焊机时，焊机不合格的绝缘、接地或使用工具不正确可能导致人员发生触电 19. 搬运材料时，人员配合不当容易摔伤、扭伤	7. 作业前开具动火作业票，经许可后再进行作业。作业前穿戴齐全防火材质的劳动保护用品，观察周围环境，符合标准后再进行作业。作业时设专人进行监护指挥，并配备灭火器，作业完成后，检查是否留有危险高温残渣，并告知调度室与设备司机进行检查 8. 切割作业时，要注意气瓶之间的距离，气瓶与火源之间必须满足安全距离 9. 作业前要将作业场地附近的可燃物清理干净，现场设置灭火器，专人监护，作业完成后要对现场产生的火源进行处理（浇水、沙石掩埋等） 10. 气焊作业前仔细检查气带的完好程度，发现破损及时更换 11. 焊接作业时，要注意焊渣飞溅和熄灭处理 12. 驾驶人员驾驶车辆前先检查车辆各部件的安全性能 13. 作业人员作业前检查安全带安全性和挂靠点安全性 14. 乘车期间必须使用安全带 15. 按矿内规定悬挂高杆旗，严禁超载、超速 16. 车辆现场停放时，按照指定位置停放，与设备保持安全距离 17. 电动工具接电时，联系电工操作，严禁私自接线 18. 在专人监护下作业，严格执行审批制度 19. 作业时观察作业环境、脚下环境，防止摔伤

表14-6(续)

风险等级	风险类型	风险内容	管控措施
低风险	作业场所类	破碎机：配合电工维修处理故障操作及监护工作 1. 作业过程中，有物料、工具掉落砸伤下方工作人员的风险 2. 护栏开焊、缺失易造成人员跌落 3. 平台有杂物，平台栅格板有缺损有跌落的风险 4. 站位不当、失去重心有坠落伤人的风险 5. 高处作业未做防护措施或防护措施不当有坠落伤人的风险 6. 特殊天气高空作业有跌落的风险 7. 作业场地物品摆放杂乱易造成检修人员绊倒、摔伤或扭伤	破碎机：配合电工维修处理故障操作及监护工作 1. 穿戴齐全劳动保护用品，作业过程中下方严禁通行或逗留。搬运物体时，缓抬轻放，多人配合作业时，专人指挥，协调一致。严禁抛投工器具和作业材料 2. 定期检查护栏，如有开焊、缺失及时维修、更换 3. 观察作业环境、脚下环境，防止摔倒。作业时需专人负责监护，相互保安 4. 禁止单人高空作业，做好互相监督，作业前确保自身环境安全，抓好站牢。禁止站在立面倾斜处作业 5. 高处作业时确保护栏、护网、踏板等设施有效。高处作业时必须挂好安全带（绳），安全带（绳）高挂低用 6. 特殊天气时，严禁高空作业 7. 作业时观察作业环境、脚下环境，防止摔伤
	设备设施类	破碎机：配合电工维修处理故障操作及监护工作 1. 处理限位开关、编码器、急停按钮、照明系统、拉绳、传感器可能出现的电伤 2. 更换各种电气元件或连接电路时有挤压碰撞的风险 3. 使用电动工具时，电动工具电源线绝缘外皮破损可能导致人员触电 4. 检修电路电缆有电伤的风险	破碎机：配合电工维修处理故障操作及监护工作 1. 由电工进行处理，并配有专人监护。其他人员与带电设备保持安全距离，并做好安全隔离措施 2. 作业前需告知调度室和设备司机，同意后再悬挂检修牌进行作业。注意周围环境，注意设备各系统动向。佩戴对讲机，保持通信通畅。加强沟通，重复指令，明确指挥信号 3. 使用前检查工具的完好性，确保工具安全合格。电动工具接电时，联系电工操作，严禁私自接线 4. 作业前检查电路电缆有无损坏。严格执行审批制度

第十四章 破碎机采装作业安全技术基础知识

表14-6(续)

风险等级	风险类型	风险内容	管控措施
低风险	作业人员类	破碎机：配合电工维修处理故障操作及监护工作 1. 作业过程中，搬运物体掉落有砸伤人员的风险 2. 设备误启动有绞伤的风险 3. 停送电操作不当有人员触电的风险 4. 对配电柜进行检修作业时，触碰工具非绝缘部位，可能发生触电伤害事故 5. 操作不当引起的碰撞易造成设备损伤 6. 操作不当引起的突然停机有造成设备损伤的风险 7. 搬运材料时，人员配合不当容易导致摔伤、扭伤	破碎机：配合电工维修处理故障操作及监护工作 1. 穿戴齐全劳动保护用品，作业过程中严禁在输送带下方通行或逗留 2. 作业前首先告知调度室和设备司机，同意后悬挂检修牌再作业 3. 停送电时加强沟通，并有专人监护 4. 在有专人监护下作业。更换各项电气元件开关前做好停电措施，并悬挂"有人工作，禁止合闸"指示牌 5. 司机必须经过培训，考试合格取得上岗证后，方可上机操作，并持证上岗。见习司机必须在司机指导下进行操作 6. 严禁司机班中饮酒及酒后上岗，考勤时做好酒精测试工作。加强安全培训，从思想上增强安全意识 7. 加强人员沟通配合，合理规划搬运量
	作业场所类	破碎机：配合清扫工作 1. 作业过程中，有物料、工具掉落砸伤下方工作人员的风险 2. 钢丝绳起刺、断股有扎伤的风险 3. 护栏开焊、缺失易造成人员跌落 4. 平台有杂物，平台栅格板有缺损有跌落的风险 5. 作业场地物品摆放杂乱易造成检修人员绊倒、摔伤或扭伤 6. 作业环境有风沙、粉尘有造成职业病的风险	破碎机：配合清扫工作 1. 进入检修现场前，告知调度室和工长，得到许可后方可进入作业现场。穿戴齐全劳动保护用品。清理作业时相互沟通配合，使用专用工具。严禁抛投工器具和作业材料。清理前注意周围环境，确保清理的物料不会砸到其他人员 2. 检查钢丝绳是否完好，有毛刺或起丝现象立即更换 3. 定期检查护栏，如有开焊、缺失及时维修、更换 4. 观察作业环境、脚下环境，防止摔倒。作业时需专人负责监护，相互保安 5. 作业时观察作业环境、脚下环境，防止摔伤 6. 戴好口罩、防风镜等劳动保护用品，做好驾驶室密封
	设备设施类	破碎机：配合清扫工作 1. 减速机、液力偶合器等油温过高易造成人员烫伤 2. 清扫过程中触碰磨红的托辊有烫伤的风险 3. 使用电动工具时，电动工具电源线绝缘外皮破损可能导致人员发生触电 4. 清扫过程中，破坏电缆有可能导致人员触电	破碎机：配合清扫工作 1. 作业前观察周围环境，检查清理项的温度等，符合作业标准后再进行作业 2. 作业时设专人进行监护指挥，并配备灭火器、水盆等防火降温用具 3. 作业前检查工具的完好性，使用安全合格的电动工具。使用电动工具时要有专人监护 4. 作业前检查周围电缆有无损伤，如有损伤及时联系电工修复

表14-6(续)

风险等级	风险类型	风险内容	管控措施
低风险	作业人员类	破碎机：配合清扫工作 1. 设备误启动有绞伤的风险 2. 作业过程中，搬运物体掉落有砸伤人员的风险 3. 电动工具（电镐）操作不当有伤人的风险 4. 站位不当、失去重心有坠落伤人的风险 5. 高处作业未做防护措施或防护措施不当有坠落伤人的风险 6. 车辆性能不佳造成车辆失控，有撞伤人员和设备的风险 7. 运送人员及物资时机动车司机有接打手机等不安全行为，可能导致注意力不集中，剐碰到人员及设备造成伤害 8. 车辆行驶超载、超速，可能造成剐碰及车祸导致人员伤害 9. 机动车进入作业现场未插高杆旗，设备附近停放时不易被其他设备司机发现，可能发生碾压或者碰撞事故 10. 在作业现场随意调头、倒车，易使附近设备或车辆司机处置不及时，发生碰撞 11. 清理时有油飞溅伤眼的风险	破碎机：配合清扫工作 1. 进入检修场前，告知调度室和工长，得到许可后方可进入作业现场。到达清理现场时先拉拉绳，再拍急停，告知调度室清理位置 2. 穿戴齐全劳动保护用品搬运物体时，多人沟通后配合作业，相互协调 3. 作业前检查工具的完好性，使用安全合格的电动工具。电动工具必须由专业电工进行接电，严禁私自接电。使用电动工具时要有专人监护 4. 上下设备时扶好扶手。作业时注意脚下，禁止站在立面倾斜处作业。特殊天气时，严禁高空作业 5. 高处作业时必须系好安全带，挂好安全绳，安全带高挂低用。高处作业间隙较大时，搭设踏板后，捆绑牢固后再进行作业 6. 驾驶人员驾驶车辆前先检查车辆各部件的安全性能。作业人员作业前检查安全带安全性和挂靠点安全性。乘车期间必须使用安全带 7. 严禁司机班中饮酒及酒后上岗，考勤时做好酒精测试工作。加强安全培训，从思想上增强安全意识。穿戴好劳动保护用品，发挥好反光条的优势作用。不站立在工程设备和车辆的盲区 8. 按矿内规定速度行驶，严禁超载、超速 9. 现场车辆必须配备和使用规定的高杆旗。车辆到达现场时必须告知调度室。车辆现场停放时，按照指定位置停放，与设备保持安全距离 10. 监管设备司机精神状态。加强安全培训，从思想上增强安全意识 11. 穿戴齐全劳动保护用品。根据作业内容使用护目镜、防油手套等防护用品
	作业场所类	破碎机：稀油保养工作 1. 作业过程中，有工器具、材料、配件、物料掉落砸伤下方工作人员的风险 2. 作业场地物品摆放杂乱易造成检修人员绊倒、摔伤或扭伤 3. 作业环境有风沙、粉尘有造成职业病的风险 4. 狭小空间有扭伤、撞伤的风险	破碎机：稀油保养工作 1. 穿戴齐全劳动保护用品，作业过程中下方严禁通行或逗留。搬运物体时，缓抬轻放，多人配合作业时，专人指挥，协调一致。严禁抛投工器具和作业材料 2. 作业时观察作业环境、脚下环境，防止摔伤。作业完成时收拾好自己的工器具 3. 戴好口罩、防风镜等劳动保护用品，做好驾驶室密封 4. 狭小空间作业时注意观察周围环境，专人负责安全监管，穿戴好劳动保护用品

表14-6(续)

风险等级	风险类型	风险内容	管控措施
	设备设施类	破碎机：稀油保养工作 1. 钢丝绳起刺、断股有扎伤的风险 2. 使用电动工具时，电动工具电源线绝缘外皮破损可能导致人员触电 3. 运油卡车运输途中或装卸油桶时油桶掉落造成人员砸伤	破碎机：稀油保养工作 1. 检查钢丝绳是否完好，有毛刺或起丝现象停止使用 2. 电动工具接电时，联系电工操作，严禁私自接线。如有电缆破损立刻停止作业，联系电工进行处理 3. 运油卡车按规定行驶和装卸润滑油。严禁超载、超速。装卸润滑油时由专用叉车和吊车进行装卸，严禁人员靠近
低风险	作业人员类	破碎机：稀油保养工作 1. 设备误启动有绞伤的风险 2. 工器具损坏、超负荷工作有冲击伤人的风险 3. 使用吊车吊运油品时捆绑方法与要领不当，造成偏载或吊装重心不稳，重物倾斜、脱落、晃动有伤人的风险 4. 因指挥失误或司机误操作，作业人员躲闪不及时被挤压在吊具和障碍物之间，造成挤伤 5. 吊车机体回转时配重部分将指挥或其他作业人员撞伤、挤伤 6. 钢丝绳检查不到位、使用不当有发生断裂、回弹伤人的风险 7. 站位不当、失去重心有坠落伤人的风险 8. 高处作业未做防护措施或防护措施不当有坠落伤人的风险 9. 特殊天气吊装有跌落的风险 10. 停送电操作不当有人员触电的风险 11. 搬运材料时，人员配合不当容易导致摔伤、扭伤 12. 保养时有油飞溅伤眼的风险	破碎机：稀油保养工作 1. 进入检修现场前，确保设备停机，告知调度室和设备司机、工长，得到许可后方可进行保养作业。进入作业现场后，采取挂拉绳或拍急停等防止设备误启动的安全措施，悬挂检修牌 2. 作业前检查工器具的完好性，按照规范使用检修器具 3. 严格遵守"十不吊"准则，杜绝违章作业 4. 配合吊装时必须与起重工做好沟通，并保持安全作业距离 5. 吊装过程中回转半径内严禁站人，吊装作业前对吊装工具进行复检，如有不符合吊装要求的吊具，则立即停止使用 6. 吊装作业时，起重臂下严禁站人，作业人员必须在吊装半径以外 7. 禁止单人高空作业，做好互相监督，作业前确保自身环境安全，抓好站牢 8. 高处作业时确保护栏、护网、踏板等设施有效。高处作业时必须挂好安全带(绳)，安全带(绳)高挂低用 9. 特殊天气时，严禁高空作业 10. 确定需要保养设备无电的情况下开始作业，正确使用电器工器具，提高检修技能。停送电时加强沟通，严格执行审批制度并在专人监护下作业 11. 作业时需要专人负责监护，相互保安。上下梯子时抓稳扶好，注意脚下环境 12. 保养时佩戴好护目镜

表14-6(续)

风险等级	风险类型	风险内容	管控措施
低风险	作业场所类	破碎机：干油保养工作 1. 作业过程中，工器具、材料、配件、物料掉落有砸伤下方工作人员的风险 2. 作业场地物品摆放杂乱易造成检修人员绊倒、摔伤或扭伤 3. 作业环境有风沙、粉尘有造成职业病的风险 4. 狭小空间有扭伤、撞伤的风险	破碎机：干油保养工作 1. 穿戴齐全劳动保护用品，作业过程中下方严禁通行或逗留。搬运物体时，缓抬轻放，多人配合作业时，专人指挥，协调一致。严禁抛投工器具和作业材料 2. 作业时观察作业环境、脚下环境，防止摔伤。作业完成时收拾好自己的工器具 3. 戴好口罩、防风镜等劳动保护用品，做好驾驶室密封 4. 狭小空间作业注意观察周围环境，专人负责安全监管，穿戴好劳动保护用品
	设备设施类	破碎机：干油保养工作 1. 使用补脂泵时，补脂泵电源线绝缘外皮破损可能导致人员触电 2. 运油卡车运输途中或装卸油时油桶掉落造成人员砸伤	破碎机：干油保养工作 1. 检查补脂泵电缆是否破损，如有电缆破损立刻停止作业，联系电工进行处理 2. 运油卡车按规定行驶和装卸润滑油。严禁超载、超速。装卸润滑油时由专用叉车和吊车进行装卸，严禁人员靠近
	作业人员类	破碎机：干油保养工作 1. 设备误启动有绞伤的风险 2. 工器具损坏、超负荷工作有冲击伤人的风险 3. 使用吊车吊运油品时捆绑方法与要领不当，造成偏载或吊装重心不稳，重物倾斜、脱落、晃动有伤人的风险 4. 因指挥失误或司机误操作，作业人员躲闪不及时被挤压在吊具和障碍物之间，造成挤伤 5. 吊车机体回转时配重部分将指挥或其他作业人员撞伤、挤伤 6. 钢丝绳检查不到位、使用不当有发生断裂、回弹伤人的风险 7. 站位不当、失去重心有坠落伤人的风险 8. 高处作业未做防护措施或防护措施不当有坠落伤人的风险 9. 特殊天气吊装有跌落的风险 10. 停送电操作不当有人员触电的风险 11. 搬运材料时，人员配合不当容易导致摔伤、扭伤 12. 保养时有油飞溅伤眼的风险	破碎机：干油保养工作 1. 进行保养作业前首先告知调度室和设备司机，同意后悬挂检修牌再作业 2. 作业前检查工器具的完好性，按照规范使用检修工器具 3. 严格遵守"十不吊"准则，杜绝违章作业 4. 配合吊装时必须与起重工做好沟通，并保持安全作业距离 5. 吊装过程中回转半径内严禁站人，吊装作业前对吊装工具进行复检，如有不符合吊装要求的吊具，立即要求停止使用 6. 吊装作业时，起重臂下严禁站人，作业人员必须在吊装半径以外 7. 禁止单人高空作业，做好互相监督，作业前确保自身环境安全，抓好站牢 8. 高处作业时确保护栏、护网、踏板等设施有效。高处作业时必须挂好安全带(绳)，安全带(绳)高挂低用 9. 特殊天气时，严禁高空作业 10. 确定需要保养设备无电的情况下再开始作业，正确使用电器工器具，提高检修技能。停送电时加强沟通，严格执行审批制度并在专人监护下作业 11. 作业时需专人负责监督，相互保安。上下梯子时抓稳扶好，注意脚下环境 12. 保养时佩戴好护目镜

第十四章 破碎机采装作业安全技术基础知识

第四节 破碎机作业隐患排查与治理

一、隐患排查治理

"一企一标准,一岗一清单"编制是企业依据国家相关法律法规、标准规定,结合企业生产经营活动特点和岗位实际,从危险源辨识及风险评价入手,逐一梳理隐患排查的内容、标准、责任、周期,形成适应企业生产经营特点、个性化的隐患自查标准,并根据管理需要,对事故隐患进行内部分级管理,即"一企业一标准";生产经营单位将个性化隐患自查标准按照岗位或者场所分解,制定车间、班组和岗位的隐患排查清单,明确排查内容、排查周期、责任部门和责任人员等内容,即"一岗位一清单"。

编制"一企一标准,一岗一清单",目的在于解决"谁来查,查什么,何时查,怎么查,如何改"的问题,从而实现企业隐患排查治理标准的具体化、岗位化和规范化。

二、破碎机岗位隐患排查治理清单

(一)生产作业

生产作业隐患排查治理清单见表14-7。

表14-7 生产作业隐患排查治理清单

隐患类型	存在隐患	整改过程中的防范措施
设备环境类	设备运转部位可能挤碰、绞伤或碾压作业人员	1. 进入现场人员正确佩戴使用劳动防护用品,注意周围环境 2. 严格执行操作规程,回转半径、走行区域严禁人员进入。加强联系,重复指令明确指挥信号,遵守各项安全操作规程,严禁违章指挥、违章操作
	护栏、格栅板是否安全可靠	定期检查护栏、格栅板,发现开焊或变形及时维修处理
	平台、人行道是否有杂物影响人员通行	1. 保持平台、人行道通畅 2. 作业器材、设备零件用后及时回收
	作业帮由于出水及其他扰动可能造成作业帮坍塌,导致掩埋设备及人员	做好安全土挡,人员远离坍塌波及区域
	设备保护装置是否正常有效	定期检查拉绳、紧急停机按钮、限位开关等安全保护装置,保证在发生紧急状况时安全可靠

表14-7(续)

隐患类型	存在隐患	整改过程中的防范措施
设备环境类	设备电缆是否安全可靠	1. 定期检查设备电缆，如有破损及时联系电工处理 2. 作业人员不得触碰电缆
	机电设备是否存在震动、异音、异味、漏油、高温等异常现象	做好机电设备日常、定期检查工作
	物料掉落可能砸伤下方人员	进入现场人员正确佩戴使用劳动防护用品，注意周围环境
	滚筒、托辊是否存在异常磨损产生发红或燃烧现象可能损伤输送带	1. 定期检查各滚筒、托辊 2. 加强巡检巡视，发现滚筒、托辊有损坏及时按照规定处理
	照明系统是否完好，满足作业要求	1. 定期检查照明系统，如有损坏及时更换 2. 设备司机夜间必须随身携带移动照明设备
人员行为类	劳动保护用品穿戴不齐全，易造成人员伤害	强化"安全带帽"教育，正确佩戴劳动防护用品，互相检查劳动防护用品是否穿戴齐全
	人员操作不当造成设备发生碰撞受损	设备司机必须经过培训，考试合格取得上岗证后，方可上机操作，并持证上岗。见习司机必须在司机指导下进行操作，司机严禁班中饮酒及酒后上岗，考勤时做好酒精测试工作，加强安全培训，从思想上增强安全意识
	人员操作失误、指挥失误造成设备误动作，可能挤碰、绞伤或碾压作业人员	1. 设备司机必须经过培训，考试合格取得上岗证后，方可上机操作，并持证上岗。见习司机必须在设备司机指导下进行操作 2. 设备司机严禁班中饮酒及酒后上岗，考勤时做好酒精测试工作，加强安全培训，从思想上增强安全意识 3. 严格执行操作规程，回转半径、行走区域严禁人员进入。加强联系，重复指令明确指挥信号，遵守各项安全操作规程，严禁违章指挥、违章操作
	作业器材或工具掉落，可能砸伤下方人员	1. 进入现场人员正确佩戴使用劳动防护用品，注意周围环境 2. 严禁抛投工器具和作业材料，工器具和作业材料用完后及时回收
	设备晃动或人员站位不当，可能导致人员摔倒或从高处坠落	1. 设备上行走扶好扶手 2. 高处作业时正确使用安全绳

（二）设备交接班及巡检工作

设备交接班及巡检工作隐患排查治理清单见表14-8。

第十四章　破碎机采装作业安全技术基础知识

表 14-8　设备交接班及巡检工作隐患排查治理清单

隐患类型	存在隐患	整改过程中的防范措施
设备环境类	设备解锁运转时可能挤碰、绞伤或碾压作业人员	1. 进入现场人员正确佩戴使用劳动防护用品，注意周围环境 2. 严格执行操作规程，解锁运转时，必须有专人监护、指挥。严禁违章指挥、违章操作
设备环境类	护栏、格栅板是否安全可靠	定期检查护栏、格栅板，发现开焊或变形及时维修处理
设备环境类	平台、人行道是否有杂物影响人员通行	1. 保持平台、人行道通畅 2. 作业器材、设备零件用后及时回收
设备环境类	物料掉落可能砸伤下方人员	进入现场人员正确佩戴使用劳动防护用品，注意周围环境
设备环境类	搬运重物时由于人员配合不当可能导致重物掉落砸伤人员或设备	搬运重物时观察作业环境，注意脚下，合理安排搬运量。必要时设专人监护、指挥
设备环境类	巡检设备时是否可能发生人员高空坠落	1. 高处作业时正确使用安全绳 2. 高处作业间隙较大时，搭设踏板，捆绑牢固后再进行作业
设备环境类	车辆性能不佳、进入作业现场未插高杆旗、爆闪警示灯等安全设施，易造成车辆失控，可能有撞伤人员和设备的风险	1. 驾驶人员驾驶车辆前先检查车辆各部件的安全性能。作业人员作业前检查安全带安全性和挂靠点安全性。乘车期间必须使用安全带 2. 现场车辆必须配备和使用规定的高杆旗。车辆到达现场时告知必须调度。车辆现场停放时，按照指定位置停放，与设备保持安全距离
人员行为类	劳动保护用品穿戴不齐全，易造成人员伤害	强化"安全戴帽"教育，正确佩戴劳动防护用品，互相检查劳动防护用品是否穿戴齐全
人员行为类	停机后操作台是否闭锁，操作台急停是否按下	1. 设备司机严格执行设备操作规程，停机后将操作台闭锁，离开操作室时将操作台急停按下 2. 维修、清扫人员进入检修现场前，开具工作票，告知调度室和设备司机，得到许可后方可进入作业现场。进入作业现场后，先拉拉绳，再拍急停，防止设备误启动
人员行为类	人员操作失误、指挥失误造成设备误动作可能挤碰、绞伤或碾压作业人员	1. 设备司机严格执行设备操作规程，加强沟通，重复指令明确指挥信号，遵守各项安全操作规程，严禁违章指挥、违章操作 2. 维修、清扫人员进入检修现场前，开具工作票，告知调度室和设备司机，得到许可后方可进入作业现场。进入作业现场后，先拉拉绳，再拍急停，防止设备误启动
人员行为类	设备晃动或人员站位不当可能导致人员摔倒或从高处坠落	1. 设备上行走扶好扶手 2. 高处作业时正确使用安全绳
人员行为类	交接班乘坐车辆进入/离开作业场地，司机有酒后上岗、带病上岗、接打手机、注意力不集中等不安全行为可能造成交通事故	1. 驾驶人员驾驶车辆前先检查车辆各部件的安全性能 2. 作业人员乘坐时检查安全带安全性和挂靠点安全性 3. 乘车期间必须使用安全带 4. 按规定速度行驶，严禁超载、超速 5. 穿戴好劳动保护用品，发挥反光条的优势作用。安全协管员做好安全监督工作

(三) 配合维修人员和清扫队的操作及监护工作

配合维修人员和清扫队的操作及监护工作隐患排查治理清单见表14-9。

表14-9 操作及监护工作隐患排查治理清单

隐患类型	存在隐患	整改过程中的防范措施
设备环境类	设备解锁运转时可能挤碰、绞伤或碾压作业人员	1. 进入现场人员正确佩戴使用劳动防护用品，注意周围环境 2. 严格执行操作规程，解锁运转时，必须有专人监护、指挥。严禁违章指挥、违章操作
	护栏、格栅板是否安全可靠	定期检查护栏、格栅板，发现开焊或变形及时维修处理
	平台、人行道是否有杂物影响人员通行	1. 保持平台、人行道通畅 2. 作业器材、设备零件用后及时回收
	有物料、工具掉落砸伤下方工作人员的风险	1. 进入现场人员正确佩戴使用劳动防护用品，注意周围环境 2. 进入检修现场前，告知调度室、工长和设备司机，得到许可后方可进入作业现场 3. 严禁抛投器具和作业材料 4. 严禁在作业区域下方通行或逗留
人员行为类	搬运重物时由于人员配合不当可能导致重物掉落砸伤人员或设备	搬运重物时观察作业环境，注意脚下，合理安排搬运量。必要时设专人监护、指挥
	检查、维护设备时可能发生人员高空坠落	1. 高处作业时正确使用安全绳 2. 高处作业间隙较大时，搭设踏板，捆绑牢固后再进行作业
	劳动保护用品穿戴不齐全，易造成人员伤害	强化"安全戴帽"教育，正确佩戴劳动防护用品，互相检查劳动防护用品是否穿戴齐全
	停机后操作台是否闭锁，操作台急停是否按下	1. 设备司机严格执行设备操作规程，停机后将操作台闭锁，离开操作室时将操作台急停按下 2. 维修、清扫人员进入检修现场前，开具工作票，告知调度室和设备司机，得到许可后方可进入作业现场。进入作业现场后，先拉拉绳，再拍急停，防止设备误启动
	人员操作失误、指挥失误造成设备误动作可能挤碰、绞伤或碾压作业人员	1. 设备司机严格执行设备操作规程，加强沟通，重复指令明确指挥信号，遵守各项安全操作规程，严禁违章指挥、违章操作 2. 维修、清扫人员进入检修现场前，开具工作票，告知调度室和设备司机，得到许可后方可进入作业现场。进入作业现场后，先拉拉绳，再拍急停，防止设备误启动
	设备晃动或人员站位不当可能导致人员摔倒或从高处坠落	1. 设备上行走扶好扶手 2. 高处作业时正确使用安全绳

(四) 设备维护保养工作

设备维护保养工作隐患排查治理清单见表 14-10。

表 14-10 设备维护保养工作隐患排查治理清单

隐患类型	存在隐患	整改过程中的防范措施
设备环境类	作业过程中，是否有工器具、材料掉落	1. 正确佩戴和使用劳动防护用品 2. 作业区域下方严禁通行或逗留 3. 严禁抛投工器具和作业材料
	工器具是否完好可靠	1. 作业前检查工器具的完好性，按照规范使用检修工器具 2. 电动工具接电时，联系电工操作，严禁私自接线。如有电缆破损立刻停止作业，联系电工进行处理
	钢丝绳是否有起刺、断股	检查钢丝绳是否完好，有毛刺或起丝现象严禁使用
	护栏、格栅板是否完整可靠	1. 作业时必须挂好安全带（绳） 2. 作业前检查护栏、护网、踏板等设施完整可靠 3. 发现开焊或变形及时维修处理
	作业场地物品摆放是否导致人员绊倒、摔伤或扭伤	作业时观察作业环境、脚下环境，防止摔伤。作业完成时收拾好现场工器具
	装卸油泵、油桶时，存在掉落造成人员砸伤、设备损伤的隐患	1. 装卸润滑油时由专用叉车和吊车进行装卸，严禁人员靠近 2. 严格遵守"十不吊"准则，杜绝违章作业
人员行为类	劳动保护用品穿戴不齐全，易造成人员伤害	强化"安全戴帽"教育，正确佩戴劳动防护用品，互相检查劳动防护用品是否穿戴齐全
	搬运材料时，人员配合不当可能导致摔伤、扭伤	1. 作业时需要专人负责监护，相互保安。上下梯子时抓稳扶好，注意脚下环境 2. 搬运物体时，缓抬轻放，多人配合作业时，专人指挥，协调一致
	吊装作业时，作业人员是否在吊车安全距离以外	1. 吊装过程中回转半径内严禁站人，吊装作业前对吊装工具进行复检，如有不符合吊装要求的吊具，则立即停止使用 2. 吊装作业时，起重臂下严禁站人，作业人员必须在吊装半径以外
	保养时站位不当、失去重心可能导致人员坠落	1. 作业前确保自身环境安全，抓好站牢，做好互相监督 2. 高处作业时确保护栏、护网、踏板等设施有效。高处作业时必须挂好安全带（绳）
	司机操作不当导致设备误启动	进入检修现场前，确保设备停机，告知调度室和设备司机、工长，得到许可后方可进行保养作业。进入作业现场后，采取挂拉绳或拍急停等防止设备误启动的安全措施，悬挂检修牌

（五）消防灭火工作

消防灭火工作隐患排查治理清单见表14-11。

表14-11 消防灭火工作隐患排查治理清单

隐患类型	存在隐患	整改过程中的防范措施
设备环境类	平台、人行道是否有杂物影响人员通行，安全出口是否被占用或堵住	1. 保持平台、人行道通畅 2. 作业器材、设备零件用后及时回收 3. 任何单位、个人不得占用、堵塞、封闭疏散通道、安全出口、消防车通道
	灭火器等消防设施是否完好	定期检查消防设施，如有失效、损坏现象立即更换补充
	应急照明、安全疏散指示标志是否完好、有效	定期检查应急照明、安全疏散指示标志，如有损坏、缺失立即恢复补充
	疏散指示标志是否被遮挡	定期检查疏散指示标志，如有问题立即处理
	护栏、格栅板是否安全可靠	定期检查护栏、格栅板，发现开焊或变形及时维修处理
人员行为类	劳动保护用品穿戴不齐全，易造成人员伤害	强化"安全戴帽"教育，正确佩戴劳动防护用品，互相检查劳动防护用品是否穿戴齐全
	灭火器等消防设施是否被埋压、阻挡、圈占、损坏、挪用	定期检查消防设施，如有埋压、阻挡、圈占、损坏、挪用现象立即恢复
	消防器材或工具掉落可能砸伤下方人员	1. 进入现场人员正确佩戴使用劳动防护用品，注意周围环境 2. 严禁抛投消防器材或工具，消防器材或工具用完后及时回收
	外力因素或人员站位不当可能导致人员摔倒或从高处坠落	1. 设备上行走扶好扶手 2. 加强通信联系，重复指令明确指挥信号

第五节 《煤矿安全规程》及安全生产标准化相关规定

一、《煤矿安全规程》对破碎机作业的相关规定

第五百五十四条 自移式破碎机必须设置卸料臂防撞检测、过负荷保护和各旋转部件防护装置。

二、露天煤矿带式输送机运输标准化管理内容及标准

运输标准化管理内容及标准见表14-12。

表 14-12 运输标准化管理内容及标准

项目	项目内容		基 本 要 求
技术管理	设计		符合设计并按设计作业
	记录		设备运行、检修、维修和人员交接班记录翔实
作业管理	巡视		定时检查设备运行状况,记录齐全
	带式输送机	机头、机尾排水	无积水
		最大倾角	符合设计
		分流站	分流站伸缩头有集控调度指令方可操作,设备运转部位及其周围无人员和其他障碍物,不造成物料堆积洒落
		清料	沿线清料及时,无撒物,不影响行车、检修作业;结构架上积料及时清理,不磨损托辊、输送带或滚筒
	自移式破碎机	液压系统	液压管路、俯仰调节液压缸等无渗漏,液压泵及液压马达运行平稳、无噪声,液压系统各部运行温度正常
		板式给料机	承载托轮无滞转,链节无裂纹,刮板无变形、翘曲

第十五章 破碎机采装作业安全操作技能

第一节 破碎机操作规程

一、破碎机就地启动

步骤如下：①操作室司机点击操作屏上的电笛预警按键，打铃次数不少于3~5次，每次不少于10 s；②操作室司机点击操作屏上的系统联锁按键，将破碎机与系统解除联锁，并通过对讲机通知下方人员设备可以正常启机；③下方操作人员将破碎机就地箱转换开关和润滑油泵转换开关打到就地位置；④点击润滑油泵就地箱启动按钮；⑤待润滑油泵运转正常后，点击破碎机就地箱正转/反转按钮；⑥作业完成后点击破碎机就地箱正转/反转停止按钮；⑦待破碎机停稳后，点击破碎机就地箱润滑油泵停止按钮。

二、MMD500、MMD625 破碎机操作规程

（一）操作前注意事项

（1）操作人员必须在主控室的指令下进行操作。启机前确认设备正常，无工作人员和其他人员进行相关作业，方可通知主控室进行相关系统操作。

（2）停送电操作要严格按照"某露天煤矿用电管理办法"执行。

（3）停送电操作由维修部门电工进行操作，启停机操作由运行人员进行操作。

（4）运检人员要严格遵守"某露天煤矿巡点检管理办法"进行设备巡检。

（5）经破碎机司机检查，设备正常，可以正常操作。

（二）操作步骤

（1）集中启机（系统正常运行时必须采用此方式）：司机将就地箱和高压柜转换开关打到"集中"位，"集中"指示灯亮。由主控控制，按所选流程自动启机。

（2）集中停机：由主控控制，按流程自动停机。

（3）就地箱启停机（仅检查、检修时使用）：将正转或反转高压电机柜转换

开关打到"就地"位；将就地箱转换开关打到"就地"位。按就地箱电机正转或反转启动按钮，电机启动。停机，按就地箱停止按钮，电机停止运行。

（4）紧急停机：将就地箱转换开关置于"0"位。按就地箱停止按钮。

三、3000 t、6000 t 自移式破碎机操作规程

（一）启动前检查

（1）每班检查受料斗、给料机构、破碎机构、排料机构、回转机构、行走机构、操作控制室、监控系统等是否正常。

（2）检查各转动部位有无异味、异音、异常磨损、松动现象。

（3）检查急停按钮、限位开关、联轴器、风速计、倾斜仪、拉绳、拉绳开关、撕裂开关和跑偏开关等安全装置是否完好。

（4）检查电缆防拉断保护装置是否完好。

（5）检查各集中润滑泵站油位情况。

（6）检查电机底脚、减速机底脚、齿轮联轴器等有无松动。

（7）检查结构件状况，有无变形、裂纹或松动等。

（8）检查灭火器是否齐全有效。

（9）检查照明、通信设备是否齐全有效。

（10）检查设备清洁状态，若有物料堵卡、堆积现象，应及时清理。

（11）检查线路、管路有无损坏、老化现象。

（12）检查润滑情况是否良好；检查液压系统和润滑系统的管路有无渗漏。

（13）检查输送带、滚筒、托辊、清扫器、受（卸）料口、正料板等是否完好。

（14）检查破碎机双齿辊是否完好。

（15）按下操作控制台上的灯光测试按钮，检查所有信号灯是否正常。

（16）启机前应详细检查工作面，必要时平整工作面。

（17）启动前，发出三次预警信号，警示周围人员离开作业区。操作人员在操作期间不得离开操作台。

（二）启动

（1）启机前必须做完班检项目，巡视人员确认安全后，向操作人员和工长汇报，等待启机命令。

（2）系统启机前，将操作控制台上的钥匙锁定开关打到解锁位置，准备启机。

（3）查看监视系统：

①设备启动零位条件信息。

②历史故障信息。

（4）接到启机命令后，要向皮带桥司机进行启机问询，再次确认可以启机后，利用广播或警铃向连续生产系统发出启机信号，把控制台上的转换开关打到所有驱动装置的"自动"位置。

（5）检查监控显示器上皮带桥、工作面带式输送机和皮带桥的联锁指示灯是否正常，确认正常后方可启机。

（6）启动后，应先检查仪表、指示灯是否正常，巡视检查设备有无异音、异味、异常振动和泄漏等。

（7）局部操作：把控制台上的转换开关打到相应的"单动"位置，将就地控制箱内的转换开关打到"就地"位置，要注意观察周围情况，做好呼唤应答。按下报警按钮，发出三次报警信号后方可操作。

（三）运行

（1）巡视检查设备有无异音、异味、异常振动和泄漏等。
（2）检查输送带运行、各部清扫器情况。
（3）检查各部润滑情况。
（4）随时观察监控显示器，发现异常立即停机。
（5）随时观察受料口的物料大小，防止大块砸碰设备和堵料。
（6）操作手柄、按钮时，禁止用力过猛。
（7）破碎机上坡转弯采用"后退曲线"方式，下坡转弯采用"前进曲线"方式，每次转弯角度不准超过5°。
（8）调整、对位时，做好呼唤应答，对位指令由专人发出。
（9）对位处理场地需工程设备进入时，由专人协调指挥。
（10）行走时由指挥人员观察履带行进情况，保持安全距离。
（11）严禁破碎机在破碎物料状态下行走。
（12）设备发生故障时，必须向当班工长和生产调度室汇报；故障排除后，向当班工长和生产调度室汇报，听候启机命令，严禁无指令启机。

（四）停机

（1）排空破碎机输送系统物料。
（2）将破碎机退出电铲作业半径，行走至安全地带。
（3）按下控制台上系统停机按钮，将控制台的操作开关打到锁定位置。
（4）停机后，检查各部位有无异常，填写运行记录，清理卫生。
（5）紧急停机：遇到危及设备或人身安全时，立即按下急停按钮或拉绳开关。
（6）紧急停机后，在原因不明、故障未排除之前，严禁启机。

(7) 停机期间（长时间停机），所有驱动装置必须定期运转和保养。

第二节　破碎机标准化作业流程

一、半固定式一次破碎机作业规程

（一）目的

为了保证破碎机设备正常运行及作业人员人身安全，特制定本作业规程。

（二）适用范围

本作业规程适用于 MMD1000、MMD1150、MMD1300、奥贝玛 2326 破碎机的作业人员。

（三）工作前准备

(1) 穿戴好劳动保护用品。

(2) 检查正常后，必须振铃 20 s 方可启机。

(3) 作业时必须有 2 名司机，一人操作，一人巡检并做好记录。如发现异常情况立即检查，并通知集控调度及当班工长。

（四）主要部件检查标准及方法

1. 轴承

(1) 目测破碎机各部位轴承的密封及润滑状态。检查润滑装置的功能，油脂过脏的轴承各点必须清理，发现异常及时上报至集控调度。

(2) 正常工作温度 50 ℃，手动或仪器检查。如果温度升高，不得超过 80 ℃，超过 80 ℃ 及时上报至集控调度。

(3) 发现运转声音不正常时，及时上报至集控调度。

2. 减速机

(1) 减速机的维护包括检查油循环温度、油位和噪声。

(2) 正常工作温度约 50 ℃，手感或仪器检查。温度不得超过 80 ℃，超过 80 ℃ 及时上报至集控调度。

(3) 在减速机停止且充分冷却后进行油位检查，根据油标刻度确定油位，油位必须在油标上下限之间，要特别注意油位不得低于油标下限。

(4) 减速机发出异音时，立即进行检查并上报集控调度。

3. 制动器

(1) 制动器闸瓦衬面厚度磨损达到 70%～75% 时或闸瓦衬面有偏磨时，及时上报。

(2) 每班检查制动轮有无裂纹。

(3) 每班检查推动器的状态。

4. 清扫器

(1) 犁式清扫器胶条与输送带接触面积不少于80%，其他部位不得接触输送带，清扫胶条伸出压板下边缘距离不小于15 mm。

(2) 一字清扫器接触输送带被清扫面长度不少于80%，只许胶皮部位接触输送带，其他部位不能接触输送带。

（五）操作前和运行时检查事项

(1) 设备运行时不许打开溜槽观察孔检查。

(2) 作业时严格遵守操作规程。

(3) 设备上各部位照明保持完好。

(4) 检查旋转部件时不许触摸，要保持一定的安全距离，防止伤及人身。

(5) 检查齿式联轴器螺栓安全销的状态。

(6) 检查给料机链板螺栓是否紧固、齐全；链板是否有变形，链节是否有裂纹；锤头是否有松动、缺失或磨损超限。

(7) 检查其他各部位的连接件（边齿螺栓、料仓螺栓、垫板固定螺栓、联轴器挡圈螺栓、破碎齿固定螺栓、破碎梁固定螺栓等）是否紧固、齐全。

(8) 检查液力偶合器，发现液力偶合器缺油及时补充。

(9) 检查卸料口挡板磨损及固定情况，是否有开焊、断裂及变形。

(10) 检查受料口（包括给料机料仓及挡料槽、机下输送带受料口）的耐磨板磨损及固定情况。

(11) 检查各部位物料堆积及黏结情况。

(12) 检查集中润滑系统运转声音及温度是否正常，油位及油质是否合格，油压是否正常，管路是否畅通。

(13) 检查链板上下滚轮有无异常声音、卡死、脱落等现象。

(14) 检查转动部件的轴承部位有无异常发热现象，转动部件的密封面有无渗漏现象。

(15) 检查驱动装置电机、减速机有无振动、声音异常、超温等现象。

(16) 检查制动闸瓦是否与制动轮接触摩擦。

(17) 检查机下输送带是否跑偏，有无划伤、破损、撕裂现象。

(18) 检查保护装置显示情况及运行情况是否良好。

（六）定期检查

(1) 每班检查制动轮与闸瓦间隙，闸瓦与制动轮磨损情况及有无裂纹；检查给料机链节有无裂纹，链板有无变形。

(2) 每班检查减速机的油位情况。

(3) 每班检查输送带表面损坏情况,各紧固件松动情况,滚筒胶面破损情况。

(七) 处理料仓内特大块物料时的安全技术措施

(1) 操作电动葫芦的人员必须是经过专门培训的人员。
(2) 断开破碎机电源,并有专人监护方可作业。
(3) 工作前必须检查电动葫芦的制动情况。
(4) 吊运时钢丝绳必须捆牢,如用十字花捆法等。
(5) 吊运岩石时操作人员应撤到安全距离,方可起吊。
(6) 吊运时不准歪拉斜吊。
(7) 重物下不准站人。
(8) 操作前检查滑道是否有卡滞现象。

(八) 抠堵料时应制定安全技术措施

(1) 通知集控调度堵料情况。
(2) 清扫人员抠堵料时,做好安全保护措施,并做好监护。
(3) 工作完毕解除现场保护,并通知集控调度作业完毕。

(九) 维修人员进行设备维修时的措施

(1) 通知集控调度维修人员将要工作的部位,并做好记录。
(2) 督促维修人员采取安全防范措施后方可作业。
(3) 维修完毕后,检查现场,通知集控调度并做好记录。
(4) 检修需要试机时必须由岗位司机操作试机。
(5) 输送带上有积雪、积水或重载停机再启动时实行现场确认制度,破碎机司机必须现场盯守,及时汇报带式输送机启动期间的设备状况。

二、MMD625、MMD500 破碎机作业规程

(一) 目的

为了保证二次、三次破碎机设备正常运行,保证连续性生产作业顺利进行,确保本岗位工种的人身安全和健康,特制定本作业规程。

(二) 适用范围

本作业规程适用于电厂输煤系统二次、三次破碎机操作工。

(三) 岗位职责

(1) 负责二次、三次破碎机的综合管理。
(2) 负责二次、三次破碎机监控系统的综合管理。
(3) 负责本岗位范围内的工具、通信照明等物品的使用和保管。
(4) 负责检查设备的运转情况,搞好本岗位范围内的地面、门窗、玻璃、

墙壁及附属设备的卫生。

（5）负责本岗位消防器材（具）的使用和管理。

（四）岗位条件

（1）经医生鉴定无妨碍本岗位工作的病症。

（2）司机必须经过技能培训和安全培训，并且培训考试合格。

（3）具备必要的 MMD625、MMD500 破碎机使用技术且熟悉"MMD625、MMD500 破碎机操作规程"中的操作规定。

（五）紧急情况处理程序和方法

（1）掌握 MMD625、MMD500 破碎机的急停方法，按照"MMD625、MMD500 破碎机操作规程"执行操作。

（2）发生事故后的汇报程序，按煤矿事故汇报程序汇报。

（3）发现电机温度超标，有异音时，立即将转换开关打到"零位"、断电，并汇报主控室调度员检查处理。

（六）作业前准备工作

（1）接班后认真检查所属设备状况，并穿戴好劳动保护用品。

（2）检查各观察孔的门密封情况。

（3）检查破碎机内是否有异物，检查破碎机内破碎齿板、轴承完好情况，检查集中润滑桶内的油位情况，检查各部衬板是否紧固、各部螺栓是否紧固。

（4）检查附属设备部件是否完好、是否正常。

（5）检查控制盘的各种指示灯是否正常。

（七）清理破碎机上下溜槽时的措施

（1）通知主控室调度员和当班联合作业队队长。

（2）上方 303、1101 带式输送机及下方 1101、1104、1105 带式输送机不能启动。

（3）做好抠料时的保护措施，断掉破碎机的主电源。

（4）进入溜槽内时，一定要系好安全带，采取必要的安全防范措施，设置照明，找专人监护。

（5）工作完毕后解除保护，通知主控室调度员，通知当班队长。

（八）维修人员作业时的措施

（1）通知主控室调度员、维修人员将要工作的部位，并做好记录。

（2）督促维修人员采取安全防范措施方可作业。

（3）维修完毕后，检查现场，通知主控室调度员并做好记录。

（4）检修需要试机时必须由岗位司机操作试机。

（九）启机作业中的注意事项及方法

（1）启机准备工作完毕后，在确认本岗位设备均可运行时，通知主控室调度员本岗位设备一切正常。

（2）集中启机时由主控室调度员启动，就地启动时需要征求主控室调度员同意后方可由本岗位司机就地启动。

（3）启机时要远离电机和破碎机。

（4）发现生产中有影响视线情况时，必须两人同行。

（5）巡检电机、减速机等运行情况，如发现异常情况立即停机检查，并通知主控室调度员。

（6）经常观察各部仪表的指示情况。

（7）破碎时禁止打开观察口门检查。

（8）破碎机禁止重载启动。

（9）动态检查旋转部件时，至少保持 0.5 m 以上的安全距离，防止造成人身伤害。

（十）抠溜槽时的措施

（1）通知主控室调度员，做好记录。

（2）做好抠料时的安全防范措施，先抠破碎机下部溜槽，再抠破碎机上部溜槽。

（3）处理时要听从专人统一指挥。

（4）清理完由统一指挥人员确认人员撤离现场后，通知主控室调度员方可启动设备。

（5）作业时严格遵守操作规程。

（6）设备上各部照明保持完好。

（7）检查旋转部件时不许触摸，要保持一定的安全距离，防止伤及人身。

（8）上下设备时一定要站稳、抓牢，防止坠落。

（十一）停机操作

（1）破碎机必须按照主控室调度员停机顺序正常停机，保证破碎机内没有物料。

（2）如带料停机必须将破碎机内的物料抠出。

（3）检查清除溜槽内的异物等。

（4）检查完毕后，必须关闭各个观察口。

（十二）交接班制度

（1）提前 15 min 交接班。

（2）交接班不得隐瞒事故，交班人员详细介绍当班的生产运转及安全情况、维修情况和领导指示。

（3）交接班时，如发现接班人有酗酒和情绪不正常时，应拒绝交班，并及时向有关领导汇报。

（4）接班人未按时到岗，交班人不得离开岗位。

（5）交班人如实填写记录，交班人、接班人同时签字，接班后，若发现问题由接班人负责。

（十三）注意事项

（1）主电机不允许带负荷启动。

（2）主电机每小时启动不应超过3次。

（3）设备上的煤尘应及时清理。

（4）严禁酒后上岗、班中喝酒、从事与本岗位无关的事项。

（5）严禁其他人员乱动设备。

（6）严禁抠料时用锹、铲、镐敲击电器，防止触电伤人。

（7）岗位人员要严格遵守各项规章制度。

三、3000 t、6000 t 自移式破碎机作业规程

（1）工作面带式输送机中心线距下部台阶坡顶线不小于 12 m，距主台阶坡底线不小于 18 m。

（2）带式输送机运输平盘宽度不小于 41 m。

（3）工作面带式输送机两侧需设宽度不小于 5.0 m 的道路，供辅助工程机械通过。

（4）带式输送机输送物料时，上行角度不得大于 14°，下行角度不得大于 12°。

（5）工作面平整度按采装作业规程要求及半连续运输系统安全规程要求设计。

（6）接班司机检查设备后，立即向工长汇报设备状况并做好记录。

（7）系统启机：系统各设备均进入预选状态后，破碎机司机在生产调度命令下发出启机信号，按下系统启动按钮，启机正常后通知电铲可以采装，系统开始作业。

（8）系统作业时，地面巡检人员检查物料转载点的对中情况、工作面情况、设备情况及设备作业安全情况。

（9）系统停机：生产调度室下达准备停机命令后，电铲司机停止装料，破碎机排空物料后，由破碎机司机按程序停机，并汇报当班工长和生产调度室。

(10) 集控系统的作业步骤如下：

①设备启动前由生产调度室下达启动命令，现场人员接到命令后，对本岗位所辖的设备情况进行确认，破碎机司机按程序对皮带桥进行问询。

②在现场正常的情况下，破碎机司机利用通信设备对现场人员进行通告，通告三遍后开始启机。

③破碎机司机开始启机，启动预告自动报警30 s（确认现场人员离开现场）后，按照流程启动顺序自动启机，破碎机司机室内可以监视启动过程和故障判断。

④在设备运行过程中如有故障，由工长向生产调度室上报故障情况，通知检修人员进行处理。排除故障后再次启机时，按上述程序进行。

⑤停机时（正常停机）由生产调度室下达停机命令。

⑥处理故障，需就地启动设备时工长与生产调度室联系后，按上述启动程序进行。

⑦出现紧急情况需要紧急停机时，应及时按下紧停按钮，并把情况汇报给当班工长。

(11) 设备发生故障，预计检修时间超过20 min，系统应停机。

(12) 电铲机尾回转半径7.95 m，破碎机、皮带桥任何突出部位距电铲机尾回转范围净距离不得小于1.0 m。

(13) 电铲最大卸载半径18.7 m，破碎机受料斗进入该范围满足电铲卸货要求，其他部位不能进入作业范围。

(14) 半连续工艺系统设备采用联锁控制，单台设备发生故障停机时，联锁上级设备将自动停机，操作人员上报停机原因。

(15) 破碎机入料粒度长、宽、高不得大于1.8 m、1.2 m、1.0 m，出料粒度为0~400 mm。发现可能损坏设备的异物时，立即停机上报并及时处理。

(16) 电铲作业时，受料斗地面50 m范围内严禁任何设备和人员进入。

(17) 人工清理积料、滚筒粘料及卡块等接触设备移动转动部位时，必须做好呼唤应答，必须做好安全防护措施后进行清理。

(18) 拉绳开关、就地控制开关必须谁断开谁复位，其他人员不得复位。

(19) 设备长距离行走，必须由专人指挥，指挥人员要随时观察地面平整情况、设备间安全距离等，确保行走安全。

(20) 设备各种保护开关及预警设施必须定期试验，确保安全有效。

(21) 严禁人员从高处（履带板、前梯、回转盘、走梯等）跳下。

(22) 3000 t自移式破碎机主要设备参数及各机构主要参数见表15-1至表15-6。

表15-1 破碎机主要参数

总长/m	49.65	总宽/m	17.67
总高/m	17.52	转弯半径/m	31
自重/t	1209	最大行走角度/(°)	5.72
性能/(t·h^{-1})	6000	履带对地比压	平均小于0.235 MPa

表15-2 板式给料机主要参数

额定有效积/m^3	大约160	料斗宽度/mm	大约8500
底板厚度/mm	32	料斗顶部距地面高度/mm	大约8500
板式给料机宽度/mm	大约2500	板式给料机内部/mm	2400

表15-3 双齿辊主要参数

双齿辊破碎机型号	W22×25
齿辊直径/mm	2200
齿辊宽度/mm	2500
球面速度/(m·s^{-1})	大约7
通过能力（额定/峰值）/(t·h^{-1})	6000、6900
齿辊数	一个固定齿辊、一个移动齿辊

表15-4 排料臂主要参数

输送带宽度/mm	2400	能力/(t·h^{-1})	6000
水平机长/m	21.5	左右倾角/(°)	±75
提升高度/m	10	带速/(m·s^{-1})	3

表15-5 液压系统、润滑站和就地箱

液压系统	双齿辊液压系统		排料臂俯仰液压系统
润滑站	行走和板式给料机润滑站	排料臂回转润滑站	双齿辊润滑站
就地箱	板式给料机就地箱	双齿辊就地箱	双齿辊调息就地箱
	排料皮带就地箱	正料板就地箱	俯仰就地箱

表 15-6 皮带桥主要参数

总长/m	104.6	总宽/m	18.43
总高/m	17.86	转弯半径/m	55
自重/t	565	最大行走角度/(°)	5.72

第三节 破碎机操作注意事项和润滑保养

一、注意事项

（1）不论何种方式下，破碎机都与破碎润滑泵电机联锁。只有润滑泵电机运行，破碎机电机方可启动，破碎机润滑泵停机破碎机也停机。

（2）不论何种方式下，B10 带式输送机都与 B10 带式输送机制动器联锁。只有带式输送机制动器运行，B10 带式输送机方可启动，带式输送机制动器停机 B10 带式输送机也停机。

（3）不论何种方式下，按紧急停机按钮，都可以停止该设备运行。

二、润滑保养

MMD 一次破碎机润滑见表 15-7。

表 15-7 MMD 一次破碎机润滑

类别	润滑部件	润滑周期	润滑点数	油品牌号	用量	负责部门	备注
自动润滑	破碎机破碎辊	启机连续润滑	8	2 号极压复合锂基脂（4月至9月）	47 mL/（点·h）	运行	白班加油，一次添加 15 kg
	刮板输送机驱动轴	启机连续润滑	2	0 号极压复合锂基脂（10月至次年3月）	75 mL/（点·h）		
	刮板输送机从动轴	启机连续润滑	2		75 mL/（点·h）		
手动润滑	破碎辊电机	6 个月	2 点/台×1 台	合成润滑脂 EMS2	1.15 L/点	维修	
	刮板电机	6 个月	2 点/台×2 台	合成润滑脂 EMS2	0.5 L/点	维修	

表15-7(续)

类别	润滑部件	润滑周期	润滑点数	油品牌号	用量	负责部门	备注
手动润滑	液力偶合器	12个月	1	T32（2004）/D209L	53 L	运行、维修	说明书推荐油品牌号为ISO VG32或VG22
	破碎辊减速机	说明书：1500 h或6个月	1	重负荷工业闭式齿轮油 L-CKD320	300 L	运行、维修	每6个月进行一次油质化验
		实际：12个月		建议采用说明书推荐的VG320（合成油）			
	同步齿轮箱	说明书：4000 h	1	重负荷工业闭式齿轮油 L-CKD320	900 L	运行、维修	每6个月进行一次油质化验
		实际：12个月		建议采用说明书推荐的VG320（合成油）			
	刮板输送机减速机	12个月	2	说明书：VG460(合成油)	300 L	运行、维修	每6个月进行一次油质化验
				实际：重负荷车辆齿轮油			
				GL-5、75W-90			
				建议：VG320（合成油）			
	刮板输送机减速机输入轴密封	6个月	2台×1点/台	2号极压复合锂基脂	85 mL/点	运行	4月中旬和10月中旬各加注一次
	刮板输送机减速机输出轴密封	6个月	2台×2点/台		175 mL/点		

第四节　破碎机常见故障判断与处理

一、机械常见故障判断与处理

（一）破碎机轴承温升产生的原因

在破碎作业中，轴承的工作量较大，有时会出现轴承温升过高导致设备不能正常运转的现象，主要原因如下。

1. 轴承游隙过小

(1) 轴承质量差，原始游隙偏小，导致安装后游隙过小，从而引起轴承运转过程中发热，在生产中容易温升过高。

(2) 轴承轴向定位时，若迷宫环或轴承压盖没有安装到位，使偏心轴运转时向一侧窜动，从而使轴承的游隙减小，引起轴承发热。

(3) 动颚轴承孔加工误差大，同轴度超出允许值，导致动颚轴承安装后轴承外圈同轴度误差较大，使游隙变小，引起轴承发热。

2. 摩擦生热

(1) 部件安装不正确，如橡胶板联轴器的橡胶板太厚，刚度过大而挠度不足，导致橡胶板与轴承之间摩擦加剧，从而造成生热过多。

(2) 当润滑油黏度过大时，增大了润滑油分子之间的内部摩擦，也增大了润滑油与金属之间的摩擦，摩擦加剧导致轴承生热过多。

(3) 颚式破碎机长期工作后，动颚密封套与端盖之间容易产生摩擦，机架轴承座双嵌盖与主轴之间产生摩擦等都会导致工作温度升高。

3. 润滑不当

润滑油选择不当，黏度太大或太小，均可导致轴承温升过高。另外，若润滑油添加量不当，也可导致轴承温升过高。特别是当油量过多时，达到或超出最下面一个滚珠或滚柱中心，不符合滚动轴承润滑的使用要求，在不断搅动中生热过多。由于壳体散热面积不足，热量不能及时散发出去，在要求的温度内无法平衡，所以使轴承温度居高不下。

（二）耦合器故障分析

(1) 耦合器振动的原因：齿轮传动装置中心不正；液力偶合器转子部件平衡不良；泵轮和涡轮产生共振；耦合器中心不良；基础支撑不牢固；液力偶合器转子损坏。

(2) 耦合器轴瓦温度高的原因：联轴器中心不良；轴瓦刮研不良，间隙不对，接触不好；润滑油压不足，油质劣化。

(3) 润滑油压不正常的原因：润滑油压太低；润滑油过滤器堵塞；润滑油溢流阀损坏或安装调整不当；润滑油泵吸入管堵；润滑油泵内进入空气；润滑油系统管路内有泄漏；润滑油溢流阀调整不正确。

(4) 调速油压不正常的原因：调速油压太高；工作溢流阀调整不正确；工作溢流阀有故障；调速油压太低；工作油过滤器堵塞；工作溢流阀调整不正确或损坏；工作油泵吸入管堵塞；工作油泵内吸入空气。

(5) 耦合器油温过高的原因：转差率大时（输出轴速过低），工作油自身循环不良；工作油冷却器冷却效果不好。

(6) 液力偶合器易熔塞时常熔穿的原因：加油量太多或太少；短时间多次

启动；负荷过大或液力偶合器输出轴侧机械设备有故障；漏油从动机功率消耗太大；工作机长时间超载；工作机卡住；频繁启动。

(三) 减速器故障分析

减速器常见故障及处理方法见表 15-8。

表 15-8　减速器常见故障及处理方法

故障内容	可能原因	处理方法
异常发热	润滑油不良	更换油品
	润滑油过少或过多	依指示加入适量润滑油
	超负载运转	减少负载
	启动、停止过多	减少使用频率
	轴承磨损	修理或更换
	电压过高或过低	确认电压是否正常
噪声太大	声音大且持续：轴承损坏，齿轮磨损	开盖检查处理
	偶尔声音大：齿轮损伤，有异物卡住	
振动太大	传动装置固定不良	固定传动装置
	齿轮、轴承磨损	开盖检查处理
	固定不良，螺丝松动	重新紧固
异常、不稳定的运转噪声	油已污染或油量不足	检查油颜色、浓度、油位
漏油	螺丝松动	重新锁紧
	密封圈损坏	进行更换
通气塞处漏油	油量太多	校正油量
	通气塞安装不正确	正确安装通气塞
	频繁冷启动（油产生泡沫）或油位太高	将通气塞换成排气阀
电机转动时输出轴不转	减速机轴键连接破坏	送专业工厂修理

(四) 减速器断齿故障分析

减速器最常见、最容易发生的故障就是轮齿剥落、点蚀、掉块和断齿，特别是低速级的齿轮，掉块、断齿现象最为频繁。在供油油质、油量、油压、传动负荷等都正常的情况下，减速器的输出大齿轮转速最低，承受的转矩最大，受力最大，齿轮的直径和单重最大，毛坯锻造、机械加工和热处理、安装要求难度也最大，若在技术、控制、质量检验等某一道工序中把关不严，就可能造成该齿轮在使用中发生问题。减速器发生断齿后，修复难度大、费用高、周期长，对工厂的生产影响大。

  断齿原因较多，根据分析可知，减速器断齿位置一般都不对称，大多不发生在齿根部位，断口形状与一般疲劳断裂的断口形状相似，在断口上能够明显地观察到疲劳源、光滑的或贝壳状的疲劳裂纹发展区和粗糙的瞬断区，大部分属于随机断裂。断裂主要是由缺陷或过高的有害残余应力诱发的，可能是夹杂物、微细磨削裂纹或不适当的热处理引起的局部断裂。从断口形态和部位分析，首先可能是材质夹杂、毛坯锻造有问题；其次是淬火与渗碳工艺欠佳，或其他原因造成齿轮本身质量问题。

  减速器及电动机的中心线位于同一条轴线上，这样运行才能平稳，并且可以使减速器的齿轮进入良好的啮合状态。如果电机与减速器的中心线不在同一条轴线上，在运行中，减速器的输出轴产生一个很大的斜拉力，使减速器低速大齿轮的齿轮轴歪斜，其中心线和与其啮合的两个小齿轮的齿轮轴中心线不平行，导致低速大齿轮和两个小齿轮的轮齿啮合面减小，增加轮齿的偏载负荷。两端轴承处产生转角，齿轮长期处于严重偏载运行，这也是减速器发生轮齿掉块、断齿等故障的一个重要原因。

（五）联轴器故障分析

弹性联轴器工作时，噪声过大的原因及处理方法如下：

（1）弹性联轴器中的弹性胶圈磨损过大，应该及时更换。

（2）弹性联轴器中的尼龙棒磨损过大，应该及时更换。

（3）圆盘与联轴器之间的间隙过大，应该及时更换。

（六）破碎机刮板输送机故障分析

（1）刮板输送机工作时响声过大，原因及处理方法如下：

①链节或刮板磨损严重，应该更换磨损件。

②刮板链张紧力不够，应该调整刮板链张紧力。

（2）刮板输送机不起来，原因如下：

①刮板输送机上物料过多。

②刮板链发卡。

③冬季刮板输送机被冻住。

④电气故障。

（3）刮板输送机刮板脱落的原因如下：

①有超限的难以破碎的岩石进入破碎机，工作人员没有发现。

②刮板链上卡簧、销子、附页等部件质量不合格而脱落。

③刮板弯曲，导致刮板销子窜出。
④刮板、卡簧、销子、附页的检修质量不合格。

（4）刮板输送机经常出现"脱裤子"故障，所谓"脱裤子"是指刮板输送机的刮板弯曲或断裂后离开链轮，堆积在机头或机尾处，造成刮板输送机不能工作，导致破碎机停产的故障现象。可能的原因如下：

①硬岩大块卡堵，造成刮板断裂。
②链节间的相对转动不好，固定附页、卡簧、销子移位。
③刮板焊接处的牢固程度不够。
④刮板变形严重。
⑤刮板链的张紧程度不适宜，过紧或过松，或一边紧一边松等。

刮板链是刮板输送机的主要部件，为了保证其正常运转，必须每天检查其固定附页的情况、刮板焊接处的牢固程度、链接间的相对转动情况和刮板的变形情况，严防大块岩石进入，遇到异常情况必须停机进行处理更换或补焊，采取校正或其他维护措施。运行过程中，每 30 min 就要检查一次附页、销子、卡簧的情况，有问题及时停机处理。这样可以预防或减少刮板输送机"脱裤子"故障的发生。

（七）破碎机运行过程中故障分析

1. 破碎机排料粒度超限的原因和处理方法

1）原因

（1）破碎辊到刮板输送机地面的距离太大。
（2）给料速度太高。
（3）破碎锤头磨损严重。
（4）破碎转速没有达到额定转速。

2）处理方法

（1）按规定调整破碎辊高度。
（2）调整给料速度。
（3）补焊或更换破碎锤头。
（4）检查液力偶合器油位和三角传动带的张紧力情况，并予以调整。

2. 破碎机生产能力过低的原因和处理方法

1）原因

（1）刮板输送机的速度过低。
（2）给料块度过大。
（3）破碎转速低于额定转速。

2）处理方法

(1) 提高刮板输送机的速度，使破碎机高效、正常工作。
(2) 对上料粒度进行严格要求。
(3) 检查液力偶合器油位和三角传动带的张紧力情况并予以调整。

二、电气常见故障判断与处理

（一）电动机运行中出现不正常声响

电动机正常运行情况下，只有很小的声响，并且声音很均匀。如果听到异常的刺耳声音，可以判定电动机存在故障。电动机的异常声响，既有机械方面的原因，也有电器方面的原因。前者比较容易查找，但不会随着电源的断开而消失；后者通常伴有不正常的发热和剧烈震动，一般断开电源后就立刻消失。

电动机运行中出现不正常声响的原因有以下几种：

机械方面的原因：①风扇叶片触碰端罩；②轴承严重磨损或滚柱损坏；③轴承内圈与轴接触不牢；④扫膛。

电气方面的原因：①绕组接地或相间短路；②绕组匝间短路；③绕组或部分线圈的极性接错；④缺相运行。

此外，电动机超载时，声响增大，往往发出沉闷的吼声；如果鼠笼转子断条或绕组断线，会发出忽高忽低的嗡嗡声，并且电流忽大忽小。

（二）电动机运行时强烈振动

电动机振动可以分为三种情况：①空载振动；②加负载后振动；③运行中突然振动。

如果空载振动，原因如下：①电动机基础不牢、刚度不够或固定不紧；②风扇叶片损坏，破坏了转子的机械平衡；③机轴弯曲或有裂纹。

如果加负载后振动，一般是传动装置故障引起的，可以判断以下部位存在缺陷：①驱动滚筒或联轴器转动不平衡，可以校正传动装置，使之平衡；②联轴器中心线不一致，使电动机与所传动的机械轴线不重合；③运行输送带接头不平滑。

如果运行中突然振动，大多是缺相造成的，应重点检查熔断器熔体是否熔断、开关接触是否良好，并测量电网各相是否有电。

（三）电动机轴承过热

电动机滚动轴承温度超过100℃，称为轴承过热。电动机滚动轴承过热的原因如下：

(1) 轴承、滚珠或轴瓦是否损坏，若损坏，应予以更换。
(2) 润滑油脂是否污脏，油脂的牌号是否符合要求。若脏污或牌号不对，应换油脂。

（3）轴承室是否缺润滑油脂，若缺润滑油脂，润滑油脂应充满油室的 2/3 容积，润滑油加至标准油位线。

（4）滚动轴承的润滑油脂是否过多，滑动轴承的润滑油温度是否过高或过低。

（5）轴承与转轴、端盖配合是否良好。若太紧易使轴承变形，而太松则易跑套。

（6）主轴是否弯曲，轴承内有无灰沙等杂质。

（7）组装时是否将轴承调到正确位置，有无扭斜、卡阻。

（8）传动装置过紧，联轴器装配是否正确。

第十六章 破碎机采装作业典型事故案例

一、破碎机司机违章操作

(一) 事故经过

某矿给料系统由一台带式输送机送料,经破碎后进入下一工序。某日夜班(零点至8时),职工王某在此岗位负责操作,由于当班破碎的原料大块较多,破碎机难以吃进,遇到大块的矿石必须停机将矿石取出,人工用大锤先将其砸成小块。6时左右,一块大料进入破碎机,王某看到破碎机只是在不停空转,矿石没有下去,便将带式输送机停下,径直走到破碎机进料口,左脚踩在操作台边缘,右脚使劲往破碎机进料口踩矿石。但由于王某用力过猛,右脚进入了破碎机,脚踝以下全部被夹碎。

(二) 事故原因

1. 直接原因

王某为了尽快完成当班生产任务,急于求成。按照该厂破碎机操作规程规定,破碎机被物料卡住时,必须停机处理。王某未采取停机处理措施,而是用脚踩大块矿石,导致事故发生。

2. 间接原因

(1) 该厂安全管理松懈。王某未按规定穿劳保鞋上班,当班班长发现这一情况也未加制止。

(2) 职工安全意识薄弱。王某自我保护意识薄弱。

(3) 重生产不重安全也是事故发生的原因之一。

(三) 整改措施

(1) 加强安全知识培训教育,增强职工的安全意识,提高职工的安全技能和自我保护能力。

(2) 加大生产现场安全检查力度,杜绝违章作业、违章指挥。

二、破碎辊轴承损坏事故

(一) 事故经过

2014年3月24日9时30分左右,维修人员检查破碎轴浮动轴承时,发现右侧轴承端盖局部向外凸起,轴承座温度高。经检查,轴承外侧保持架损坏,滚动体脱落,轴承报废。系统停机至4月2日,影响煤炭破碎产量30万t左右。

（二）事故原因

（1）运行巡检不到位,没有发现故障。运行A、B两班破碎机司机没有按照巡检和交接班要求对设备进行认真检查。A班司机运行中检查不到位,B班司机接班后检查不到位,两班均无人发现故障。

（2）维修检查不到位,处理措施不当。虽然多次打开轴承端盖检查、换油,但未发现滚动体异常磨损;虽然对迷宫端盖抠料处理,但由于没有足够重视,抠料处理不彻底致使迷宫端盖磨损,粉尘杂质进入轴承内部油脂。

（3）管理不到位。维修队长和班长对带病作业设备重视不够,没有全力查找原因和解决问题;运行工长对设备司机督促检查力度不够;管理人员指导和监管不到位。

（三）整改措施

（1）进一步落实设备包机制,明确责任主体。提高责任人的责任意识和主观能动性,加强设备检查力度和检修质量。

（2）严格执行设备巡检制度,规范设备司机检查和记录作业,加强设备巡检和交接班记录的检查工作。

（3）提升管理水平。强化车间和班组的管理强度,改变管理方式和技能,将责任落实到每一个人。细化日常工作,将检修、检查和记录规范化、完整化。

（4）公示事故处理结果,让每一名员工都了解这起事故的原因及危害性,防止类似事故再次发生。

（5）由维修及运行各队组织员工在班前会上学习各项规程及管理制度,每天5~10 min,使每一名员工明确自身的岗位职责。

（6）运行及维修各队加强班前"安全戴帽"会上"三讲一落实"的针对性,提高班前会质量。

三、破碎辊轴承损坏事故

（一）事故经过

2015年10月15日,某公司四点班岗位司机林某某检查发现破碎机B破碎辊有异音,且破碎机B破碎辊非电机侧轴承温度偏高。经强制注油后观察运行,在27日更换破碎机B破碎辊电机侧轴承时,发现双列轴承靠里侧滚子磨损严重,呈四方形状;内侧骨架油封有严重磨损,骨架油封失效,靠里侧金属迷宫密封整体失效。

（二）事故原因

检修巡检不到位，设备存在缺陷。

（三）整改措施

（1）研究制定迷宫外圈固定新方案。

（2）对破碎辊润滑及设备检查制度进行完善。

（3）对公司设备润滑管理制度进行修订，明确需要强制润滑和打开轴承端盖进行检查的设备部位。

（4）每周对破碎辊轴承外接电动泵进行一次强制润滑，直到内外侧迷宫密封有新油出现为止。

（5）定期对轴承法兰盖进行拆卸，对轴承进行清洗。

（6）每周对集中润滑设备、距离轴承最近出油点进行一次检查，发现异常及时处理。

（7）设备运行状态下，每小时记录轴承温度，轴承温度超过 25 ℃，必须马上采取外接油泵强制润滑，直至内外侧迷宫密封有新油出现为止。

四、破碎机仓下刮板输送机刮板脱落事故

（一）事故经过

2012 年 2 月 8 日 20 时 25 分，第一输煤系统 1 号破碎机发生仓下刮板输送机链节断裂脱落事故，造成 23 根刮板脱落断裂。

（二）事故原因

（1）设备巡检人员对设备检查不够细致，未及时发现设备存在的隐患，是事故发生的直接原因。

（2）设备操作人员在设备故障停机的情况下，未对设备进行全面检查便进行了二次启机，造成了事故扩大。

（3）破碎机司机岗位经验不足，对设备异常状态判断不准确，没有及时停机。

（4）维修部门未及时对超检修周期的设备进行及时维修，是事故发生的间接原因。

（5）第一系统 1 号破碎机刮板输送机驱动轮、导向板和滑道磨损严重，维修部门未及时进行修复和更换，是事故发生的间接原因。

（6）设备预检及巡检制度不够完善，重点设备的巡检周期过长。

（三）整改措施

（1）在设备重点部位增设广角监控设施或其他监督设施，进一步督促巡检人员按要求完成设备检查工作。

（2）重新规范设备巡检记录，在巡检记录上明确相应设备检查标准和项目，

要求巡检人员在巡检记录上详细记录设备检查时间、部位及检查过程。

（3）加强对员工安全操作的教育，对设备因故障停机，必须进行全面的认真检查，查找停机原因，查不到停机原因的设备，禁止再次启机。

（4）加强对操作设备员工的岗位技能培训，提高操作人员实际操作技能、保养机器设备的质量和故障判断能力。

（5）根据产量和设备运行时间制定设备更换周期，按规定及时对超期服役设备进行更换。

（6）设备检修及维护人员要加强设备周检、旬检、月检，认真填写检查记录，对磨损、缺失或变形的设备部件及时修复或更换。

（7）因特殊原因超限、超期使用的设备，机电管理部门要做到勤检查，加强设备管理工作。

（8）完善设备预检、巡检制度，特别要对重点设备的巡检周期及特殊条件下对特殊部件的检查作出具体要求和规定。

（9）严格执行设备检修计划，确保设备正常运行。

五、破碎机破碎齿环脱落事故

（一）事故经过

2013年11月7日零点班，输煤系统调度人员启动2号流程通过给电厂上煤，1时25分主控显示一次、二次破碎机、102号带式输送机突然停机。1时35分一次破碎机司机报告"破碎东侧齿环连着齿冠脱落"，102号带式输送机巡检人员报告"二次破碎机内进铁器，导致二次破碎机卡住停机。"经检查发现此破碎齿环碎裂为一大两小三块，分别进入二次破碎机内。

（二）事故原因

输煤系统破碎机操作人员业务技能水平低、责任心不强，操作破碎机持续1 min 22 s破碎坚硬物料，导致破碎机南边东侧齿环在运行过程中碎裂、脱落。（经检查监控录像显示在1时22分28秒破碎齿处突然灰尘变大，破碎机出现震动。1时23分50秒一次破碎机西侧安全销切割，破碎机停机。）

（三）整改措施

（1）破碎机司机（各站运检员）要保证动、静态巡检和监屏质量，冬季要增加巡检次数，对破碎辊进行近距离检查，对发现的问题及时汇报处理，并做好记录。

（2）生产过程中队长、岗位人员要根据现场实际情况，随时改变巡检和监屏方式，并对监屏画面不清晰的部位进行重点监护，在巡检设备时必须保证双人巡检，严禁单人巡检设备。

（3）设备启动后 30 min 内必须对设备的重点部位巡视检查一遍；非正常停机必须到现场认真静态检查，再次启机必须监护输送带正常运转一圈以上后方可离开。

（4）严格执行相关管理规定，禁止未出徒员工单独巡检或操作设备。